"十四五"普通高等教育部委级规划教材
全国高等教育工艺美术规划教材
中国传统工艺融合创新示范教材
国家社科基金艺术学重大项目"新时代中国
工艺美术发展策略研究"成果
（项目编号：20ZD08）

首饰艺术

田伟玲　董占军
◎
编著

中国纺织出版社有限公司

内 容 提 要

本书综合考虑时代背景和社会需求，以服务生活为根本，强化首饰知识的系统性、整体性、新颖性和适应性，重基础、强实践，从历史、材料、工艺、设计、生活五个角度梳理首饰知识，注重将民族文化与时代精神融合，关注传统材料工艺当代转化及新材料技术的应用，强调设计创新路径与生活关联。

全书以基础理论为本体，通过设计实践掌握设计服务生活的角度，培养学生的思辨能力、创新能力、综合实践能力以及服务社会的意识。本书知识系统、全面，适合首饰及相关专业的师生以及首饰爱好者阅读。

图书在版编目（CIP）数据

首饰艺术/田伟玲，董占军编著. -- 北京：中国纺织出版社有限公司，2024.10. --（"十四五"普通高等教育部委级规划教材）（全国高等教育工艺美术规划教材）（中国传统工艺融合创新示范教材）. -- ISBN 978-7-5229-1968-3

Ⅰ.TS934.3

中国国家版本馆CIP数据核字第2024LW0546号

责任编辑：华长印　许润田　　责任校对：寇晨晨
责任印制：王艳丽

中国纺织出版社有限公司出版发行
地址：北京市朝阳区百子湾东里 A407 号楼　邮政编码：100124
销售电话：010—67004422　传真：010—87155801
http://www.c-textilep.com
中国纺织出版社天猫旗舰店
官方微博 http://weibo.com/2119887771
天津千鹤文化传播有限公司印刷　各地新华书店经销
2024 年 10 月第 1 版第 1 次印刷
开本：787×1092　1/16　印张：16.75
字数：265 千字　定价：79.80 元

序一

工艺美术作为一种蕴含深厚文化底蕴和独特艺术魅力的表现形式，自古以来就在我国历史长河中留下了浓墨重彩的一笔。无论是传统的陶瓷、织绣、雕刻等技艺表现，还是当代的设计、装饰等要素赋能，工艺美术都凭其自身独特的审美价值和实用价值，成为中国优秀传统文化不可或缺的重要部分。

在全面推进2035文化强国的背景下，党的二十大明确提出了"两个结合"的习近平新时代中国特色社会主义思想。作为中华优秀传统文化的客观载体，工艺美术迎来了其发展史上极为关键的机遇期。面对这一新的发展机遇，对工艺美术"经济与文化双重属性"的时代认知就变得尤为重要。尤其是对从"传承创新"向"创新传承"转变，从"产教融合"向"教产融合"转变这一理念的践行，亟需建构一个属于新时代的人才培育体系。

为推动工艺美术的当代转化，亟需在产业、行业、院校和人才四方面提升其创造力、影响力、创新力及竞争力，实现艺术与科技、设计与数据的深度融合，并在新模式下培养新的时代人才。让"新文化"贯穿于工艺美术新质生产力铸就的全过程，使其成为推动工艺美术人才培养的内生动力。

只有建构工艺美术新的教育课程体系，推动新时代工艺美术院校人才培育模式的转型，我们才能深刻领会、理解、践行新时代中国工艺美术"创造性转化和创新性发展"的新内涵，为文化强国的建设贡献工艺美术人的力量。

中国工艺美术学会　理事长

在中国波澜壮阔的高等教育发展历程中，工艺美术作为一门集创意与美学于一体的关键学科，历经千年沉淀，如今正以更加开放和包容的姿态继续书写其辉煌篇章。

随着时代的进步和社会的发展，中国高等教育给予工艺美术的传承与创新越来越多的重视。教材作为教育教学的重要载体，其质量直接关系到人才的培养与学科的发展。正是在这样的背景下，全国高等教育工艺美术规划教材应运而生。

本规划教材以真实生产项目、典型工作任务等为载体，立足中国深厚的文化底蕴，汲取传统工艺之精华，结合"思政＋融媒体"建设新形态教材，同时融入现代设计理念，培养具备创新能力和国际视野的新时代工艺美术高质量人才。

本规划教材在编写过程中，力求内容丰富、结构清晰、语言流畅。广泛吸纳了国内外相关领域的最新研究成果，结合中国高等教育的实际情况，精心选择和编撰教材内容。同时，邀请了多位在工艺美术领域具有丰富经验和深厚造诣的专家学者参与编写和审订，确保教材的专业性和权威性。

全国高等教育工艺美术规划教材的出版，对于践行培根铸魂、启智增慧和工匠精神具有积极的促进作用，提升了新时代工艺美术教育水平和专业教学质量。我们坚信，本规划教材将成为广大师生学习、研究和传承中国工艺美术的重要参考，为培养更多具有新时代创新精神和实践能力的高水平工艺美术人才奠定坚实基础。

清华大学美术学院 院长

中国工艺美术学会 特邀副理事长

中国工艺美术学会教育工作委员会 主任

首饰艺术是在经济快速发展和人民生活水平不断提高的背景下发展起来的，20世纪90年代首饰市场进入快速发展期，形成了多元的市场环境。本书遵循"理论为基础，应用为根本，设计服务生活为目标"的编写方向，结合时代背景，关注中华优秀传统文化创造性转化、创新性发展，将传统文化内涵与当代设计进行融合，形成以创新为手段，以服务社会为根本，以知识为载体，以文化价值为引领，塑造新时代设计责任感的内容结构。

党的二十大报告明确指出，坚持创造性转化、创新性发展，立足新发展，坚持"两个结合"，坚定文化自信，以保护、传承、创新、发展为基本思路，以服务人民美好生活为根本目的。首饰艺术拥有悠久的发展历史，是中华文明的重要组成部分，承载着中华优秀的技艺方式、中国样式和文化脉络。开展首饰艺术的研究，是对传统金属技艺保护和继承的有效方式，利于"以创为保，活态传承"工艺发展状态和建立民族文化自信。另外，首饰艺术还是现代时尚文化的重要部分，与现代生活密切相关，因而本书在编写时还强化设计创新、传统技艺当代设计转化、新技术推广以及材料应用开发，以增强创新设计能力。

全书共分为五章，第一章首饰与源流，概述了首饰的本质内涵、首饰类别及典型种类，引导读者更为深入的了解首饰内容。通过中、西两个角度理清首饰发展脉络，展现首饰发展演变的基本规律和相关因素。第二章首饰与材料，以首饰实现的物质基础探索首饰材料的基本类型、造型方式、文化价值及美学规律。第三章首饰与工艺，从首饰的实现手段分析技艺类型和特征。以当代首饰设计为切入点，探讨首饰艺术的新时代技术特征、传统工艺、文化价值，并深入分析新时代技术与传统技艺融合下，对当代设计本质和设计方向的思考。第四章首饰与设计，从首饰设计概念、思维、方法的角度探讨首饰设计的核心问题和一般规律。着重培养创新设计思维、整体思维和跨界性思维，以设计基本程序的开展、思维方式训练、材料工艺创新应用实践等系列实践活动，结合案例循序渐进地展开新时代背景下当代首饰设计创新路径和设计服务生活的论述。第五章首饰与生活，从现实生活的角度探讨首饰的基本功能及活动轨迹，展现首饰所具有的社会价值以及对未来生活方式的思考和未来首饰设计的展望。

首饰设计正处于蓬勃发展时期，期间许多前辈在首饰设计领域取得了优秀成果，为首饰行业的发展作出贡献。尽管作者积极完成本书内容的编写，并为之付出不懈努力，但难免会有偏差与疏漏，在此，请专家、学者批评指正。

《首饰艺术》涉及专业领域广泛，在教材编写时遇到不同层次问题，感谢张道一先生的《古代首饰》，从工艺美术史学的角度将艺术理论、美学原理、工艺文化、材料属性、生活方式以及历史知识融为一体，为本书的编写提供了重要材料依据。除去本书团队成员外，学界多位首饰艺术家为本书提供优质的设计案例，在此对各位艺术家表示感谢，特别感谢郭新教授为本书内容撰写和资料收集给出建议。同时感谢谭笑、马美伦等多名研究生同学参与资料收集、整理等基础工作，感谢多家首饰企业为首饰产品设计提供案例。

目录

1 第一章
首饰与源流

2 第二章
首饰与材料

3 第三章

首饰与工艺

4 第四章

首饰与设计

第五章

首饰与生活

首饰与源流 第一章

第一节
首饰的概念

一、何为首饰

首饰的发展历史悠久。早在旧石器时代，人类就以骨、贝、玉石等材料装扮自己，首饰随即产生。从古至今，首饰经过了漫长的发展历程，在这一进程中首饰的内涵不断扩展，从而使首饰在不同的阶段有着不同的意义。"首饰"作为一个普遍存在的名词，以最为朴素的形象存在于人们的日常生活之中。虽然它个头不大，却承载着诸多意义。有时它是财富的象征，具备一定的物质功能；有时它是人类的护身符，具有一定的精神意义；有时它是某一事件的标志物，具有象征意义；有时它还是科学技术的代言，传承着工艺精神。首饰是历史的产物，又与人的生活密不可分，因而对首饰概念的界定应给予宽泛的理解，以便更好地诠释首饰的本质。

（一）传统首饰概念

迄今为止，最早的首饰形态发现于旧石器时期。当时的首饰常以动物的骨骼、牙齿、贝壳以及光泽较好的石头等材料钻孔串制而成，主要用于满足人的心理需求。首饰象征着财富、信仰、美丽，据说是人类与生俱来的爱好，也是人努力实现的目标。首饰在某种意义上具有财富、信仰与装扮的功能，首饰的历史非常悠久，是伴随着人类的产生而出现的。

1. 原始信仰

首饰是原始崇拜下的产物。它是用于装扮人体的饰品，关于其的理解与人的行为和心理有着密切的关系。有学界专家认为，早期首饰的产生和人的原始信仰密不可分，其有护身、装扮、吸引异性等作用，蕴含最初的宗教意义和社会意义。人类早期对众多的自然现象无法解释，面对自然灾害、饥饿与死亡显得无助，从而开始寻求保护，因此产生了最初的巫术观和原始宗教思想。此时，自然中的一切都成为人的关注对象，并相信万物有灵。在以狩猎为主的生活方式下，人类发现动物拥有人所不具备的体力和勇猛，因而萌生出以动物的皮毛、骨骼、牙齿等物质为媒介，以获取力量寻求庇护的想法。由此，有人类学家认为，人类的饰品来源于动物。人类开始生出对神灵的崇拜，产生了原始图腾崇拜。图腾崇拜大多通过一定的仪式满足心理与精神的需求，饰品也就成为最为便利的媒介。仪式中，有的人佩戴与动物相似的牛角、羽毛；有的人戴有动物牙齿、骨骼串成的饰品，表征着获得动物的力量，同时也展示个人的勇猛与智慧（图1-1）；有的人用颜料伪装自己，在身体上画上或纹上动物的图案呈现出恐怖的样子，以驱赶外在的威胁物。此时的首饰多是串饰、羽饰、冠饰，如《古史考》中记载："太古之初，人吮露精，食草木实，山居则食鸟兽，衣其羽皮……"约在6000年前河姆渡遗址中，考古学家发现了头顶带有一排小孔的泥质陶塑人物头像，据推测，这类小孔主要用于羽毛的插饰，可得出当时已有巫术行为活动的结论。另外，玉石在中国还有独特的意义，常被认为是人与信仰崇拜物沟通的良好材料，因此，玉琮成为礼器。在浙江省余姚市瑶山7号墓出土的"玉三叉形器"，就是受到原始崇拜思想的影响，在器物的正面雕有兽面纹饰，并将眼睛、鼻孔、獠牙等细节以阴刻的方式呈现，与羽状纹结合展现出神秘色彩（图1-2）。

图1-1　大汶口文化月牙形骨质束发器　济宁市博物馆藏

在传统首饰中，首饰除具有一定的象征意义外，还具有代表财富、地位的差别物的特征。据史料记载，首饰与财富、地位有一定的关联，通常被赋予阶级和政治等意义。古时首饰常以贝壳为材料制作而成，《说文解字》中载："𧵎，颈饰也，从二贝。"又如《篇海》中载："连贝饰项曰𧵎，女子饰也。"可见贝饰较为常见。贝壳在古时有充当等价交换物的功能，佩戴贝饰有装饰、财富、地位象征等多重意义（图1-3）。另外，随着人们对自然的掌握，首饰材料出现了金银等贵金属的使用，从而更加使首饰具备财富特征。随着阶级出现以及商品化时代到来，金银材料成为货币。进入阶级社会起，金银材料的使用便脱离不开其具有的经济和政治意义。以金、银、珠宝材料制作的首饰，具备财富功能，这类首饰有时也与

图1-2　玉三叉形器　浙江省余姚市瑶山7号墓出土

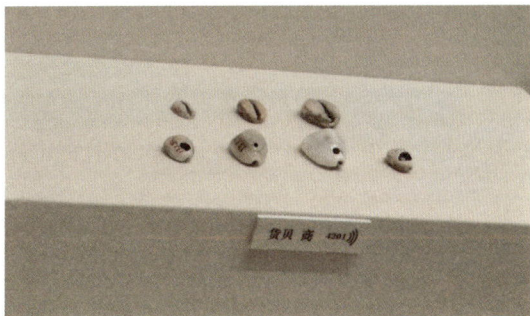

图1-3　货贝　商代

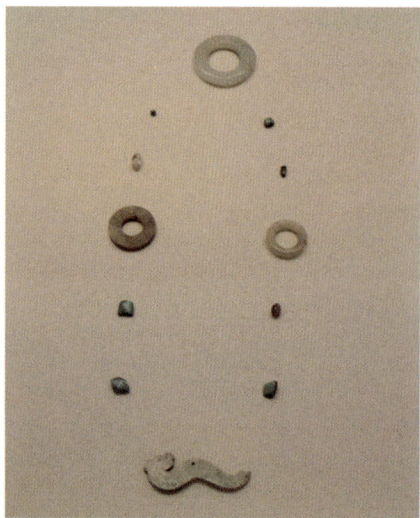

图1-4 组佩 战国

珍宝、金银财宝等词相关联，成为首饰中的一个因素，也是首饰概念中的一部分（图1-4）。

　　财富与地位有着密切的联系，因而首饰在一定程度上也反映出佩戴者的地位。社会结构阶级分化后，出现了权贵阶级，他们通过对名贵首饰的占有以凸显身份地位。随着阶级意识的强化，人们开始由最初的原始崇拜转向权力崇拜，逐步形成严格的服饰佩戴制度，以区别身份等级，因而首饰逐渐成为地位的标志物。中国古代这种现象更为突出，佩戴规范成为不可逾越的鸿沟。饰品佩戴的不可逾越性不仅体现在饰品的形态纹饰上，还体现在材料、色彩等方面。古时帝王所戴的冕冠以及妃嫔戴的冠饰都是皇权的象征，是普通百姓不能触碰的。如《新唐书·志·卷十四·车服》中载："紫为三品之服，金玉带銙十三；绯为四品之服，金带銙十一；浅绯为五品之服，金带銙十；深绿为六品之服，浅绿为七品之服，皆银带銙九，深青为八品之服，浅青为九品之服，皆铂石带銙八。"可见，饰品是等级地位的彰显品。

　　对于传统首饰概念理解，比较显著的特征是其多以手工制作而成。传统工艺尤其是细金工艺是传统首饰概念的重要构成因素。首饰是现实物体，具备形状和体积，是看得见、摸得着的有形物质，具备信物的作用，寄托着人对美好生活的向往，因而在首饰的式样造型中，多有表现美好寓意的纹饰。

2. 中国古代首饰名称

　　虽然首饰的历史比较久远，但"首饰"这一名称可能出现得略晚些。古籍中有关首饰名词的记载，也零星可数。在《后汉书·舆服志》中载："上古穴居而野处，衣毛而冒皮，未有制定。后世圣人易之以丝麻，观翚翟之文，荣华之色，乃染帛以效之，始做五采，成以为服。见鸟兽有冠角、鬐胡之制，遂作冠冕缨蕤，以为首饰。"又载："秦雄诸侯，乃加其武将首饰为绛袧，以表贵贱。"可见，此时对首饰概念的理解多指装饰在头部的饰品。东汉刘熙在《释名》中描述了关于首饰的概念。《释名·释首饰》中载："冠冕、簪钗、镜梳、填珰、脂粉等都为首饰。"依照刘熙的记载，汉代首饰包含的范围比较广，面饰也被纳入首饰的范围。《后汉书·舆服志》中记载："耳珰垂珠也，簪以玳瑁为擿，长一尺，端为华胜。"宋代将首饰称为头面，多指女子"冠梳"之外的全部簪戴，由于首饰以珠翠材料为贵，当时也将首饰称为"珠翠"。元明时期，随着鬏髻的出现，通常把鬏髻上佩戴的各种簪钗都称为头面。《朴通事谚解》中载："我再把一副头面，一个七宝金簪儿，一对耳坠儿，一对窟嵌的金戒指儿……"可以看出当时的耳饰、戒指不属于头面。明代首饰的概念略有不同，《明太祖实录·卷三十六下》中载："（皇后冠服）燕居则服双凤翊龙冠、首饰、钏镯以金、珠宝、翡翠随用，诸色团衫，金绣龙凤，文带用金玉。"可见当时首饰的概念理解，并不包含凤冠、钏镯等类饰品。在古代，首饰并没有固定的概念，如清代翟灏在《通俗编·服饰》中提到刘熙《释名·释首饰》："冠、冕、弁、帻、簪、缨、笄、瑱之属，刘总列于此篇，则凡加于首者，不论男妇，古通谓之首饰也，今独以号妇人钗珥，非矣。"因此可见，对于首饰名词，没有统一的定论。就传统意义而言，首饰多指装饰在人身体上的饰物。随着贵金属材料和宝石材料的使用，有时首饰也被人认知为金银、珠宝首饰，通常有簪、钗、冠、步摇、胜、头花、插花、额饰、臂钏、手镯、戒指、腰坠、带扣、带钩、耳环、耳坠、耳花等常见的饰品形态。

（二）现代首饰概念

现代首饰是在传统首饰的基础上发展而来，又与当代社会文化、科学技术、生活方式、经济模式等因素有着密切的联系，从而具备了丰富的内涵体系，既包含传统首饰概念的基本特征，又具有新时代赋予首饰的意义。总之，对现代首饰概念的理解，应以更宽泛的视角，结合时代的各个因素去认知。

1. "现代性"的理解

对现代首饰的理解，首先应理解"现代性"这一概念。"现"有当时、现在、现今之意，"现代"多指现在这个时代，当代的。对现代首饰中"现代"概念的界定可从两个方面入手，一是以时间为维度理解首饰的现代性，二是从风格意义上理解首饰的当代概念。从时间层面上看，现代首饰主要是指现在存在的首饰，也指今天具有的首饰形式。以此限定理解现代首饰，涵盖的范围非常广，现在生活中存在的首饰，都可以理解为现代首饰。这类首饰具有现代的适应性，符合现代日常生活的需要，满足当代生活方式，即使是传统首饰式样，只要现在需要都可归为现代首饰范畴。从现代的适用性来讲，现代首饰范围包罗万象，如产品首饰、仿古首饰、日用首饰、婚嫁首饰、艺术首饰、工艺首饰等。此外，以时间为节点，"现代性"首饰还可理解为具备当下时代精神的饰品，能够反映现代社会文化，具有思想性特征。因而艺术首饰也被纳入现代首饰概念范围，并以独特的视角阐述时代故事。从风格特征上理解现代首饰概念，多是指当代首饰。当代首饰艺术在风格、精神内涵、形式、材料等方面都有别于传统首饰，通常指艺术首饰。这类首饰约开始于20世纪40年代的西方国家。在德国、奥地利、英国等国家，打破了对传统首饰的认知，首饰不仅是财富、地位的象征，还是艺术表达的手段、精神释放的载体。首饰发展到20世纪60年代，由于受到先进思潮以及系列社会运动的影响，其作为艺术媒介的特征更为明显，强调观念性、思想性，反映出人的自我解放以及对自我感受的重视。人们开始以首饰为媒介探索时代现象，尝试超越原有的审美标准，并以开放多元的艺术观念适应当代社会审美需求。首饰开始作为一门语言，以外在的艺术形式内化出观念意义，将观念置于首位，并借用任何材料、技术、形式来表达观点，因而当代首饰突破传统首饰的禁锢，呈现多元化发展趋势。

2. 首饰的含义

现代首饰与传统首饰在含义上有些不同，对于首饰名词的准确解释和定义，学界并没有明确的标准。在《现代汉语词典（第七版）》中，"首"作"头"的解释；"饰"指装点好看，或装饰用的东西。而"首饰"一般为戴在头上的装饰品，多指耳环、项链、戒指等。在《辞海》中，"首饰"为佩戴在头部的装饰物。在现代意义中，对首饰可从广义和狭义两个角度去理解，从广义上看，与人发生关系的饰物都可统称为首饰，如帽、巾等；从狭义上看，首饰多指佩戴在人身上的装饰品，如胸针、项链、戒指、吊坠等，可见，对现代首饰概念的理解比较多元，具有包容性。现代首饰是在继承中发展而来的，因而依然有部分首饰具备传统首饰功能，如金银首饰、珠宝首饰同样具有财富的表征意义，同时可以体现文化基础和佩戴者的文化素养。这类首饰在现代生活中具有较强的生命力，活跃在婚嫁、纪念等活动中，通常具有美好的象征意义，以满足现代人的精神需求。在现代社会环境中，还有部分首饰代表了时代精神发展方向，以对新材料、功能、语言的开发和探索，反映着首饰发展进程中对事物的哲学思考，以新的认知寓意与时代互融。随着技术的进步，现代首饰还是高新科技的代言。在现代首饰技术中，既传承优秀的传统工艺，又将时代技术引入首饰，共同探讨首饰的呈现方式，如数字技术、信息技术、材料技术等。随着首饰输出的途径增多，思想与技术的融合度增强，新的首饰理念应运而生，因而元宇宙、虚拟首饰等新领域的实验不断扩展。时代发展速度飞快，对现代首饰的诠释也在不断变化。

3. 首饰名称

现代首饰种类、形式丰富，因而有不同的首饰名称用于区分首饰间的特征。由于地域的特点和文化属性的不同，首饰的名称各异。首饰在英国多称为"Design Jewelry"，在法国称为"Creative Jewelry"，在意大利称为"Art Goldsmithing"。在行业内，首饰的名称比较多，一般有传统首饰、商业首饰、时装首饰、艺术首饰、现代首饰、概念首饰、学院派首饰、珠宝首饰、工作室首饰、个性化首饰等。传统首饰和现代首饰一般是从首饰发展的历史角度来区分的。传统首饰多指以前遗留下来的首饰，也指具备以前首饰特征的饰品类型，如簪、钗等。现代首饰指现代正流行的首饰，是以现代社会生活为背景而滋生的首饰形式，主要表现出多元、开放的特点，与当代的时代信息紧密相连。现代首饰概念的包容性较强，根据首饰的功能、目的以及表达方式的不同，又可分为商品首饰、艺术首饰、时尚首饰、古董首饰、概念首饰等多种类型。对于首饰的分类只是根据首饰自身属性进行基本的总结，有时它们之间的界限并不明显。商品首饰通常指以商业活动为动机的首饰，其基本属性是产品，其设计活动多以经济利润为目的。这类首饰具有一定的普遍性，是流通最广且与日常生活联系最密切的首饰，以批量生产的方式满足大众审美的需求。艺术首饰与商品首饰不同，在表达上更注重艺术性和思想的输出，实际上是设计师以首饰为媒介进行个人思想的表达，注重精神意义。这类首饰突破了传统首饰对材料、功能的限制，强调个人意识以及艺术修养。概念首饰是基于艺术家对思想观念的展现，其探索的重心在于以更超前的理念打破常规首饰界限，探索首饰与观念的关系。概念首饰与概念艺术同根同源，认为艺术来自观念，并将观念、思想视为重点，艺术形式要服务于观念。有时，概念首饰与艺术首饰的界限并不明显，两者的区分主要在于认知角度的差异。时尚首饰多指时下流行的首饰，具有式样多、更新快的特点，随着流行文化的发展而盛行，也具有一定的商品性。这类首饰常与服装进行搭配，在形式、色彩、材料的应用上多以流行文化为依据，具有一定的时效性。珠宝首饰是以首饰材料命名的类型，多指以贵金属材料和宝石材料制成的饰品，其中宝石镶嵌为主体。由于材料昂贵，这类首饰具有一定的收藏价值，也具有较高的商业价值，与商品首饰不同的是，由于材料的稀缺性，其生产的数量多为单件。个性化首饰和工作室首饰主要是面向小众的首饰类型，多是由艺术家个人或者工作室创作的首饰。这类首饰具有明显的设计风格，展现出艺术家个人艺术倾向以及工作室产品开发的方向，是个性化消费者的选择，因而生产的数量相对少些。工作室首饰在一定意义上也是商品首饰，具有设计、加工、销售等产品流通环节，只是其消费群体定位于有个性化需求的消费者。

二、首饰类别与文化

从首饰的产生到今天，其发展类型丰富，涉及范围广泛，有着复杂的体系。对首饰的分类整理，有助于清晰了解首饰脉络，掌握首饰发展现状。中国素有文明古国之称，在历史的发展中积淀了丰富的首饰种类，也承载了深厚的历史文化。每一类型的首饰都联系着中国特有的思维方式，承载着技术发展的痕迹，蕴含独特的艺术形式，是东方精神的体现。中国首饰类型很多，下面以装饰部位为切入点进行介绍。

（一）古代首饰

古代首饰经历了漫长的发展时期，拥有丰富的式样和种类，承载着优秀的技术和文化，是当代首饰发展的根源。

1. 头饰

头饰也称为发饰，多是用于装饰头部的饰品。人改散发为束发，再到各种发髻，经历了很长一段时间，因而头饰的种类比较丰富。又因封建等级制度需要"仪容"的整理来明身份、辨贫富，而头部是最为明显的部位，所以古代头饰较为盛行。古代头饰主要有以下几种。

图1-5　玉琮王上佩戴羽冠神人形象　浙江余杭反山遗址出土

（1）羽饰

羽饰，指将羽毛饰于头上，或出于装饰需要，或出于图腾信仰需要，或出于活动仪式需要，先民有佩戴羽饰的习俗（图1-5）。中国古代有尊鸟贵羽的习惯，在神话故事中，鸟也常被看作神兽，并与太阳关联，作为太阳的象征，故事"日中有踆乌"就证明这一点。因此，羽饰与神力、富贵有着联系，成为吉祥物件，广受喜爱。

（2）簪

簪，又称"笄"，用于束发，且男女皆用，是在头饰中数量比例最大的一种首饰（图1-6）。簪由簪头和簪身组成，簪头多为扁平状，常雕有纹饰；簪身为一股，细长形，末端呈细锥状。簪的形制比较丰富，有骨簪、象牙簪、玉簪、金簪和宝石簪等。统治阶级常用玉簪来显示身份地位，并与高官礼服

图1-6　白玉佛字嵌蓝宝石金簪　明代

相配。妇女也常戴玉簪，如《西京杂记》中载："武帝过李夫人，就取玉簪搔头；自此后宫人搔头皆用玉。"玉搔头指的是玉簪。金簪由于材料的易加工性，式样种类更是丰富，有錾花、镂花、盘花、点翠等多种形式（图1-7）。簪子的题材更为丰富，有"双蝶戏花""莲生贵子"等，多蕴含吉祥的寓意。簪除了基本的束发、装饰功能外，还作为礼器使用，如《礼记·内则》中记载，"女子……十有五年而笄"，此时的簪具备一定的象征意义。

（3）钗

钗，为两股，用于束发，常与簪并称（图1-8）。《释名·释首饰》中载："叉，枝也，因形名之也。"钗与簪的差别在于钗身为两股，簪身为一股。钗的形式比较丰富，变化最多，制作精良，是古代首饰的一大类型。钗在造型上比较丰富，多见缠枝钗，多首钗、折股钗、凤钗、竹节钗等。由于钗多由金属制作而成，具有较好的弹性，且有两股，因此具有较好的束发功能（图1-9、图1-10）。金属钗一般制作比较精美、细致，多采用模压、剪凿、錾刻、镶嵌、点翠、累丝等方式，制作出的纹饰精美纤细，常被称为"宝钗""花钗"，最具代表性的属"凤钗"。明代金丝凤钗制作精美，凤的形态基本相似，有昂首、俯首之分，多采用金银累丝工艺制作，十分精巧。

（4）胜

胜，主要用于装饰。如汉代刘熙《释名·释首饰》载："华，象草木之华也；胜，言人形容正等，一人著之则胜，蔽发前为饰也。"胜常因材料而命名，有"玉胜""金胜"，另外还以装饰纹饰得名，如"华胜""方胜""人胜"等（图1-11）。谈及胜，会使我们联想到西王母，因她常戴胜。《山海经·海内北经》记述："西王母，梯几而戴胜杖。"《山海经·西山经》记述："……玉山，是西王母所居也。西王母其状如人，豹尾、虎齿，而善啸；

图1-7　金镶珠石点翠簪　清代　故宫博物院藏

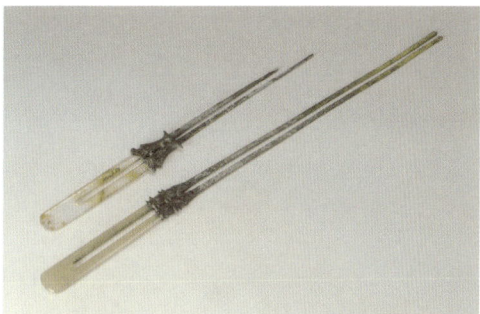
图1-8　玛瑙、水晶银钗　唐代　扬州博物馆藏

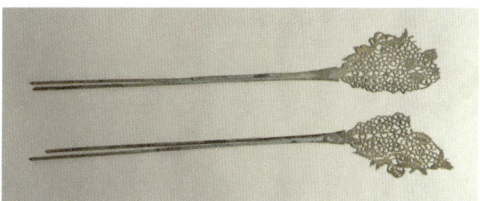
图1-9　鎏金银钗　唐代　扬州博物馆藏

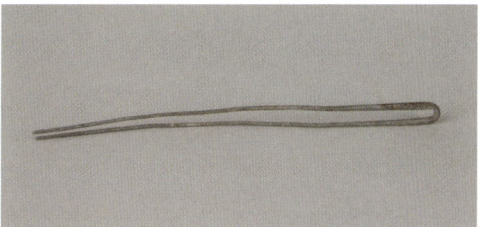
图1-10　东晋银发钗　东晋　南京博物院藏

图1-11　东晋金錾花方胜　东晋　马鞍山市博物馆藏

图1-12　角摘　西汉　连云港市博物馆藏

图1-13　骨摘　汉代　大同市考古研究所藏

图1-14　牛头鹿角形金步摇　北朝　中国国家博物馆藏

图1-15　金筐宝钿花型金饰　唐代　陕西历史博物馆藏

蓬发，戴胜，是司天之厉及五残。"西王母佩戴的胜也常被看作祥瑞之物，被当作吉祥图案用于其他方面。

（5）摘

摘，是一种具有束发、篦发、搔头、装饰作用的头饰，发起于周代，汉代盛行，西汉后期少见。摘呈扁平、细长状，一端无齿为首部，有圆首和方首之分，一端为齿状，齿缝多细小、密致（图1-12）。摘多采用整块材料制作而成，其材料丰富，一般有角、骨、竹、鱼须、玳瑁等（图1-13）。

（6）步摇

步摇，是与簪钗结合运用的一种首饰，这类饰品一般精美华贵，主要起装饰作用。如《后汉书·舆服志》记载："步摇以黄金为山题，贯白珠，为桂枝相缪，一爵九华，熊、虎、赤罴、天鹿、辟邪、南山丰大特六兽，诗所谓'副笄六珈'者。"《释名·释首饰》曰："步摇，上有垂珠，步则摇动也。"步摇因行动则摇而得名（图1-14）。步摇的使用比较方便，常与冠、簪等饰品结合形成步摇冠、步摇簪。早期步摇以金属质为多，金摇叶居多，后期多为悬挂式，在簪、钗的首部装饰细小的垂饰，有珠玉、蝴蝶、梅花等式样，常以錾刻、累丝工艺制作，较为精美。

（7）钿

钿，也称金钿，《说文解字》载："钿，华金也。"约兴于汉魏时期，王嘉《拾遗记》写道："'不服辟寒钿，那得君王怜'，是汉魏间有此名。"常以金属为材料，运用细金工艺錾出纹饰，或嵌有珠宝、贝壳、金翠等，因而也有金钿、宝钿之说。钿主要用于装饰，背后留有孔或纽，可与簪、钗组合成钗花、步摇花使用，也可单独使用。在古代，钿多为花形，也常称为花钿和朵钿（图1-15）。

（8）梳、篦

梳、篦，统称为"栉"，具有固发和去除发垢的作用，古人还常插于头上作为装饰。梳和篦式样极为相似，梳齿相对稀疏，主要用于理发，篦齿紧密，用于洁发。日常用的梳篦造型比较普通，作为装饰作用的梳篦在材料、纹饰上比较讲究，一般在其背部雕有精细的纹饰，有的镶有宝石，梳背的造型也比较丰富，有方平状、半圆状、长方状等，常见图案有八字纹、饕餮纹、T字纹、几何纹、云纹及鸟兽纹等。其材料丰富，以硬质材料为主，主要有石、骨、象牙、木等，还有多种材料的结合使用，如"玉背象牙梳"，则是将玉和象牙材料结合使用（图1-16）。

（9）冠饰

冠饰，是用来束发的饰品，传统意义中的冠是礼仪制度下的产物，《说文解字》载："冠，絭也，所以絭发，弁冕之总名也""冠有法制从寸"。古时，只有贵族才佩戴冠饰，是身份地位的象征，同时冠还是一种男子成人的标志物，《礼记·曲礼上》中云："男子二十，冠而字。"男子年满二十需行冠礼，以示成人，因此古人比较重视冠饰。冠饰一般有礼仪用冠和日常冠饰之区分，礼仪用冠的佩戴有严格的制度，一般用于册封、朝会、婚嫁、宴请等活动，冠的式样、纹饰、色彩有相对固定的模式；日常用冠其式样、纹饰相对灵活，常与簪、钗搭配使用。约在宋代，冠饰在妇女中较为流行，成为头饰的主要饰品。

古代头饰分类众多，在古代首饰中占据重要的位置，又可以服饰佩戴来区分人的尊卑等级，我国有严格的服饰礼仪制度。据先秦《周礼》记载，当时笄的佩戴具有严格的等级制度，后期历代舆服志中记载着较为详细的女性头饰佩戴礼仪，服饰制度一直发展到封建社会后期，常以头饰的种类、式样、材料、色彩、数量等来区分尊卑等级。另外，头饰从最初的基本的束发到装饰，再到地位体现，这一系列过程都是社会文明发展的结果，也促进了饰品的种类、材料、式样的更新。

除服饰制度限制外，抛开礼仪性头饰，古代日常头饰的款式、纹样比较活泼、灵活，贴近生活，具有现代时尚文化发展趋势，个性化审美也得以体现（图1-17）。

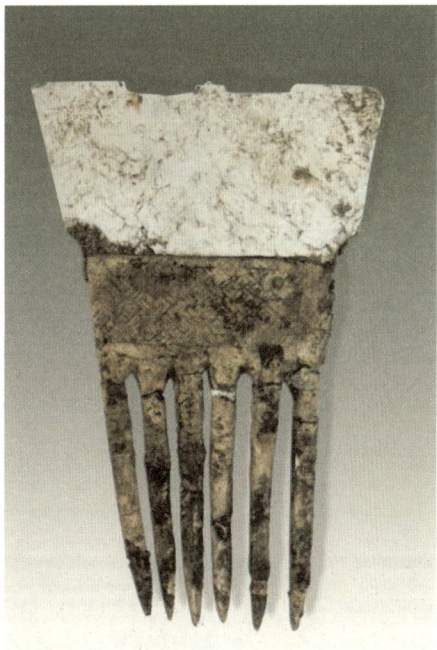

图1-16　玉背象牙梳　新石器时期　海盐县博物馆藏

图1-17　玉孔雀衔花饰　宋代　故宫博物院藏

《后汉书·梁冀传》载："色美而善为妖态，作愁眉、啼妆、堕马髻、折腰步、龋齿笑，以为媚惑。"字里行间都透露出当时女性对自我装束的追求，也能体会古时女子的自我审美。另外，古代头饰还有重要的特点，其纹饰、造型多源于自然，其一，由于受到人与自然和谐思想的影响，将"天人合一"的思想观念融入饰品中；其二，受吉祥文化的影响，出于对美好事物的追求，首饰中的纹饰常以谐音、表号式的方式将吉祥寓意运用于首饰中，以满足人们心理的追求。

2. 耳饰

耳饰的历史比较久远，石器时期就已出现，后来社会制度健全，礼学至上，古人认为身体发肤受之父母，身体的一切都不能被破坏，因此古时男子都留有长发，耳饰发展相对较慢。宋元时期，随着士大夫阶层的兴起，世俗文化逐渐成为社会主流，耳饰也得以推广，并发展起来。

（1）玦

玦，为环带扁圆状，并有一缺口，其形状有天圆地方的意义（图1-18）。玦在佩戴上不分男女，一般双耳戴之。初期玦的形状以扁平状素面为主，后来出现带有具体形态的造型，并饰有纹饰。玦主要流行于石器时期，后来逐渐成为财富的象征，被制作成礼器，改变了耳饰的基本装饰作用。由此可见，人类从对自然崇拜转向对权力和财富的崇拜。玦的造型比较多，有凸纽形、扁体形、管柱形、兽形、玦口联结形、人形、玉龙形等（图1-19）。玦以玉石材料为主，另外还有金属和骨质材料的使用。玦的佩戴方法一般有三种，一是在耳垂上穿孔，将玦穿过耳洞；二是将耳垂塞入玦的缺口处，夹在耳部进行佩戴；三是借助绳线，系于耳朵部位，因此很多玦的边缘留有小孔，可能用于这一佩戴方式。

（2）瑱

瑱，又称"耳充"，棉质的瑱为"纩"，是主要用于耳朵的装饰物。瑱的材质一般为玉石，如《说文解字》中记载："瑱，以玉充耳也"，"珥，瑱也"，也可见瑱与珥可以混称。常见瑱的形状有珠形、蘑菇形、收腰圆筒形等，整体结构为一端大，一端小，中间腰部呈内凹

图1-18　龙形玉玦　商代　中国国家博物馆藏

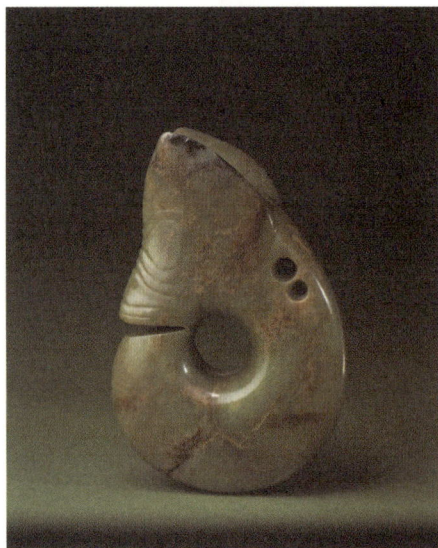

图1-19　玉兽形玦　新石器时代　故宫博物院藏

状（图1-20）。如《洛阳烧沟汉墓》中关于汉代琉璃瑱的记录，"共有19件。可分为二型：第一型，器形圆，上端小，下端大，腰细，如喇叭形，中间穿一孔……第二型，中部犹如喇叭形而上端成锥状，下端成珠状，身上无孔。"据其他资料记载，瑱有两种佩戴方式，一是在耳垂上穿孔，并将瑱嵌入其中，这类多用中间无穿孔的瑱；二是用丝线穿过孔洞，与冠、簪、钗等饰品结合使用，悬挂于耳朵旁，此处所用的瑱为中间带有小孔的类型。古时帝王常佩戴瑱，垂于冕冠一旁，以示不要妄听。《礼纬》中载："旒垂目，纩塞耳，王者示不听馋，不视非也。"珥除去玉石材料外，还有玛瑙、水晶、骨质、棉布、陶瓷、煤精等材料。

（3）耳环

耳环，也称环。耳环从形制上与玦相似，据推测环由玦发展而来，都是环形并带有开口。古代的耳环的形态与现在的耳环有一定的相似性，整体为半弧形，具体细节有一定的差异。初期以简单素面金属环为主，两端多呈扁平状，有时为椭圆形，一端尖，另一端平，也有倒U形，一端尖，另一端为喇叭状。随着耳环的发展，后来环的形制开始出现环脚的形式，装饰纹饰日益丰富，多见花卉瓜果、祥云瑞兽、福寿文字纹等（图1-21）。耳环以金属材料为主，并常镶嵌有宝石，多采用细金工艺制作，如素金锻打、点翠、珐琅、累丝等，因而这类饰品比较精致。

（4）耳坠

耳坠，其形状与耳环相似，一端为环形尖钩状，另一端垂有饰件。耳坠的结构与耳环不同，耳环末端的装饰物与上端的环钩为固定连接，不可动。耳坠的结构相对灵活，环钩与坠饰的连接可以摆动，增添了饰品的灵动感。古代耳坠的材料以金属为主，常配有玉石、玛瑙、珍珠、绿松石的镶嵌。耳坠发展初期以简洁的悬挂式结构为主，后期纹饰、结构相对复杂，出现了一些自然纹样的运用，如执荷叶童子纹、同心结纹饰、花卉蝴蝶等（图1-22）。

图1-20　玉瑱　新石器时代

图1-21　金嵌珠连环耳环　清代　故宫博物院藏

图1-22　金累丝镶绿松石耳坠　元代

图1-23　金丁香耳环　明代

（5）丁香

丁香，也称"耳塞"。在形式上与耳环相似，一端为钩环状，末端多饰有珠宝玉石，形体较小，塞入耳孔内，时兴于明清时期。丁香的制作以金属材料为主，一般有金、银、铜等，并伴随着宝石镶嵌（图1-23）。

（6）耳钳

耳钳，耳饰的一种，与其他耳饰不同，这种耳饰不需要穿耳洞，常靠夹钳挤压耳垂而佩戴。其造型与耳坠相似，主要区别在于对耳洞没有要求。

古代耳饰由于受到中国礼制文化的影响，经历了盛行、低谷、繁荣等阶段。石器时期，生产力低下，对自然现象充满疑惑，认为玉石可通天入地，因而早期的耳饰材料以玉石为多，在形制上为圆形，受天圆地方观念的影响。夏商时代，由于建立中央集权制度，统治者拥有至高无上的权力，人们对自然的崇拜转移到对政权的崇拜，开始渴望权力，因而以自然崇拜为基础的耳饰开始出现衰败的迹象。尤其在周朝逐步确立礼制文化，讲究"发乎情、止乎礼"，提倡全形全德，而穿耳行为被认为不合乎礼制，因而耳饰发展逐渐缓慢，瑱成为当时耳饰的替代品。瑱既能起到装饰作用，其"不妄听"的仪式感又符合当时礼制要求。总之，自周至唐，中原耳饰的发展较为缓慢，这段时期的耳饰出土量较少。耳饰发展逐步摆脱对自然的崇拜，因而玦类饰品逐渐消失，取而代之的是耳环、耳坠等耳饰形式。

大约在唐晚期，科举制度选拔官员的路径得到巩固，这一制度一直延续到宋、元、明、清。士大夫来源于不同的社会阶层，拥有广泛的社会基础，并且注重世俗文化，遵循世俗审美，因而趋于女性化的耳饰开始兴盛，并在这一环境中逐步发展起来。这一阶段的耳饰以耳环、耳坠等种类为主，其式样也一改以前简约之风，追求世俗风趣和繁缛富贵。

总之，装饰功能的变化，社会意识形态的改变以及阶级审美取向都影响着耳饰的兴衰。饰品的发展往往不仅受到自身因素的影响，其所处的文化背景、社会环境也是不可忽视的要素。

3. 项饰

在古代，关于项饰的资料不多，根据考古发现提供的最早项饰资料是，旧石器时代晚期山顶洞人的串饰。中国古籍中对这一类型的首饰记载比较少见，清代时统治者开始注重项饰。

（1）串饰

串饰，指将饰物穿孔，用绳子连起来，悬挂于颈部的装饰品。这类项饰出现较早，早期多以骨、牙、贝、玉、陶为材料，后期开始以金属、珍珠、宝石为材料。串饰的连接方式为软连接，饰件的形状多为圆珠形，也有管状及其他形状（图1-24）。

（2）项链

项链，一般以丝线或链条相连，并带有吊坠和搭扣。有学者把串饰归类于项链的种类下，对此只是理解角度的不同。古代项链一般采用软连接方式，链条出现相对晚些。项链的连接方式一般有两种，即挂坠式和综合式。挂坠式，指是将饰件穿起来，并在项链的中间部位挂一个坠子。在链条出现之前，这些穿起来的饰件多由串珠组成，这些珠子一般由宝石、珍珠、金珠组成，且金珠上雕有精美的纹饰。综合式，指将管、珠、璜、坠等饰件搭配串制，形成造型丰富的饰品形式。项链在制作材料上，初期以天然材料为主，常见的有骨头、牙齿、砗磲、玉石、水晶、琥珀、玛瑙、珊瑚等（图1-25）。后期随着金属技术的发展，出现了链条和坠饰的结合，可见首饰式样与技术应用有内在的关联。

图1-24　玛瑙串饰　春秋　山西博物院藏

（3）项圈

项圈，由于易于弯曲，多以金属制作而成。这类饰品约在晚唐时期出现，清代逐渐发展为"领约"，其材料以金银和铜为主，时常镶有宝石、珍珠等，以精细的工艺制作，一般都比较精美（图1-26）。项圈还常与长命锁、玉石牌结合佩戴，蕴含吉祥的寓意。《红楼梦》第三回中记载："仍旧戴着项圈、宝玉、寄名锁、护身符等物。"其佩戴者多见于妇女和孩童。由于项圈具有美好的寓意，在制作时常饰以吉祥纹饰，如龙凤纹、如意纹、祥云纹等，有时也会雕有吉祥文字如"金玉满堂""长命富贵"，并与玉石等材料相配，带有浓浓的世俗韵味。

图1-25　绿松石项链　战国　故宫博物院藏

（4）璎珞

璎珞，有时也写成缨络，又称"华鬘"。璎珞

图1-26　金嵌石项圈　清代　故宫博物院藏

本是印度的一种饰品，不分男女，以线穿起花朵，有时穿连珠玉，装饰在头部或颈部。随佛教传入中原后，璎珞起初用于佛像，日常中很少有人佩戴，约晚唐时期，璎珞开始出现在女性饰品中，辽代时得到流行，不分男女（图1-27）。璎珞梵音为"枳由罗"，意为以宝石材料穿成的装饰品，材料多为贵重的宝石，如玉石、玛瑙、珊瑚、绿松石、珍珠等。进入我国后，璎珞与本土的项饰、配饰相融合，形成更为复杂的式样。由于材料多是色彩丰富的宝石，璎珞的色彩极为丰富，有白、蓝、红、绿、黄等颜色，极具装饰性。璎珞的结构比较固定，一般分为三层，有的华丽者多达四五层。一层多是由圆珠穿成；二层由珠子穿成花瓣形状，珠子的颜色一般为红色，并由大颗粒饰件间隔开；三层多由椭圆形和圆形珠子穿制，在中间坠有大颗粒宝石饰件，非常华美。

（5）朝珠

朝珠，又称"素珠"，是清代官员佩戴的一种装饰品（图1-28）。朝珠的珠数为108颗，每27颗小珠间隔有大珠，共有4颗大珠，并称大珠为佛头，一般由碧玉、玛瑙、青金石、珊瑚、翡翠等色泽明亮的宝石制作而成，分布在朝珠的周围，将其等分，用于象征四节的春、夏、秋、冬。在朝珠的两边有3串小珠，称为"记捻"，左二右一，各10粒珠子，代表一个月的上、中、下旬。朝珠造型规整、严密，力求整齐、均衡、圆满，是中式求全求满吉祥审美的体现。古代朝珠是身份的象征，有严格的佩戴制度。凡文职五品、武职四品以上的官员，以及军机处、京堂翰詹、科道、国子监、太常寺、光禄寺等职位官员，皆佩戴朝珠，悬挂在胸前，作为礼服的配饰。朝珠的选材和色彩运用要根据官职级别而定，以区分等级身份。

4. 臂饰

臂饰，指佩戴在臂部的饰品，起到装饰作用。臂饰往往应用于日常佩戴，古代臂饰多流行于民间，官方服饰制度中少见，在明代皇后的燕居冠

图1-27　金坠玛瑙墨晶璎珞　辽代　内蒙古博物院藏

图1-28　青金石朝珠　清代　故宫博物院藏

服"和"命妇常服"中有少许记载。

（1）瑗

瑗，因材料而得名。石器时代的臂饰，多由玉石材料琢磨而成，又因玉石在古籍中称为"瑗"，臂饰因其环状而古称为"瑗"。其形状为圆环状，中有大孔，多呈扁平状（图1-29）。

（2）环、钏、镯

环为玉质，钏和镯为金质，三者内义基本相通。环与瑗是同系，环的古称为瑗（图1-30）。《说文解字》载："钏，臂环也，从金川声。"钏俗称为镯子，和现代的手镯基本相似。其为环形，常饰有丰富的图案，常见的有龙纹、凤纹、连珠纹等。环、钏、镯的材料应用比较广泛，一般有玉石、象牙、骨、金属、陶瓷、竹木等。造型上有开口和闭环之分，闭环多为封闭的环状，适合玉质材料，开口的以金属材质最多，易于调节大小。

（3）跳脱、缠臂金

跳脱、缠臂金，是指螺旋式饰品，主要用于臂部的装饰。这类饰品在前秦时期就已出现，兴于唐宋，辽金、清代开始萧条。跳脱，有时称为"钏""缠臂金"，《字汇》中载："钏，古谓之挑脱，金条旋匝"，主要佩戴在臂部，跳脱具有环圈的重复结构，其中环圈不止重复一两圈，可多达十几圈（图1-31）。早期跳脱以素金细条为主，后期受到技术和审美的影响，在金属片上常有精美的纹饰出现，因而素金细条的跳脱有"素面金钏"之称，雕有花纹的跳脱常称为"金钑花钏"。

（4）五色缕

五色缕，有"长命缕""朱索""续命缕"之称。由五彩丝线编制而成，起到装饰和庇护作用。根据中国习俗，五色缕常佩戴于端午节以保平安，至今也广为流传。五色缕是五色绳线，由汉代时期的朱索发展而来，有驱灾辟邪的寓意。五色绳线中的五色一般包括青、赤、黄、白、黑色，与中国的五行思想相符，因而称为五色缕。

图1-29　战国卷云纹出廓玉瑗　战国　浙江博物馆藏

图1-30　玉环　新石器时代　故宫博物院藏

图1-31　银缠臂钏　宋代　临安博物馆藏

图1-32　玛瑙小动物串饰　西汉　广西壮族自治区博物馆藏

（5）臂串

臂串，有腕串、手串之称，指将珠玉、管玉等零部件穿起来戴在手臂部位的装饰物，常采用软连接的方式。臂串的穿制式样较多，有一串的，也有多环的。臂串发展早期，常见素珠穿制，后来多见雕有纹饰的珠子，一般多为吉祥纹饰，起到祈福的作用（图1-32）。臂串的材料应用范围广，多见玛瑙、水晶、琥珀、绿松石、煤精、珍珠等。也有木质材料的串饰，如"香串"，主要以香木制成，因带有香气而得名，而且香木可入药，具有保健作用，因而香串被认为是辟邪之物。臂串发展到后期，随着金属技术的介入，在形式上出现了链条式的连接方式，且雕有精美的装饰纹样。

石器时期，臂饰得到很好的发展，由于服装款式的发展，袖口逐渐变宽，遮挡了手臂部位的饰物，臂饰出现发展迟缓现象。直至汉代，由于贵族衣袖变长，为了防止袖口下滑，人们常戴手镯起到压制作用，因此金臂饰也被称为"压轴"。

5. 手饰

手饰，指佩戴在手上的装饰物。这类饰品在现代比较流行，古代亦是如此，深受人们的喜爱。一方面，首饰是身份地位及财富的象征，而手又是人体的重要部分，常出现在人的视线范围内，因而手上佩戴装饰物比较容易引起别人的注意。另一方面，适用于手部的装饰体积较小，从价格到用料，大多数人都可以接受，因而比较亲民。

（1）戒指

戒指，俗称"金镏子""约指""指环"，主要用于手指部位的饰品（图1-33）。戒指的最初用意没有具体定论，据说是后宫嫔妃的一种特殊标志物。嫔妃一般配有金环和银环两枚戒指，金银戒指的佩戴成为能否侍奉帝王的标记，故而也称为"手记"。另外，戒指佩戴较为广泛，宫廷、民间都有佩戴，常作为信物使用，汉代古籍定情诗中多有相关记载，交换戒指可做定情信物，至今戒指都具有这一功能，常被命名为"婚戒"。传统的戒指材料比较丰富，有金、银、铜、松石、玉石、珍珠、琥珀、玛瑙、红蓝宝石等，式样较多，一般整体呈环状，有的为素圈，有的在素圈上镶嵌宝石、雕刻纹饰、制作台面，还有开口戒指，可调节戒圈的大小（图1-34）。戒指还具备家族标准及掌家的作用，在戒指上雕有家族图案印章，拥有它可代表家族身份。戒指称环，"环"与"还"谐音，暗示佩戴者早日归乡团聚。戒指中隐含着众多的意义，反映出中国"器以载道"的美学思想。

（2）扳指

扳指，也称"搬指"，多为玉质，呈指环状。最初，多为佩戴在右手拇指上的象牙环套，用于拉弓钩弦时保护手指，后来多由玉石制作而成，以装饰为主（图1-35）。如清代谢堃《金玉琐碎》曰："扳指，即诗所云童子佩鞢也；注鞢决也，以象骨为之，著右手大指所以钩弦也。好事者琢玉为之，美其饰也。"扳指以硬质物为材料，有玉石、玛瑙、翡翠、琥珀、象牙等，玉扳指比较常见，檀萃《滇海虞衡志》记载："玉扳指、玉手镯，官吏无不带之，女钏同男，或一手双钏以为荣。"

（3）护指

护指，也叫"指套"，用于装饰和保护指甲，兴起于清代。清代贵族常留有长指甲，以表身份，指甲越长表示身份越高贵。由此，护指开始流行于清代贵族女性生活圈，以此保护指甲，避免损伤。护指制作精美，一方面保护指甲免受伤害；另一方面装饰并修饰手型，使手更显纤细，这一功能如同现在的美甲。护指形态多见下宽上窄，呈锥形，长短不一，多为3~15厘米，并且横截面为半圆形，靠近手掌部分较平坦，背面为弧形。护指的式样较多，一般采用金属和宝石材料制作而成，在材料方面有金、银、铜、玛瑙、红蓝宝石、珍珠、翡翠等，纹饰上多见缠枝纹、花卉纹、文字纹、万字符、葵花纹等，比较华贵（图1-36）。在佩戴时，一般佩戴一对，且式样相同。

（二）现代首饰

现代首饰在形式、种类上比较丰富，与传统首饰不同的是，现代首饰服务的对象、时代环境、文化气氛都发生了巨大的变化，因而，首饰种类

图1-33　金錾双龙戏珠纹戒指　清代　故宫博物院藏

图1-34　金镶翠戒指　清代　故宫博物院藏

图1-35　翠镶金里扳指　清代　故宫博物院藏

图1-36　银鎏金累丝嵌珠石指甲套　清代　故宫博物院藏

和类型也适当做出调整。总之，现代首饰在继承传统的基础上发展而来，又与当下的生活方式、科学技术、文化思想、审美习惯相融合，因而呈现出既有传统的缩影，又有新时代精神面貌的特征。由于现代首饰在日常中比较常见，人们对其比较熟悉，此处仅做简单介绍。按照饰品的装饰部位进行归类，现代首饰主要有以下几种。

1. 头饰

现代社会对服饰佩戴没有严格恒定的标准和制度，饰品的装饰性要大于其地位、财富的功能，因而现代头饰与传统头饰在种类、造型上相比略显单薄。

（1）发卡

发卡为当下流行发饰，是带有弹跳结构卡子，作装饰和束发之用，常以服装搭配使用，可烘托佩戴者的整体气质。现在流行的发卡式样较多，主要有花卉形、几何形、动物形、建筑形等，形态灵活多变、自由活泼。发卡在材料的使用上各式各样，有价格昂贵的贵金属材料和宝石材料，还有相对便宜的银、铜材料以及合金材料，更有易于呈现的树脂材料。

（2）发带

发带，与发卡功能相似，都起到固定和装饰头发的作用。不同的是材料差异，发卡为硬质材料，发带为软材料且具有一定的韧性，以纤维材料为主，在式样和造型上也比较丰富灵活。

（3）冠饰

现代冠饰比较常见，与传统冠饰不同，其主要起到装饰作用，在佩戴上更为自由。冠饰的式样比较丰富，多数将传统冠饰与当代造型方式相融合而成。日常生活中不常用，多适用于礼仪活动中，如宴会、庆典、婚嫁活动等，起到装饰和点缀的作用，增添活动的仪式感。这类饰品材料以金属居多，并镶嵌宝石，有时也与其他材料结合使用。

现代头饰功能已摆脱传统规约的束缚，再加上受到现代多元文化的影响，在表达形式上更加自由，带有较强的流行文化特点。

2. 耳饰

现代耳饰随着新技术、材料的使用，在传统耳饰的基础上发展而来，并融入现代造型特点与现代服装相配，基本有耳环、耳坠、耳线、耳钉、耳钳等类型。另外，除去常见的式样外，有部分耳饰随着艺术思潮的发展，其结构、形式、理念也发生了很多的变化。

（1）耳环

耳环，其造型结构与传统耳环相似，整体呈环形，不同的是穿过耳洞部位为细钉，更适合人们的佩戴。现代耳环的材料、式样都比较多，在材料上一般以金属为主，也有宝石材料，其中金属有金、银、铜、铂、合金等，还有纤维、陶瓷、塑料等材料的应用。形式上比较灵活，可包含现存的所有纹样。

（2）耳坠

耳坠，是现代耳饰的一大门类，其结构与传统耳坠相似，包含环勾、坠子和它们中间的搭扣。随着技术的进步以及多元文化生活的需求，耳坠的式样日益增多，有简约风格、仿古风格、抽象风格等。材料一般以金属为主，其材料的范围与耳环基本相同，有时为素金，有时配有宝石，有时还会和多种材料结合使用。可根据发型、服装、活动范围，选择适宜的耳坠类型。

（3）耳线

耳线，其结构为顶部有一枚耳针，用于固定在耳垂上，末端为垂挂的金属细线。根据需要，有时也会将耳线穿过耳孔。这类饰品一般采用金属材料，在形状上可以是素线，也可以在线的末端坠有饰件，饰件的体积不大，但形状各异。

（4）耳钉

耳钉，是比较细小的一款耳饰，一般在耳针的顶端直接饰有小的饰件。饰件的形状、材料变化多样，可以有几何形、动物形、花卉形等；也可以是宝石颗粒，如珍珠、玛瑙、翡翠、钻石等，整体体积较小。

3. 项饰

现代项饰与古代不同，在首饰中占据重要地位。由于头部装饰的衰退，再加上现代服装领部结构的影响，主张将颈部优美曲线展现出来，因而项饰在日常佩戴中显得尤为重要。

（1）项链

项链，多指装饰在颈前的物品。项链的造型丰富，可以是线条的缠绕，也可以由图案纹饰组成，总之结构丰富、风格多样（图1-37）。材料上以金属和宝石为主，也有其他材料的介入，如纤维、陶瓷、玻璃等。随着时代的推移，项链除装饰功能外，还具有文化传递、情感表达、观点展现、技艺传承等新功能。

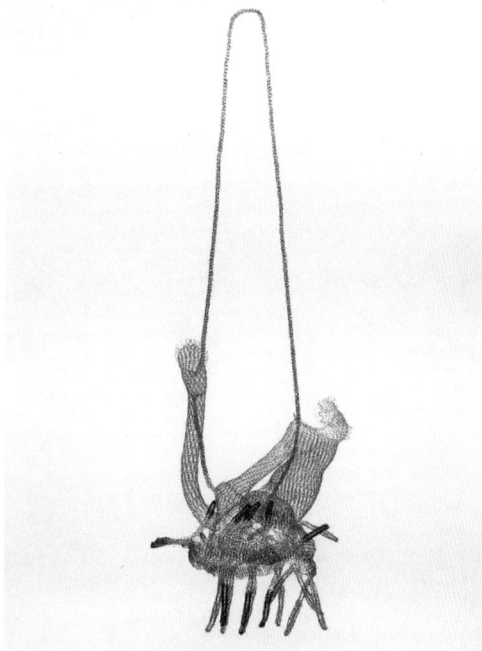

图1-37 《随波逐流》 张勤

（2）吊坠

吊坠，其结构为链条、坠件和搭扣。吊坠多为线形结构，常为链条上挂以坠子，链条多以金属材料制作，一般有黄金、K金、铂金、白银等，也有以皮革、纤维等材料制成的挂线。坠子的形态比较丰富，动物、植物、抽象、几何等形态都有。

（3）项圈

项圈，基本造型为环状，与传统项圈有一定的相似度，但现代项圈造型更丰富，有V字形、波浪形、椭圆形等形态。在传统文化的影响下，人们对美好寓意的追求一直存在，因而为追求"好兆头"，一些传统项圈也在沿用，如在婚嫁时一般会打制纯金的龙凤纹项圈，寓意婚姻美满。总之，现代项饰种类较多，式样丰富，可以满足各种佩戴需求。

4. 臂饰

臂饰，主要指戴在手腕部位的装饰品，多为手镯、手串、手链等。手镯多以金属材料为主，可分为传统式样和现代式样。传统式样的手镯以金、银材料最为流行，一般有素金和雕有纹饰的式样，纹饰多为吉祥纹样，多采用细金工艺制作而成。现代式样的手镯多为时尚品，采用金属材料，有金、银、铂、合金等，一般造型简洁、配有宝石，另外，还可使用竹子、大漆、塑料等材料。手串多指以珠形材料串成的串，有时配有金属饰件，根据穿制的方式不同呈现不同的式样。随着技术的进步，手链的制作较之以前更为精进，花样也比较丰富，以金属为主，多见金、银、铂等材料。

5. 手饰

现代手饰以戒指为主，部分戒指依然保持着原有的功能和式样，成为地位、财富、家族的象征。也有部分戒指符合现代审美，加上机械化生产特征，多为抽象造型。随着文化的包容性增强，戒指的纪念意义依然存在，只不过用于纪念的戒指式样发生变化。如婚戒一般选用钻戒，"美丽长久远，一颗永流传"的寓意也象征着爱情的纯真。另外，还有婚姻纪念戒，根据结婚纪念一年、两年等有不同的戒指选用。有时戒指还代表了艺术表达，成为个人情感传达的媒介，也因此在材料运用上比较广泛，一般有金属、玻璃、塑料、纤维等。

第二节
首饰的源流

一、中国首饰发展简史

中国经历漫长的发展历史，积淀了深厚的文化和多种文明。首饰是中华民族文化的一部分，形成了丰富多彩的工艺文化，是民族精神、价值观念、审美习惯的集中体现，凝聚了中华文化精神，是民族智慧和创造力的象征。中国首饰的产生和发展，与本国历史文化、政治思想、科学技术、生存环境有着密切的联系。在首饰发展史中，生产技术从单一走向复杂，发展出具有精湛技艺的工艺体系，使首饰形态不断丰富，也增进了传统技艺的传承与发展。文化思想孕育了首饰精神，基于民族特色及地域特征，首饰形成了独特的审美体系，既有等级观念下分贵贱、别等级的宫廷首饰，也有民间广为流传的大众饰品。首饰发展与人类的发展史相吻合，随着社会进程的推进，出现不同的首饰形态。

（一）原始社会时期的首饰

首饰在中国起源较早，在北京新洞人遗址中有磨制骨片的发现，距今20万年前，据推测可能用于装饰。当社会进入旧石器时代晚期时，人类发展已经进入新阶段，打制石器开始定型化和小型化，人类不仅能打造出锋利的石片，而且已掌握磨光和钻孔技术，出现了磨制骨器和装饰品。此时还掌握了人工生火的方法，文化发展进入相对较快的时期，其中以山顶洞人文化最具代表性。从大量的出土文物中发现，这一时期的装饰品比较多，如在山顶洞人的遗址中出土钻孔的石珠7件，呈白色，形体大小基本相同，具体式样不规则。还有钻孔的海蚶壳、鱼骨、刻有纹饰的鸟骨以及动物的牙齿等。比较显著的是此时出土的文物中，有25件用赤铁矿粉末染成红色的饰品，据推测，这些钻孔的饰件多用皮绳穿起佩戴于衣服或者手臂、脖颈上以做装饰之用，这也是我国远古时期最初首饰的雏形。

旧石器时期的饰品一般有钻孔的石珠、贝壳、骨管、牙齿、鱼骨等，以及各类管、坠等。此时的饰品在材料、工艺和造型方面，还处于首饰发展初期，比较简单。在材料上一般采用人们生活中获得的动、植物材料，如骨、牙、贝等，也有少量是经过挑选的易于加工的石材，如砾石、石墨等。在加工工艺上，从出土的饰品中可以看出，人类已经掌握了钻孔技术，有的采用两面对钻的方法制作小孔。钻孔技术使饰品可以作为挂件使用，可以做成单个挂件，也可以组合成多件物体或同类物质的多件组合。此时先民还掌握了染色技术，如用赤铁矿粉将饰件染成红色，据推测，这种活动体现了人类初期对生命的崇拜与渴望。锉磨工艺也是这一阶段主要运用的技术手段，在不少饰品的边缘都有明显的人工磨制痕迹，有的贝饰和骨饰还有刮、削的加工痕迹，饰品的外形都显得比较规整。由此可见，旧石器晚期的先民已经掌握一定的工艺制作经验和技术积累，不再仅对自然物进行简单改造。简单规则的饰品形态，以及主观色彩的需求，说明先民装饰意识的产生。装饰是精神的产物，是一种原始意识形态活动，说明包含原始审美、宗教、艺术等在内的巫术礼仪开始形成。

新石器时期，随着人类的进步，生产力的发展，审美意识加强，开始出现"有意味的形式"。此时的首饰也有较大的发展，随着人类意识的发展用于图腾巫术活动，并与原始歌舞联合起来展现他们的精神世界。因此，首饰在数量、式样、工艺、材料、功能等方面都得到了很大的发展。在材料方面，开始由最初的羽毛、骨骼、牙齿、蚌贝等生活材料向陶瓷、玉石等人工材料转变。此时在少数地区有金属首饰出现，但只是少量存在，并不普及。随着最初的原始信仰产生，玉石文化得到兴起，玉石工艺也在打制石器实践中发展起来，人类制作了以玉石、玛瑙为材料的珠、玦、环、璧、琮、镯等饰物，并且产量较大，仅南京北阴阳营遗址中就发现玉石、玛瑙300多件。长江下游良渚文化中出土的玉冠饰、玉臂饰、玉环、玉璜等物件高达上千件，反映出当时玉石文化的高度发展。黄河上、中游地区以骨质首饰为主，黄河中游从仰韶文化时期到龙山文化时期有大量烧制的陶质饰品出土，黄河下游骨质、陶质饰品的使用大量减少，长江下游地区出土的饰物以玉石质为主。在制作技艺上，此时人类已经熟练、准确地掌握玉石材料的加工方法，并能将饰品形态、表面处理得精准到位，纹饰雕琢相对复杂，已经达到较高的玉石加工水平。

1. 首饰材料、类型

总体来说，原始社会的首饰造型相对简单，可能由于技术的限制，常以带孔洞的饰品为主，并以环状饰品、珠子、坠饰，以及由孔、管穿成的各种串饰为主。另外，也有羽冠神人或兽面纹的玉石首饰出现，据推测，此类首饰除具有装饰功能外，还具有礼器的功能，至此首饰具备了多重含义。可能由于狩猎生活、原始歌舞及巫术活动，此时的首饰还有头戴的饰物，以及披皮尾饰的服饰装扮，以便于捕猎时伪装或者营造巫术、歌舞活动的仪式感。原始社会时期，经过漫长的发展，首饰的种类日益丰富。如仰韶文化时期，在西安半坡遗址出土的约1900件饰品中，就有发饰、手饰、耳饰、颈饰、腰饰等类型，由此可见当时的饰品对人体装饰的部位比较全面。除上述几种类型外，还有足饰、臂饰、胸饰等，也可推断出首饰已从早期的头饰和颈饰发展到对全身的装饰。由于地域差异，区域间饰品的品类各有差异和侧重，西北和中原地区以颈饰、腰饰及臂饰为主，长江中下游和西南等地以耳饰、颈饰、胸饰为主。原始社会处于母系氏族社会时期，饰品的佩戴群体以妇女为中心，新石器时代中期的饰品多出土于妇女和儿童的墓地中，在数量和品质上差别不大。新石器时代晚期，在大汶口出土的饰品明显具有数量多、品质好的特点，并且男性墓中也有，可见当时已经出现财富积累和私有观念，也可推测首饰的功能拓展，其财富地位的象征意义已开始萌发。

2. 首饰种类

（1）头饰

原始社会时期，出于最初的原始崇拜及生活的需要，以及依靠束发盘髻的方式来整理仪容，此阶段的发饰比较丰富，主要类型有羽饰、笄、梳篦、獠牙头饰、钗等。

羽饰。羽饰是这一时期比较常见的饰品。社会发展早期，生产力水平相对低，自然界中的天然材料成为首饰的原始材料。出于狩猎伪装、图腾崇拜的需求，羽饰成为当时普遍佩戴的首饰类型。中国古代文化史中，一直有"尊鸟贵羽"的信仰，将神仙与鸟关联起来，从而有"羽化成仙"之说。这类饰品多是将羽毛做成冠饰，佩戴于头上。如良渚文化时期，玉器上常有羽冠神人形象出现，神人多戴宽大的羽冠，羽冠一般由小束的羽毛组合而成，羽冠的边缘都修剪整齐，成为这一时期常见的纹饰。羽饰在这一时期广为流传，在壁画、铜鼓上都有头戴羽毛的羽人形象出现（图1-38）。羽饰在后世也广为流传，佩戴者多象征着英勇与权贵，如《古禽经》载："鹖冠，武士服之，象其勇也。"

笄。笄的使用与当时民族的束发形式有密切关系，束发盘髻或将头发盘于头顶，以及各种冠饰的使用都离不开笄的束发作用。此时笄的材料主要有竹、木、玉石、骨、陶、牙、角等，其中

图1-38 铜鼓上的羽人

图1-39　骨笄　新石器时代　庄浪县博物馆藏

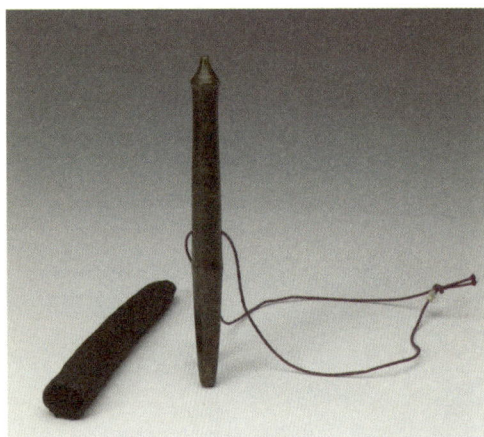

图1-40　碧玉笄　新石器时代　故宫博物院藏

图1-41　玉梳背　新石器时代　浙江省博物馆藏

图1-42　猪獠牙头饰　新石器时代　海盐县博物馆藏

玉石、骨质材料比较常见，骨质材料一般为牛、羊、鹿等兽骨（图1-39）。笄的式样相对丰富，一般有圆锥形、扁锥形、棱锥形、梭形、笄首雕饰形等（图1-40）。圆锥形、扁锥形、棱锥形笄多根据笄体横截面所呈现的形状而论，近圆形的为圆锥形笄，呈弧形、椭圆形且笄身为扁平状的为扁锥形笄，呈方形、菱形或多边形的为棱锥形笄，这类笄一般头部平直，尾部呈尖状。梭形笄多是两端为尖状，中间横截面为圆形或扁圆形。笄首雕饰形多是指簪头多有立体的装饰，一般也雕有纹饰。

梳篦、獠牙头饰。梳篦是用于梳理头发的器具，后来也直接用于装饰头部，成为饰品，在良渚文化时期，梳已普遍使用，且制作精良。此时已出现梳背与梳齿的组合，并以榫卯结构进行组装，梳背多为玉质留有卯节的小孔，梳齿以象牙、骨等材料为主（图1-41）。梳篦造型特点多根据梳背的形态而定，常以凹字形和凸字形为主，也有平顶以及纹饰造型的梳背。獠牙头饰，指以猪獠牙为材料，并将獠牙劈成薄片制成月牙形的饰品，一端宽并带有小孔，另一端相对略细尖（图1-42）。据推测，其与笄的功能一致，主要用于束发，且男女皆可佩戴。如《蛮书》载："寻传蛮……持弓挟矢，射豪猪，生食其肉，取其两牙，双插髻傍为饰。"

钗。钗在这一阶段也已出现，但非常少，在黑龙江省李家岗墓地出土过一支骨钗，有两条平行钗腿，一条略长，一条略短，应该是最早钗的雏形。

（2）耳饰

据推测，在新石器时代已经有耳饰的存在，在佩戴上不分男女，出土的耳部穿孔人俑是佩戴耳饰最好的证据。如安徽省含山县凌家滩遗址出土的男性玉人，两耳有穿孔，耳垂上的耳孔主要用于佩戴耳饰。

原始社会时期的耳饰类型主要有玦、瑱、耳坠等，其中以玦为主，数量多且造型丰富，应是这一阶段主要的耳饰式样。玦的造型非常丰富，有扁体环形，包含方环形扁体玦、圆环形扁体玦；有凸纽形，包含方形扁体凸纽玦、圆形扁体凸纽玦、圆形扁体C形纽玦、圆形扁体兽形纽玦、钩坠形凸纽玦；有圆管形，包含棱纹圆管形玦、光滑圆管形玦、有纹饰圆管形玦，还有圆珠形、人形玦、玦口连接形等。每一种类型玦在具体的造型上都有细微的差别，可见当时玦的丰富程度。玉玦在新石器时代及商、周、春秋、战国墓葬中常有发现，多置于死者的耳部，作为耳饰。在内蒙古自治区兴隆洼遗址4号墓女童右眼眶内嵌有一件玉玦，表明了玉玦的另一种用法。器为圆形，通体光素无纹饰，一侧有一个缺口，两侧的边缘呈刃状（图1-43）。耳瑱、耳坠也有佩戴，但在数量和式样上远不及玦。新石器时代冶金技术还不成熟，因而耳饰还是以玉石材料为主，也有陶、骨、牙、煤精等材料的应用（图1-44）。当时耳饰的佩戴方式主要有夹戴，以玦为主将缺口夹于耳垂上；将耳饰塞入耳孔，如玦和瑱；以绳线系挂于耳部，如玦、坠等。

（3）项饰

项饰，有时也称为颈饰，主要指挂于颈部的装饰物。项饰多挂于胸前，比较明显，因而也是史前社会的重要饰品形态。由于制作技术有限，此时的项饰以穿孔饰件的穿制为主，其形制主要分为三种（图1-45）。第一种为独立配挂的单件珠、管、璜、坠饰，主要指以单件的珠、管等饰件为装饰品挂于胸前。其中璜是分布较广的史前玉石饰件，其形状多为弧形，弧的形状和弯曲度大小不一，有长条形或是环的四分之一，有半环形、半璧形，还有似鱼鸟形（图1-46）。第二种为珠、管成串佩挂，主要指将珠、管穿成串挂于

图1-43 兴隆洼玉玦 新石器时代 故宫博物院藏

图1-44 绿松石耳坠 新石器时代 徐州博物馆藏

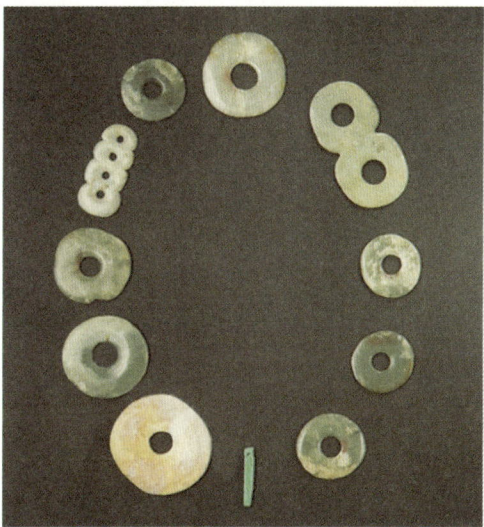

图1-45 玉串饰 新石器时代 山东博物馆藏

图1-46 玉璜 新石器时代 故宫博物院藏

胸前（图1-47、图1-48）。这类串饰有长有短，短者常由数十颗组成，长者可由数百颗饰件组成。穿制时比较注重管、珠造型与色彩的统一，玉管的质地、颜色、粗细基本一致，据推测，多由一块玉料制作而成。第三种为组合类颈饰，将珠、管、璜及各类坠等搭配穿制，形成项饰。这种项饰制作精美，形态考究，佩戴者多为权贵。石器时期的项饰在材料上以自然材料为主，最早时多以兽牙、兽角、贝壳等容易加工的牙角贝质材料为主，将其简单打磨穿孔而成。骨质材料在原始项饰中也比较常见，如以骨珠穿成的串饰，主要取材于鸟兽的肢骨部位，将肢骨截取并加工研磨成各种骨珠、骨管，根据需要还可进行染色处理。由于肢骨中间有孔，比较容易加工成珠和管状，因而这类饰品比较多见。随着制陶技术的发展，陶质材料也应用于项饰之中，多制作成珠、管的形状进行穿制，在崧泽文化中曾出土过泥质黑皮陶珠项饰。随着加工技术的进步，玉石逐渐成为项饰的重要材料，取代了兽牙、骨、贝等材料的主导地位。根据考古发现，玉石材料制作的项饰多见于新石器时代中后期，制作相对精美，造型丰富，多制成玉珠、玉管形态，大小形状不一，有球形、束腰形、琮形、竹节形等，穿成串挂于脖颈之上。

图1-47　小玉珠　新石器时代　浙江省博物馆藏

图1-48　玉管　新石器时代　浙江省博物馆藏

图1-49　骨镯　新石器时代　云南省博物馆藏

（4）臂饰

臂饰，多佩戴在手臂之上，为环形，佩戴于小臂部位的称腕环，佩戴于大臂部位的称臂环。根据制作形式不同主要有瑗、镯、串等种类。原始社会的臂饰与其他饰品一样，在材料上以骨、牙、陶、玉石为主。陶质臂饰多见于仰韶文化遗址中，其中陶环式样较多，主要有红、灰、黑、白陶环，形状上有圆、多角、齿轮等多种形态。这一时期的骨质臂饰，多为拼合连缀而成，可能由于骨质材料细长，难以整体成型。在考古中发现，有的由14块扁状的骨管连接成镯，有的将多块兽骨磨制黏合成手镯，也有的在两个半圆形骨筒上钻出小孔，并用绳将其系起组合成骨镯（图1-49）。这一时期的玉石臂饰在数量上相对其他材质较多，其造型、工艺也较精美，是比较精致的一类。如良渚文化兽面纹玉镯，玉质较纯净，基本呈鸡骨白色，局部有稍浑的黄斑、黄纹。内圈圆滑，外圈有四个等距离分布的稍凸起的长方形块，每块上饰有浅浮雕简体兽面纹，每个兽面纹上有两道浅浮雕弦纹（图1-50）。在形制上，臂饰比较丰富，主要有瑗、筒形镯、环形镯、琮形镯、花式镯、连接式镯、玦形镯、镶嵌式镯、有领镯等，以及用珠子穿成的各种串饰。其中，瑗多是环形玉器的古称，为边宽大于体厚、呈扁薄状的环形臂饰。

（5）手饰

原始社会时期，手饰多见指环，与其他饰品相比，这类饰品少见，多发现于新石器时代。指环在材料上与其他饰品一样，一般以牙、骨、角、玉石、陶、竹等为主，其中以牙角骨质为多，并在新石器时代晚期的齐家文化中发现铜指环，由此推断冶炼技术已开始发展。指环的形状比较丰富，总体上多为圆形，有时横截面也呈椭圆形、方形等（图1-51）。圆形指环又有圆环、圆筒状之分，圆环形多指环壁不高的指环，有素面环形和钻孔环形，是比较常见的类型。圆筒状指环指环壁较高，呈筒管状，多由骨质材料磨制而成，玉石材质少见。指环在佩戴上不分男女，也不分左右手，多戴于中指上，佩戴者多见男性。

图1-50　兽面纹玉镯　新石器时代　浙江省博物馆藏

图1-51　玉指环　新石器时代　济南市长清区博物馆藏

（二）先秦时期的首饰

中国历史上，先秦（旧石器时期—公元前221年）指中国从进入文明时期到秦王朝建立的这段历史。夏朝开始，社会进入阶级统治时期，由于阶级意识分化以及政权统治，首饰开始成为等级差别和身份地位的标志物，并制定相应的"礼乐制度"，对衣冠服饰的使用有严格的规定。另外，随着生产力的发展，人的思想开始从自然崇拜、图腾崇拜中解放出来，思想开化，出现了百家争鸣现象。儒、道、墨等多家思想流派开始宣扬各自的主张和观念，也包含造物的原则与方法，这在一定程度上影响了首饰文化的发展，使饰品更具精神性。这一时期经过历史的进化，人的素养、物质文化、精神文化以及社会组织及管理机构等方面与原始社会时期相比有较大的发展。先秦时期的首饰与史前相比也有全方位的演进，主要展现在综合思维的运用、功能的发挥、工艺的精进以及文化信仰的支配等，这些因素的交融构成了早期首饰的特点。

1. 首饰材料、类型

先秦首饰与前期首饰相比，在类型、文化、式样上都有较大的发展，多是在继承中发展而来。此阶段首饰材料还是以牙、骨、玉石、竹、木等为主，权贵阶层喜玉，可能受到儒学思想的影响。孔子常以"玉"比"德"，并将佩玉看作君子行为，因而玉饰比较盛行，成为品德修养的承载物，有时玉饰也常作为礼器使用。与原始社会首饰材料相比，变化最大的是金属材料的运用，此阶段所用的金属一般有青铜、黄金等，在商文化中出土的黄金饰品数量非常少，据推测，商代对黄金并不热衷，其价值取向专注于青铜。此时对黄金的运用，多将其作为小的饰件，如金叶片、金箔、金丝制品等，极少作为单独的首饰。周代，金饰种类、数量有所增多，出现了金肩饰、金佩饰、金带饰等多种类型，其工艺比较精致，出现了捶打、铸造、累丝等工艺方法，反映出周代金属工艺有了较大的发展，金制品也逐渐进入贵族生活圈。但先秦时期首饰材料还是以玉石、牙、骨等为主，金属并非主流。

先秦首饰的种类比较丰富，包括前期发展的头饰、耳饰、项饰、手饰等类型，耳饰、臂饰在发展中不如其他门类依然保持活力。随着服装的完善，此时的臂饰和足饰与原始社会相比有所减少。总体来看，先秦的首饰在种类、式样上都有新的发展。

2. 首饰种类

（1）头饰

先秦头饰在这一时期有了新发展，在种类上一般有笄、假发、梳篦、额饰、羽饰、钗、冠饰、束发器等，在式样上更加丰富。在头饰中笄的使用依然非常广泛，随着高发髻的流行，其束发和装饰意义更为突出，并逐渐成为区别等级身份的一个标志物。笄在此时运用比较普遍，随着礼制的发展，成为礼器。《礼记·曲礼上》中云："男子二十，冠而字。"男子行"冠礼"时一般用到冠圈和笄作为礼器，表示成人。女子成人礼一般行"笄礼"，笄的选择代表家族的实力。笄的类型较多，在不同的场合要用不同的笄作区分，并且笄的使用具有明显的等级之别。考古资料显示，笄的材质的差异反映着佩戴者身份地位的区别。先秦的笄材料一般有木、骨、角、竹、玉、铜、玛瑙、象牙等，其中以玉笄最为珍贵（图1-52）。笄的式样比较多，主要反映在笄首部位，一般有锥顶活帽状、高冠鸟体形方格纹、鸟首形、方牌形、"羊"首形、夔首形等，并且制作相对精美。由于周代流行高髻，因而假发开始流行，常与笄搭配使用，形成新的风气。《诗经·鄘风·君子偕老》云"副笄六珈"，意为假髻上戴有六笄。先秦时期，梳篦有了新发展，出现制作的专门化，因而工艺制作比较精致，式样丰富。由于礼玉文化的发展，玉梳大量使用，其装饰功能要大于实用意义。除去玉质材料外，还有象牙、木、竹等材料的运用。商代常见长把、短齿的玉梳，装饰比较精美，梳背上一般装饰有兽面纹和动物纹，多以浮雕或透雕的方式呈现。西周的梳篦在形制上与商代相似，只是梳篦梳齿与商梳相比略长些，纹饰上多见兽面纹和动物纹。春秋时期，梳篦背部高度逐渐缩短，梳略长些，装饰纹样一般有夔龙纹、兽形纹等，有的在梳背上采用阴刻纹饰，有的在梳背上雕刻兽形纹。战国时期的梳篦式样多为半圆梳背和方平梳齿，纹饰类型上与前期基本相似（图1-53）。此时，钗依旧少见，其形制与原始社会时期差别不大。

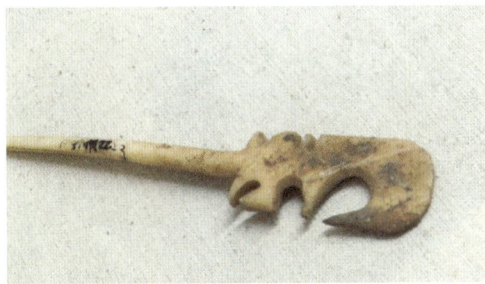

图1-52　骨笄　商代　殷墟博物馆藏

图1-53　云纹玉梳　战国　湖北省博物馆藏

（2）耳饰

先秦时期随着礼教文化的发展，由于中原地区注重身体的完整性，抵触在耳朵上穿孔，耳饰的发展逐渐呈现衰败的迹象。西周时期还有大量的耳饰出土，到战国时期中原几乎没有耳饰出土，只在周边少数民族地区有少量发现，这一现象直到唐宋时期才开始好转。虽然耳饰在这一阶段发展不景气，但在式样、材料上较之原始社会都有所发展。这一时期的耳饰，主要集中在北方及西北少数民族地区，多见金属材料，偶见玉石、松石材料，在种类上有耳环、耳坠、玦、瑱等。其中耳环式样比较丰富，常以黄金、铜为材料制作而成。在夏家店文化遗址出土的耳环比较有代表性，在形制上主要有三种类型，一是圆环形，一般由圆形的金丝弯曲而成，在金丝的两端处理成扁平状，像两个小的扇形；二是椭圆形，也是由圆状金属

图1-54 玉龙纹玦 春秋 中国国家博物馆藏

图1-55 阎立本 《历代帝王图》

图1-56 组项饰 西周 震旦博物馆藏

丝弯曲而成，只是一端呈扁平状，另一端呈钝尖状；三是环形喇叭形，整体为钩形，钩身由圆状金属丝弯曲而成，一端为钝尖状，另一端为喇叭形。此外，还有以圆状金属线直接弯成圈状的耳环，有的是一圈，有的是两圈，有的是多圈呈弹簧状，男女皆可佩戴。先秦时期的耳坠制作比较精致，多喜以黄金镶嵌绿松石，式样上喜欢坠有多层，并多见坠有金摇叶饰片。在材料上除黄金与绿松石的镶嵌外，还有珍珠和骨串的镶嵌。进入商周后，玦的用途发生变化，逐渐由耳饰转向配饰，以及形成象征财富和地位的礼器，因此这一阶段的玦玉质比较细腻、制作精美，一般饰有蟠虺纹、云纹、龙纹等（图1-54）。由于周代冕服制度的发展，瑱常作为特殊的耳饰，悬挂于冕冠旁，垂于耳旁起到勿妄听的作用，这一佩戴方式一直沿用到明代。在唐代阎立本《历代帝王图》中，光武帝刘秀所佩戴冕冠肖像中，就讲究在其耳畔垂瑱为一颗圆珠（图1-55）。

（3）项饰

先秦项饰与其他饰品一样，在质地、工艺、形制、种类上都具有区身份、明等级的作用。其中以组玉佩最具代表性，到周代时成为贵族身份的重要标志。西周时期的组玉佩常戴于脖颈，垂于胸前或到腰际，长度及形制不一（图1-56）；东周时期的组玉佩主要装饰在腰部，至此并未上移，形制简化。西周时项饰与组配饰没有彻底分离，在形制上主要有串饰、多璜组玉佩、玉牌穿珠组佩，主要用到的饰件为珠、璜、牌、管等，常用的材质为玉石、玛瑙、珍珠、绿松石、煤精等，常饰有人龙纹、双首龙纹、龙凤纹等，玉佩常雕作虎、兔、鱼、蝉、牛、鹿等动物形（图1-57）。东周时期由于诸侯强大以及周王室统治的衰微，礼制受到挑战，"士"阶层开始形成，而且随着儒学思想的影响，佩戴玉佩不仅是等级身份的标志物，逐渐成为君子行为。此时的组玉佩多由玉珠、玉珩、玉璧、彩结、彩环等配饰组成，有单珩组佩和双珩组佩之分。春秋时期的组佩多由环、觿、珩、方勒、龙形佩等饰件组成，在形制上一般为顶部为玉环或璧，下坠一行、两行或多行，末端常坠有龙形佩。在材料上主要有玛瑙、玉石、彩色琉璃珠，其中琉璃的色彩可多达十多种（图1-58）。总体而言，先秦项饰结构一般以对珠、管、璜、佩等饰件的穿制为主，在工艺上制作相对精美，随着青铜工具的运用，对玉石的处理包含阴刻、浮雕、圆雕、透雕等工艺方法，材料上以玉质为贵（图1-59）。项饰中也有金属材料的运用，数量和式样相对稀少，多见金、银材料的运用，有金珠项串、银虎吞羊项圈、金项链、金桃形片饰的出现，可推断此时的金属工艺有明显的进步。

（4）臂饰、手饰

先秦服装的完备，使臂饰及手饰相对减少，多出现瑗、镯、腕串这类臂饰。此阶段臂饰在材料上以玉石、绿松石、玛瑙、木等为主，金属材料少见，纹饰上有兽面纹、鸟纹、勾连纹、卷曲纹、龙纹等，金属中多以金和铜为主（图1-60）。此时臂环的式样相对丰富，有瑗、环形镯、玦形镯、筒形镯、花式镯等，多为素面，也有绞丝纹出现，其造型与新石器时代比较接近，不同的是有的饰件中出现了一种内缘向外起棱，横截面为"T"形的瑗（图1-61、图1-62）。先秦的手饰在数量上不多，以韘和指环为主，其中最具特色的是韘。韘也称玦，指古代射手戴在右手拇指上用于扣住弓弦射杀猎物的工具，后来演变为扳指。出土的韘中以玉质为主，骨质次之，也有金属材料的使用，但非

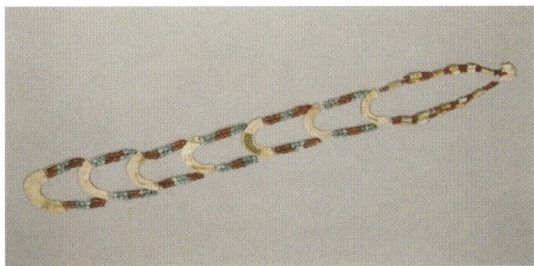

图1-57　七璜联珠组玉佩　西周晚期　河南博物院藏

图1-58　琉璃串珠　春秋　山西博物院藏

图1-59　玉镂雕双凤式璜　战国　故宫博物院藏

图1-60　玉腕饰　西周　三门峡虢国博物馆藏

033

图1-61　绞丝纹瑗　战国中期　中国国家博物馆藏

图1-62　玛瑙瑗　战国

图1-63　谷纹韘和云纹韘　春秋晚期到战国早期

常少（图1-63）。先秦时主要出现两种造型的韘，一种呈筒状，从侧面看是梯形，一边高，一边低，正面有素面或兽面纹饰，下端留有小孔；另一种整体呈椭圆形，中间为圆筒，其形制不一，有的从侧面看一边高，一边低，并且高的部位呈尖状，有的两面高度相似，有的一侧向外延伸呈坡状。与第一种相比最突出的变化是勾弦用的凹槽变为凸起的纽，纽有的呈平直状，有的呈钩状。此时的指环相对较少，出土中多见铜质指环，式样上有单环、双环以及多环呈螺旋状等。

（三）两汉时期的首饰

汉代是中国历史上一个辉煌年代，社会经济、手工制品得到了较大的发展。秦朝统一后，推行郡县制，并统一度量衡，实现了造物体系的规范化。汉代是继秦朝之后第二个中央集权制国家，并继承了秦代的造物制度，设立庞大的手工业管理机构，从中央到地方都有管理人员管理生产，还设了金银冶炼机构，专门管理金银加工，称为工房，从而促进了金属工艺的发展，也带动了首饰的发展。由于汉代工艺受到汉初采用的"与民休息"的"无为"政策影响，注重实用和功能，礼制的约束逐渐减弱，从而呈现出世俗工艺品类。汉代在思想上"独尊儒术"，儒学吸收了阴阳学说，逐渐远离"仁礼"体系，注重"天人感应"，强调人与自然和谐统一，使汉代造物呈现深沉雄大、古拙朴质、浪漫热烈的美学特征。由于受到楚骚文化的影响，两汉时期的首饰出现浪漫主义倾向，在装饰纹饰中流行云气纹以及飞禽走兽纹。

1. 首饰材料、工艺

西汉初，由于国力恢复，一切从简，其首饰基本继承先秦的风格。随着经济复苏，加上对外交流开展，大量珠宝材料涌入，汉代首饰开始从简入繁，在式样上有新的发展，制作上更为精致。根据考古发现，西汉时期的首饰材料多以竹、木、牙、角、珠、玉、宝石为主，到东汉时期，随着金属工艺的发展，金属材料广泛应用到首饰中。金属工艺在汉代有了较大的发展，不仅继承了前期的锤揲、包金、錾刻、错金银等工艺精髓，还使工艺更加精湛，并在此基础上形成了从金属材料加工、制胎、錾刻、花丝、镶嵌、焊接到表面处理的一套细工技艺程序，从而使细金技艺更加成熟。虽然汉代礼制有些松弛，但也有明确的首饰制度，其中史学家司马彪所著《续汉书》的舆服志部分，详细地记载了东汉时期妇女在各种礼仪场合佩戴的首饰，此时的礼仪用首饰款式，在日常佩戴中也可以使用，主要区别在于装饰细节的差异。汉代的首饰类型与此前基本相似，有头饰、耳饰、项饰、臂饰、手饰等，不同的是每一门类中具体的饰品种类、式样。

2. 首饰种类

（1）头饰

汉代头饰随着妇女发髻样式的复杂，呈现由简到繁的发展趋势。最初女子常梳垂髻，后来开始盘绾于首，以此发展出各式各样的髻式，因而头饰也丰富起来。汉代头饰以簪、擿、钗为主，另外还有胜、假发、步摇、巾等饰品。簪，先秦时为"笄"，汉代也称"搔头"，男女皆用，式样相同（图1-64）。簪的材质比较丰富，有金、银、铜、铁、木、玉、玳瑁、角、绿松石等，百姓常用铜铁等材料，玉石、金银多用于身份尊贵的人群。簪在造型上主要从简到繁进行分类，稍简单的簪多为光素无纹、制作略粗，佩戴者多为地位较低者；精致一些的簪，整体稍长些，簪身多雕有简单纹饰，常见卷草纹；复杂些的簪，其簪首部位庞大，并且式样各异，有的为叶片状，有的为伞状、圆柱状、球状、帽状等；有的增刻有纹饰，雕镂繁缛，以角、骨、玉材质多见；有的附加簪首，呈"笄而加饰"的制法，多见金属材料。值得一提的是，此时的金属簪制作精美、工艺精湛，将细金技艺中的花丝、镶嵌、錾刻等工艺运用到非常精准的程度。擿始于周兴于汉，男女皆可佩戴，用于装饰、洁发（图1-65）。擿的材质多以角、竹、玳瑁等为主，式样简单，变化部位多在擿首，有圆首、方首、尖首之分，从侧面看整体呈弧状（图1-66）。与以往不同，钗在汉代开始普遍使

图1-64　镂空云凤纹白玉笄　西汉　河北博物院藏

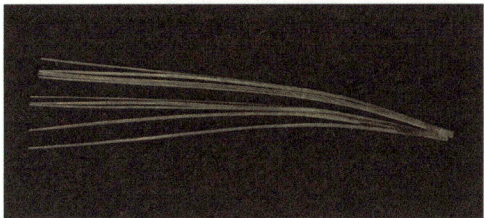

图1-65　竹擿　西汉　湖南博物院藏

图1-66　玳瑁擿　西汉　湖南博物院藏

用，常用于女性。其材质、名称也比较丰富，普通钗多为草木制成，其他贵重点的有金质、银质、铜质、玉质、玳瑁、牛角等材料。史料中有"同心钗""宝钗"之称，多根据材料命名，"同心"与"铜芯"谐音，多指铜镀金；宝钗多指材料名贵的钗，一般镶有宝石。汉钗在形制上较为简单，多为素面光滑形态，其变化部位多在钗首，主要有雕镂钗，多见角、木、骨、银材质；折股钗，多见银、铜、金等金属材质；首部膨大钗，多见银、铜、金等金属材质，首部形状有圆形、U形、叶形等，多为素面；首部饰有纹饰，这类比较少见，一般为金属材质，有鸟纹、花卉纹饰出现。胜在汉代广为流传，多适用于女性，常饰以发前。胜的材质以金、玉为主，也有琥珀、水晶等材料的运用，金属工艺中出现金珠工艺的运用（图1-67）。胜的形态基本相似，多见中间圆鼓，上下两端饰有梯形翼翅，呈相对状。胜在形制上有华胜，"华"通"花"，指装饰有花卉纹饰的胜；叠胜，常见有两个、三个的胜组合起来；饰爵的华胜，通常饰有鸟纹。汉代步摇多属于簪钗类，其材质多为金属，大多镶嵌宝石，多为女性佩戴。其形制为在簪钗的首部饰有小的饰件，多以细丝相连，常有花树、凤凰、鸟等造型，也有天禄、辟邪等瑞兽形饰件，常见花丝镶嵌细金工艺制作而成（图1-68）。总之，汉代头饰中女性饰品较多，簪钗、假发或巾帼，多为女子首部的增饰。

（2）耳饰

汉代耳饰多由女性佩戴，种类比较多，一般有瑱、珰、牌形饰、金属拧丝等。瑱在形制上仍然以传统的细腰式样为主，只是两端稍有变化，一是圆筒收腰形，两端为喇叭形且一端大、一端小，端头有平头和圆头之分；二是呈丁字形，只有一个奢口。材料以玉石、玛瑙、琉璃、陶瓷、骨质为主，多为素面。珰多指在瑱饰的基础上坠有饰件、珠子等，这类饰件为珰，如《释名·释首饰》载："穿耳施珠曰珰。"珰的形式多为小的坠饰，有玉珠、金珠、玛瑙珠，还有玻璃珠，形状各异（图1-69）。牌形耳饰多以金银镶嵌各种花式的牌，有时再配以各种宝石。其材料多以

图1-67 四灵玉胜 东汉 上海博物馆藏

图1-68 掐丝镶嵌金辟邪 东汉 定州博物馆藏

图1-69 红色玛瑙耳珰 东汉 广西壮族自治区博物馆藏

金、银、玉石、玛瑙、绿松石等为主。金属拧丝
耳饰多见于东北地区，常用金属丝拧成各种形状，
主要有拧丝坠圆环形、拧丝坠螺旋纹片饰、拧
丝扭环穿珠式、拧丝扭环穿珠缀叶式（图1-70、
图1-71）。玦在汉代中原地区少见，在云南出土数
量较多，材料多为玉石、玛瑙、水晶等，其形状
与此前相似，不同的是此阶段出现组玉玦，多为
形状相似，大小依次叠摞成组。

（3）项饰

西汉初期由于崇尚黄老学说，颈部隐于衣领
之下，因而项饰并不多见。西汉中期以后，随着
服饰演变，项饰得到发展。汉代项饰在形制上一
般有三种类型，主要为宝石雕琢的串饰、细金工
艺的坠饰、金串饰组合。宝石雕琢的串饰主要使
用于汉代早期，以各式各样的珠子、玉佩穿孔组
合而成，后来由宝石雕有动物、植物、器物的形
状穿制而成，这种类型多源于对古代早期项饰的
沿用。此类饰品材料多为玉石、玛瑙、砗磲、珊
瑚、琥珀、玳瑁、水晶、琉璃、珍珠等，饰件上
有时会雕有瑞兽、鸳鸯、蛙、鸟、鸡、鸭、蝉等
纹饰，其中禽鸟形串饰比较普遍，此外也有卧兽
形和兵器形饰件的串饰。细金工艺的坠饰多采用
金珠工艺制作，有时镶有宝石，工艺非常精致，
常见黄金材料。金珠工艺在战国时期已出现类似
制品，西汉时期已能熟练掌握。汉代比较有特点
的金坠饰为金壶形和金灶形饰坠，其中在金灶形
坠饰的底部常见"宜子孙""宜子"字样，可见当
时子孙延绵在人们心中的重要性（图1-72）。金串
饰组合常见的多为以金珠穿制的项饰，有时会坠
有花卉坠饰，有时是统一珠形的穿制。

（4）臂饰

汉代由于衣袖变长，臂饰多见于装饰在腕部，主要用于装饰和防止衣
袖下滑，以便使手部露出。此时，臂饰在种类上有五色缕、系臂珠、臂钏
等类型。五色缕多为时节性臂饰，于五月初五佩戴以求去灾辟邪，源于

图1-70 金丝穿玛瑙珠耳饰 汉代 吉林省博物
院藏

图1-71 玛瑙珠金耳饰 汉代 吉林省博物院藏

图1-72 金灶 东汉 西安博物院藏

图 1-73　镂空花金珠　东汉　湖南博物院藏

图 1-74　西汉金钏　西汉　洛阳唐艺金银器博物馆藏

图 1-75　汉金指环　汉代　吉林省博物院藏

图 1-76　汉"韩长君"指环铜印　汉代　吉林省博物院藏

汉代五行思想。系臂珠多由各种雕琢过的宝石穿制，材质多见琥珀、玛瑙、水晶、煤精、绿松石等，常雕有瑞兽、鸟、鸭等具有吉祥意义的动物形态。另外，系臂珠也有采用金珠工艺制成的金珠穿成的，多为空心珠，有的将珠粒排成花蕊状，有的排成鱼子纹，有时也与小的素珠搭配穿制（图 1-73）。钏，多为环状，指臂上饰的金属环，常见金、银、铜质（图 1-74）。汉钏有素钏和錾有纹饰钏两种，纹饰常见点线纹、卷云纹、云雷纹、乳钉纹、三角纹、鸟纹、虎纹等。

（5）手饰

汉代手饰以指环常见，此时指环也称为约指、手记。其材质以金、银、铜等金属为主，也有玉、琥珀等材料的使用（图 1-75、图 1-76）。汉代指环在式样上有圆环形，根据环的断面又有方形、圆形、椭圆形之分；开口形，指指环为开口状而非闭环，可调节环内空间的大小，根据形制又有金属片和金属丝卷制之分；有指面的指环，多是指在环上加一台面，常用于雕刻纹饰或镶嵌宝石，有时也刻有文字。汉代指环上镶嵌宝石的款式数量不多，式样上相对简单，常镶有绿松石、红宝石、琥珀等；款式复杂点的会结合珠粒工艺，并镶有多颗宝石。另外，还有搢指和韘这类手饰。搢指，搢为指套，俗称顶针箍，妇女缝制衣服时的工具，有时也做装饰。初时以皮革制成，后来多为银质，内环多光滑，外壁常布有不规则的凹点。韘在汉代比较少见，呈衰落迹象，与前期相比，其形制上的变化主要在于勾弦用的纽变短，或有消失的趋势。

（四）魏晋南北朝时期的首饰

中国传统造物在汉代形成了一套规范的体系，并长期延续下来。魏晋南北朝时期经过长期的社会动荡，在历史上起到承前启后的作用。汉魏之际经历过王朝更替、社会混乱，社会思想也发生了变化，打破了"独尊儒术"的局面，并随着佛教东传、道教兴起以及玄学的流行形成了多元化思想，也使造物设计出现了自我调整的契机，为手工业的发展带来新境域。魏晋南北朝时期的造物是在继承与变异中进行的，延续完备了秦汉规范化的造物体系，技术、品类上都有所创新，并以清新、时尚的造物风格打破了汉代以来的传统格局。另外，由于佛教的兴起，在造物题材和装饰纹样上都受到佛教的影响，形成新的类型。

1. 首饰式样、材料、类型

从魏晋南北朝时期日常佩戴的首饰来看，其在式样和种类方面向相对统一的趋势发展。首饰的基本式样是在前期饰件的基础上发展而来，在南方汉族地区以簪、钗及吉祥寓意的饰件最为典型，而北方少数民族地区则具有浓郁的异域特色，并且随着北魏政权建立，汉化政策推广，首饰也出现了交融与统一的迹象。另外，由于此时处于多种文化融合发展时期，在首饰风格上也极具时代特色，形成了传统、清秀的风格，具有兼收并蓄的特点。此时的首饰在制作和形态上，多以黄金铸造而成，并结合金粟工艺制作底纹，再进行宝石镶嵌，形成金碧华丽的视觉效果。这一时期的首饰在种类、式样上比较丰富，主要有头饰、耳饰、项饰、臂饰、手饰等，每一门类又包含多种类型。此阶段的首饰在材料上多以贵金属材料和宝石材料为主，也有象牙、角、铁等材料的运用。

魏晋南北朝时期虽然经历了混乱纷争，但礼仪、服饰制度随着新政权的建立又重新制定，并为了凸显其政权的正统性，在制定礼制时常在旧制的基础上进行新的演化，因而在贵族妇女的首饰中出现了一些新的种类和式样。正因此阶段社会结构的特殊性，才造就了此阶段的首饰在风格和式样方面有上承汉代、下启隋唐的特点，并随着佛教文化的影响，在纹饰上出现了莲花形象。此时用于贵族妇女的首饰种类多为头部饰品，主要有步摇、花钿、莲钿、博鬓、花树、蔽髻等，多以黄金与宝石材料为主。考古发现，步摇是当时贵族妇女礼服中的重要首饰，此时步摇多为金质，在形制上金摇叶的缀饰较多，摇叶的式样比较丰富，有的继承汉制为素纹水滴形，有的以金粟、累丝工艺勾勒出花饰或吉语，有的直接在金摇叶上錾出纹饰或压印出文字，如"吉"字。魏晋时期，花钿在贵族妇女首饰中比较流行，常与步摇一起使用，形成步摇花。此时的花钿多见六瓣花形，每瓣花形大小一致，多以黄金制成，并运用珠粒工艺将珠子排成花瓣和花蕊的形态，有的镶有宝石，制作极为精致。北魏、北齐时期，东晋时流行的花钿逐渐演变成莲花形状，形成莲钿。莲钿在佩戴时常以多枚莲钿搭配使用，形成一朵莲花形的冠饰。从出土的文物中可见，此时的莲钿多呈浮雕、镂空的表现手法，常以镂空的形式呈现繁密的花蔓，并在纹饰上镶有珍珠、琥珀和宝石等材料。在莲钿冠饰的两侧常饰有博鬓，博鬓多为一对，在形制和式样上呈对称状，并在一端留有小孔，用于固定在头饰上。博鬓在式样和制作方式上与莲钿相似，常见镂空浮雕纹饰，其中纹饰以花卉、枝条为主，有的也见鸟纹，常镶有珍珠、玛瑙、绿松石、蓝宝石、琉璃等材料。蔽髻，有学者认为是一种装饰有各种饰品的假髻，也有学者认为其佩戴于发髻之上，起到装饰和遮挡发髻的作用，佩戴者的身份地位一般较高。蔽髻的材料常见金银，也有铜质，以金银为主。魏晋南北朝时期流行对鸟衔胜纹，在蔽髻上也比较常见，另外，还有忍冬纹、火焰纹、双鸟双树纹、对鸟对鱼纹等纹饰运用。蔽髻的制作比较精细，与其他饰品一样，这一时期金属工艺水平有了较大的提高，常以金珠工艺勾勒出纹饰，再镶嵌宝石整体呈浮雕效果，等级稍低点的有素面镂空纹饰。蔽髻常戴于女性发髻中间，并在其上侧饰有花钿或步摇，两侧饰有博鬓，整体呈花冠状。

2. 首饰种类

（1）头饰

魏晋南北朝头饰种类比较丰富，以簪、钗为主，此外，还有祥瑞饰件、假髻、梳篦、步摇冠等类型，材料以金属为主，常以金珠粒、錾刻、细丝工艺制作而成。

簪。依然是这一时期的重要首饰类型，常以金属材料制作而成，以金银为贵。魏晋南北朝时期百姓用簪，多以铜质为主，式样上多见圆顶，主要起到束发的作用。此时的簪在风格上比较清秀，式样上比较简洁，材质有金、银、铜，也有玳瑁、犀角、玉石、骨材料的运用，且男女皆可佩戴。在两晋交替之际，流行以兵器为式样的簪子，常将簪首做成斧、钺、戈、戟等形状，簪身一般呈细长形，末端带有钝尖。另外，这一时期还出现了具有实用功能的簪，多见在簪首有勺形凹槽，推测挖耳用。挖耳簪式样简单点的多为素面平直状，复杂点的饰有纹饰，有竹节纹、龙纹、网格纹等，簪身有平直状和弯曲状。玳瑁、犀角、玉石、骨质簪造型相对简单，常见一端大，一端呈尖细状。

钗。在形制上沿用了汉代折股钗的式样，多以金属弯曲而成，也有牙角和玉石材料的使用。此阶段的钗在式样上比较简单，多为素面无纹，变化之处多在钗首和钗身，钗首有宽窄之分，钗身有长短之别（图1-77）。复杂点的钗常在簪首呈现纹饰造型，常见的有雀形、龙形、凤形等，有的还镶嵌有玛瑙、琥珀等宝石材料。有的花钗装饰比较精致，在钗首饰有花纹、龟甲纹和卷草纹，整个簪头较大，顶部呈弧状，上端宽、下端窄，形态比较别致。东汉以来出现一种新的钗形，为三珠钗，其钗的两端为三个相连的三叉形，并有两股由钗身将两端相连（图1-78）。三珠钗在魏晋出土比较多，以铜质为主，造型比较简单，复杂点的在钗梁间饰有纹饰，有透雕龙纹出现。

祥瑞饰件。此时还出现了一些含有寓意的吉祥饰件，常与簪、钗搭配使用，多作为节令首饰，如春天来临，常以金箔剪成燕子形状饰以头上，有"宜春"的寓意。根据需要的寓意不同，常见有金箔饰，内饰有多种寓意美好的纹样；有金胜式样的饰件，以胜为形进行延伸，有胜杖，或者在胜的形态上装饰纹样，还有叠胜、金华胜等；有以金箔制成的圆幡，饰有鸟纹和忍冬纹。这类小饰件制作比较精美，多采用镂雕、珠粒等精致工艺制作而成。

假髻。由于此时发型式样较多，假髻也常使用。常见的有飞天髻，将发髻分成三份，高高立于头上，形成飞天状。在北齐的壁画中还见有飞鸟髻，将假髻梳成飞鸟状。另外，当时未成年的男性在某种场合也佩戴假髻。

梳篦。由于其理发、洁发功能，这类头饰一直存在。梳篦不仅可以整理零碎的头发，也比较便于梳成高大的发髻，因而常装饰于头部。这一阶段出土一件象牙质梳篦，装饰比较精致，首部呈圆弧状，一面雕有双凤衔胜纹，另一面饰有双龙戏珠纹，并在龙凤纹的外围饰有连续三角纹。

步摇冠。其基本结构由基座和金摇叶花枝组成，基座底边为平直状，并附有小孔，多与摇叶花枝相连。基座的形状有镂空蹄叶纹，也有兽纹，摇叶的饰片多为水滴形（图1-79），材质以金质为主。

（2）耳饰

魏晋时期，耳饰不像其他饰品一样发达，呈衰落的趋势。但当时也有部分耳饰，在种类上主要有簪珥、耳环、耳坠，材料上以黄金和宝石为

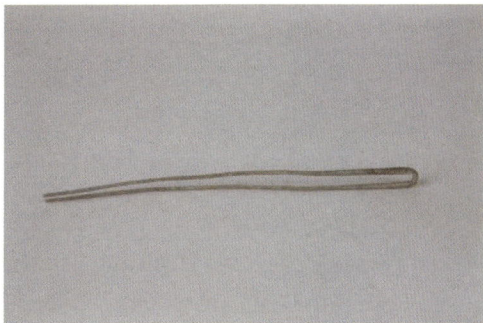

图1-77 嵌玛瑙石金钗 三国 鄂州博物馆藏

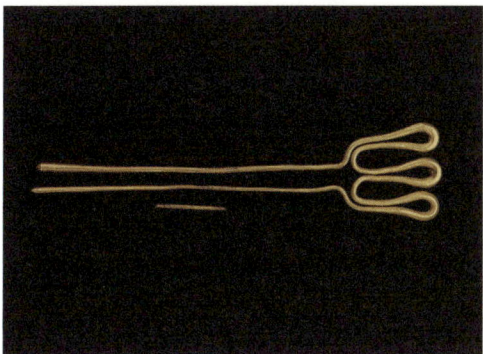

图1-78 三环金钗 三国 鄂州博物馆藏

图1-79 马头鹿角形金步摇 北朝 中国国家博物馆藏

图1-80　镶松石金耳环　北魏　固原博物馆藏

图1-81　镶宝石金耳坠　北魏　大同市博物馆藏

主。簪珥，是一种与簪搭配使用的耳饰，主要将珥系于簪首，并将发簪戴于头上，使珥悬挂于耳部的坠饰，其的出现与不再流行穿耳的习俗有很大关系。簪珥在造型上呈中空状，下为圆腹、上为窄口的小瓶形，在实际物件中常以掐丝线条将小瓶分割，主要在底、腹、肩、颈、口五个部位，中间以栗纹法填上纹饰，并在口、腹、底部留有小孔以便穿挂。耳环，当时耳环在式样上一般有独立式和复合式，独立式指形制上呈圆环形或椭圆形，有的为素面无纹，有的为环状花式纹饰，并镶嵌宝石，多见绿松石（图1-80）；复合式指在独立式耳环的基础上进行装饰，并坠有各种小坠饰，有的坠有宝石，有的坠有花饰件，坠饰的式样比较丰富（图1-81）。这类耳饰制作比较精美，一般采用錾刻、金珠、掐丝、锤揲和镶嵌等工艺方法完成。北魏时期以来还流行耳坠，其形制为上端为金属圆环，环下有金索，并连接金叶、金球等小饰件；在饰件的下端坠有数条金链，并在链子的末端饰有匕形金片或者金铃等。

（3）项饰

魏晋南北朝时期的项饰以串饰为主，也有金属链饰，但数量不多，根据项饰的风格式样，分为南朝串饰、五兵配饰、北朝串饰。南朝串饰数量较多，且材料丰富，常以金银饰件和各色珠宝饰件搭配穿制。饰件的式样比较丰富，有瑞兽、珠子、铃铛、叠胜等，瑞兽中又有卧兽、鸟、鱼、羊等形态，另外，宝石的材料比较丰富，有煤精、琥珀、青金石、玛瑙、水晶、绿松石等。五兵配饰是以兵器为饰件的项饰，在考古中发现多由金属链与小饰件组成。其中在内蒙古乌兰察布市出土的一件金链比较典型，金链的两端为龙首，并以掐丝与栗纹法勾勒出龙的口、眼、耳、鼻，在链上饰有二盾、二戟、一钺和两个小梳子，造型比较标准，据专家推测约为西晋时期的饰品。北朝串饰在形制上比较有特点，多由各色宝石珠子穿制而成。

（4）臂饰、手饰

魏晋南北朝时期的臂饰和手饰在继承前期形制的基础上发展而来，臂饰多见环、臂珠，手饰多见指环和护指用具。环也称"钏"，是当时的手镯，主要有金玉材质。环和钏常以贵金属打制或玉石材料雕琢而成，式样比较简单，一般为素面环状，复杂点的常见在环上饰有纹样（图1-82）。臂珠也是当时的臂饰，常以珠子穿制而成，有的由珍珠串起，有的以珠子、微雕兽类、铃铛穿成。如《真诰》载："指着金环，白珠约臂"。指环是魏晋南北朝时期的重要首饰，式样上沿用东汉的手环，多以贵金属材料制作，素面或有绞线纹。还有一些指环为金属镶嵌宝石，在式样和纹饰上相对丰富，有单颗、多颗宝石镶嵌，有的以粟纹法、錾刻工艺制作纹饰，整体比较精致（图1-83）。此时，指环中镶嵌的宝石有金刚石，今为钻石，还有云母类宝石的出现。在镶嵌类指环中，还出现了在宝石上雕刻印章图案，其图案多为人物和动物纹。护指用具，其功能为保护手指。一类与现在的顶针相似，在指环上密布凹槽，多为女性缝制衣物所用，以起到装饰和护指作用；另一类形如指甲，称为爪，套在手指上用于保护指甲。

金珰，兴于汉朝，是代表官员官职的头饰。《后汉书·舆服志》载，"武冠……侍中、中常侍，加黄金珰，附蝉为文，貂尾为饰"，金珰是舆服志中的重要冠帽装饰构件。金珰由于外形为山状，也称金博山（图1-84）。

图1-82　三国吴金镯　三国　鄂州博物馆藏

图1-83　金镶人物纹印章青金石指环　南北朝　固原博物馆藏

图1-84　蝉纹金珰　东晋　南京六朝博物馆藏

（五）隋唐五代时期的首饰

随着隋朝统一南北，中国再次进入大一统时期，社会经济、民族文化开始繁荣。基于前期发展，此时出现了经济实力雄厚、宗教兴起、思想开放、技术发达、社会兼容的局面。此时的首饰由于受到社会经济以及思想文化的影响，整体呈华丽丰腴、雍容绚丽、圆润丰满的风格。另外，由于儒道思想的并存以及佛教的宣扬，各种思想文化交融，成就了文化宽容和开放的状态，也形成了自由的艺术风格。此时金属技术有了很大发展，出现了多种工艺方法，从而使首饰种类、式样更为丰富，因而有丰富的发饰、手饰、冠饰、面饰等多种类型，且每类饰品都花色丰富、多姿多彩。隋唐五代时期，首饰常取材于自然元素，因而此时的纹饰种类比较丰富、富于变化，既有宗教纹饰如莲纹、蔓草纹，也有平常所见的卷草纹、缠枝纹、葡萄纹、葵花纹、花卉纹等植物图案，还有吉祥瑞兽纹如龙、凤、鹿、龟、鸟、鸳鸯、蝴蝶等，这类纹饰多经过精心布置，以饱满的状态装饰饰品，形成绚丽多彩的艺术特色。

隋唐五代时期的首饰根据佩戴场合和功用，可分为两类，为礼服首饰和日常首饰。隋朝在前期服饰制度的基础上制定了完备的礼服首饰体系，成为后世礼服冠饰发展的依据，其中多为头饰，如花、钿、钗、博鬓等饰品的组合。此时的日常首饰以发饰为主，其他饰品类型相对少些，在种类上一般有冠、钿、簪、假髻、指环等，其中宝钿花和片状镂空花簪钗是比较有代表性的首饰。

1. 礼服首饰

礼服首饰，在嫔妃受册、助祭、朝会以及宴会、婚嫁等礼仪活动中佩戴的首饰。由于礼服的制度性，这类首饰无论是在饰品的种类、式样还是数量上都有严格的规定，且不能随意改变。隋唐贵族妇女的礼服首饰，多为以各种饰件构成的组合饰，整体如同冠状，其饰件一般有花树、钿、博鬓、钗等，以饰件的数目来区分身份等级，并因场合的不同在饰件的种类上也有区分，形成严格的服饰制度（图1-85）。花树中树是花的量词，主要指由多树花组成，是当时礼服中重要的首饰，多为金质，常为錾刻而成，其中花蕊部饰有宝石，有人物、花、鸟形。钿，此时的钿多为水滴形和尖头侧收形，钿面上常以琉璃、珍珠、贝壳、宝石等材料镶嵌出纹饰，并在纹饰空隙嵌以金珠，由于以宝石镶嵌，也常被称为"宝钿"（图1-86、图1-87）。博鬓在隋唐时期常为细条形，整体呈S弧状，外端上尖内收如云钩状，其装饰手法与钿相似，多以宝石、朱玉嵌出花纹，有时还在边缘的上侧装饰有数朵小花。这类饰件组合时，常以若干金属圈交错构成金属框架戴于头顶，外

图1-85　隋炀帝萧后冠　隋朝　扬州博物馆藏

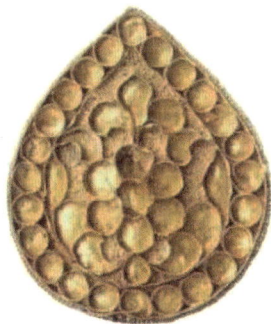

图1-86　水滴形钿　唐代

图1-87　尖头侧收形钿　唐代

露的金属圈一般镶有各类宝石，并在边缘部位镶有珍珠；在圈口的中央部位根据等级的不同装上不同数量的钿，并在圈口的两侧装饰对称的博鬓，大概位于额头两侧；再根据地位等级在框架上装饰相应数目的花树，均匀地置于头顶，并且每树花朵的数量与花树的总数一致。组合的冠饰由于零部件较多，且镶有宝石，多呈现华丽的艺术风格。有的出土的冠饰散落的零部件多达300多件，可见礼服首饰的精致程度。

2. 日常首饰

（1）头饰

隋唐五代时期的头饰发展比较繁荣，由于当时发髻高大，头部的装饰品也比较受重视。此时的头饰一般有冠子、假髻、簪、钗、梳篦等。唐代以来，女性也佩戴冠饰，此时冠的造型主要为凤鸟冠和花冠，花冠常见的为莲花冠，也称芙蓉冠。凤鸟冠常戴于妇女的头顶中间，靠近额头，在两侧饰有簪、钗，有时也与钿搭配使用（图1-88）。隋唐时期的簪材质比较丰富，有玉石、金、银、铜、铁、水晶、角、牙、骨、玳瑁、木、竹等，有时还镶有琉璃、宝石等材料（图1-89）。此时的簪在式样上一般有直簪、帽头簪以及簪首有复杂装饰的花簪。直簪造型一般比较简单，有的为素面，有的稍有纹饰，一般材质较多；帽头簪通常指带帽头的直簪，一般簪首为方、圆状，簪身为柱状，簪尾尖细；花簪的式样比较多，一般簪首较大，呈扁平状，簪身细长，簪首式样较多，有扇形、斧形、银杏叶形、花边扇形、双叶交织形、凤鸟花草形、绶带形以及飞鸟形等多种

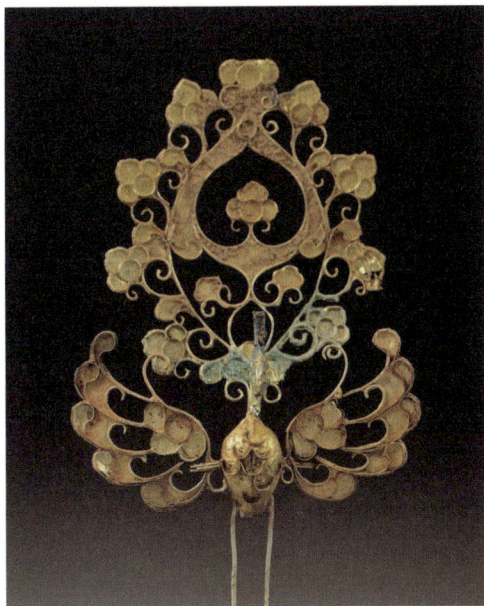

图1-88　凤形包金银凤鸟饰　唐代　陕西历史博物馆藏

图1-89　琉璃簪　唐代　湖南博物院藏

类型，材质上常见金、银、玉石，以平面錾刻、镂空、掐丝的手法制作完成（图1-90）。

此时的钗和簪一样，材质比较丰富，常见金属、各类宝石以及多种角质类材料，除去单一材料外，还出现了两种材料的结合。钗的类型主要有折股钗和花钗，最常见的钗为折股钗，式样相对简单，只在钗首有些变化；复杂点的在钗梁部位进行装饰，有的在钗身錾刻有蔓草、联珠、菱形纹饰；更精致点的运用栗纹、掐丝等方法装饰钗梁直至钗股的上半段，并在钗的两股之间饰有镂空纹饰，有的嵌上宝钿，极为精致。花钗的式样与花簪一样丰富，钗首一般大而扁平，其形状多为三角拔形、扇形、花边扇形以及各式花卉造型，并有单首和双首之分。花钗的纹饰比较丰富，有蔓草、莲叶、石榴、麦穗、牡丹等植物纹，有凤鸟、孔雀、蜂蝶等动物纹，还有仙女、婴戏等人物形象，其中凤鸟花草是唐代最受欢迎的纹饰题材，这类纹饰常呈镂空状，并结合錾刻工艺錾出纹饰脉络。钿花，常用金做出花朵的形状，并在上面镶嵌各类宝石，有时也称为"朵钿"（图1-91）。此时的钿花常与钗搭配使用，形成钗花，因而在钿的后面常留有一个小孔或纽用于与钗相连。此时的步摇多指悬挂于簪、钗首部的小坠饰，其形状多为鱼形、菱角形、叶形、蝴蝶形等，常以连缀挂式和弹簧式连接簪、钗，从而形成步摇簪和步摇钗。梳篦作为头部的装饰品，在隋唐五代时期特别盛行，材料和工艺非常精致，常有金、银、牙、角、玳瑁、琥珀、水晶、玉石等材料（图1-92）。此时梳篦的最大特点为梳齿与梳背的交界线为直线，梳背常呈半圆月弧形，金属质梳篦常以掐丝、金珠、錾刻、锤揲、镶嵌等工艺完成，装饰极为精美华丽；玉石、角质类梳常以浮雕、线刻的技法呈现（图1-93）。梳篦的装饰纹样比较丰富，包含凤鸟类、动物类、植物类、人物类等多种类型，以凤鸟花草纹常见。

图1-90　鎏金银簪钗　唐代　中国国家博物馆藏

图1-91　金筐宝钿花型金饰　唐代　陕西历史博物馆藏

图1-92　玉双鸟纹梳背　唐代　中国国家博物馆藏

（2）臂饰、手饰

隋唐五代时期的臂饰、手饰主要有镯和指环，其中镯又分为钏和环。此时的钏饰以柳叶形为典型式样，常以金属制成，多为可开合式，常呈中间宽、两端细，展开像柳叶状（图1-94）。另外，此时还出现了多段金镶玉的手环，中间以金属荷叶相连，包玉的金属上常有纹饰，多见花朵形、虎头形等（图1-95）。此时多见指环为素面圆环，宝石戒指多为异域人所戴，还有贵族妇女佩戴义甲，主要用于保护指甲（图1-96）。

（3）项饰

隋唐前期项饰较少，唐五代项饰经历由简而繁的过程，早期为简单串饰，盛唐开始出现坠饰项链，晚唐、五代开始出现多层璎珞和项圈等类型。此阶段项饰的种类主要有串饰、吊坠饰项链和璎珞。串饰多以圆形珠子串成，材质为各类珠宝，如水晶、玛瑙、珍珠、琉璃等；吊坠饰项链多在串珠链索的基础上挂有坠饰或牌饰。串珠的常见材料为水晶，也有金属珠子的出现，多为金环焊接而成（图1-97）；坠饰多见各色的宝石材料，如玛瑙、松石、玉、琉璃等，常为椭圆形、

图1-93　玉海棠花纹梳背　唐代　中国国家博物馆藏

图1-94　金臂钏　唐代　陕西历史博物馆藏

图1-95　铜鎏金宝钿玉臂环　唐代　陕西历史博物馆藏

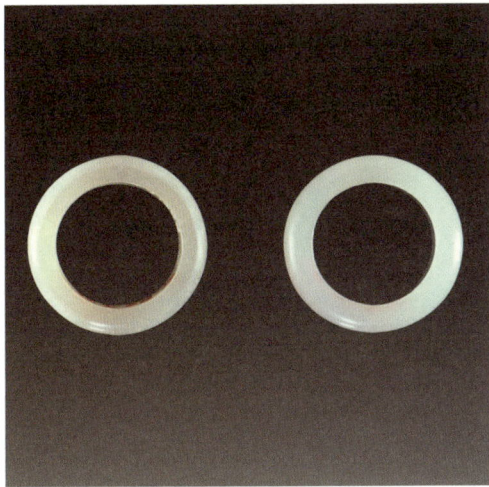

图1-96　玉指环　隋朝　中国国家博物馆藏

图1-97　嵌珍珠宝石金项链　隋朝　中国国家博物馆藏

橄榄形、水滴形等。晚唐时，璎珞开始出现在女性的配饰中。此时的璎珞由多串圆珠穿成，并由大颗宝石将珠串分成多段，串珠的材质比较丰富，有珍珠、玉石、水晶、琥珀、珊瑚等，因而色彩也比较绚丽，常见蓝、白色。项圈开始在晚唐五代时出现，常是由金属片弯曲制成的圈，有的为柳叶形，有的为四瓣弧形，在式样上有素面和装饰有纹饰之分，常见花鸟纹，多以錾刻的手法制作。

图1-98　嵌宝石金耳坠　唐代　扬州博物馆藏

（4）耳饰

隋唐时期耳饰比较少见，汉族女性极少佩戴耳饰。此时的耳饰不多，在周边少数民族地区有耳饰的出现，有单环、双环相套和环下有坠饰等类型（图1-98）。此时的耳环在材质上多为金、银、铜等，有时会有宝石坠饰。

（六）宋代的首饰

随着宋元经济的发展，文化教育发展繁荣。当时儒学复兴，形成了程朱理学观念，并随着细工技艺的迅速发展以及政治制度的开明，使首饰得到了发展。由于受到宋代程朱理学的影响，以及文人士大夫阶层的兴起和市民阶层的活跃，在文学艺术领域开始追求平淡之美，宋代工艺多呈典雅、朴质、清淡、平易之风，为工艺美术带来新活力，也促使独立装饰品格觉醒。在此环境的影响下，宋代首饰与唐代有较大的区别，出现了新的式样和种类，其中多种类型的首饰成为元明首饰发展的基础。随着多元文化的兴起，以及金属工艺的发展，宋代出现了大量的金银材质饰品，在纹饰上多见云纹、双凤纹、香草纹、如意纹、灵芝纹、麒麟凤纹、凤戏牡丹纹、莲花纹、缠枝花卉纹、鸟纹、瓜果纹、龙纹等纹饰，在装饰手法上常用高浮雕及镂雕的形式。

从现存首饰来看，两宋首饰的风格逐渐呈体量从大到小的变化趋势，唐五代及北宋初期的满头簪钗以及大尺寸饰品演变为南宋时的精致小巧、式样繁多的状态，这与宋代程朱理学及社会风气的内敛有关。在首饰的种类上，头饰、项饰、臂饰等依然为常见类型，只是在每一门类中具体的首饰式样、种类与之前有所不同。宋代首饰，从其适用的场合可分为礼服首饰和日常首饰。

1. 礼服首饰

宋代依然存在礼服制度，这一制度具有强大的历史惯性，政权统治下颁布的礼制规律能一直延续下去，不受朝代更替的影响。宋代嫔妃佩戴的礼服首饰多是在唐代花树冠饰的基础上，增加华丽的装饰形成大的冠饰，其中太后、皇后、皇妃等地位较高的女性增添龙、凤、仙人及各种鸟雀饰，形成华丽复杂的龙凤花钗冠；皇太子妃以下的命妇佩戴以花树和博鬓为主的冠饰，以钗来区分等级（图1-99）。在制作上增添了珍珠和珠翠旒，并采用细金技术与点翠工艺制作完成，成为此时冠饰的主要特点。宋代礼服冠饰的主要饰件有花、博鬓、龙饰、凤鸟饰、仙人饰（图1-100）。花饰是礼服首饰中最重要的饰件，此时花的量词为珠，称为花珠，其花型为五瓣，并以粉、黄两色交替饰之，花的周围有叶片，并以点翠工艺制作，在花、叶的边缘饰有米珠，显得极为华丽。博鬓常装饰在冠的两侧或两后侧，在数量上增加到每侧三片（图1-101）。每片博鬓上饰有龙纹或卷草纹，并以点翠技艺和珍珠镶嵌制成，在博鬓的边缘垂有珠翠旒，显得比较隆重。龙饰在宋代礼服首饰中只有太后和皇后使用，常以珍珠、滴粉、点翠及各色宝石制成，装饰于冠顶之上（图1-102）。凤鸟饰是太后、皇后、妃、公主等使用的礼冠配饰，太子妃以下的除去龙凤饰，其材质和制作方法与花、龙饰类似。礼服首饰中仙人饰的形象多见王母仙人队，常为三人一组，饰于礼冠的口圈部位。

2. 日常首饰

宋代日常首饰以头饰为重，其种类在继承前代的基础上发展而来，冠子、钗、梳、镯等都是主要的饰品种类，此时耳环、耳坠、霞帔的帔坠开始流行（图1-103）。此时冠饰具有显著的特点，其他首饰多以冠子为中心进行插戴，在式样上有新发展，如竹节、缠丝、花筒桥梁式簪钗等。在材料上除去金银外，还有翠毛、牙角、玻璃等其他材料的广泛应用。

（1）头饰

宋代头饰类型有冠、簪、钗等，与前期相比变化不大，但在式样和装饰风格上有较大的发展。其中冠子佩戴比较成型，其体量比礼冠要小，但使用的材料和式样比较多，有鹿胎、白角、鱼枕冠，这类冠饰主要以鹿、角、鱼等材料制作而得名；垂肩、等肩、内样冠，主要取之于冠的式样，常以角质材料制成，四角向下延伸，可达肩部；团冠、山口冠，用竹子、织物、白角、金属等材料制成的团饰戴于髻上为团冠，将团冠的顶部开口并前后加

图1-99 佩戴礼服首饰的宋真宗皇后半身像

图1-100 佩戴礼服首饰的宋高宗皇后半身像

图1-101 博鬓

图1-102 龙饰

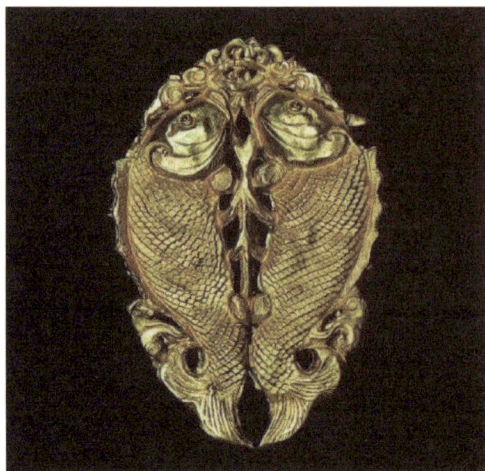

图1-103 双鱼金帔坠 宋代 浙江省博物馆藏

图1-104 金凤簪簪头 宋代 江西省博物馆藏

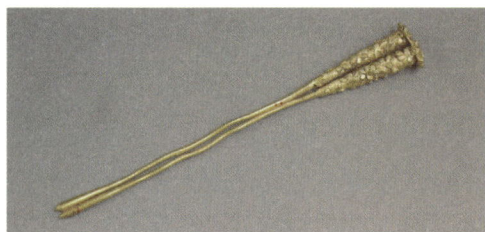

图1-105 花卉纹圆头金发钗 宋元 江西省博物馆藏

图1-106 "周小四记"铭梅花双狮纹银梳 北宋 江西省博物馆藏

高为山口冠；如意冠、云朵冠，这类冠饰由前后两片构成，整体扁矮，上缘为卷曲造型，两侧内卷像如意状。簪、钗依然是这一时期重要的头饰，具有固发和装饰的作用。簪的种类和式样较多，其中簪有直簪、帽头簪、花头簪、多首簪和龙凤簪，材质多见金、银、铜、铁等金属材料，以金簪和鎏金银簪式样华丽，玉、琉璃、骨质材料也有，式样较简单（图1-104）。钗有折股钗、花头钗、多首钗、博鬓形钗等类型，其材质与簪相似，以金属为主，且式样多、装饰复杂，也有琉璃、骨、牙质，式样一般比较简单，常见基础造型。此时的簪、钗与唐、五代的扁平錾刻、镂空式样不同，在造型上多为空心立体，并以锤揲、高浮雕的手法呈现精致、复杂的装饰效果（图1-105）。簪、钗的新式样在此时层出不穷，如花筒、桥梁式、多股并联式、博鬓式钗等都具有时代特色，装饰题材更为广泛，花卉、凤鸟、瑞兽、昆虫、瓜果、楼阁等都有所出现。梳篦此时也有新发展，式样上流行"虹桥"式梳背，梳背的形状为拱形，面积缩小，与梳齿相连，扩大了梳齿的面积，其比例关系如现代梳子造型的基本款（图1-106）。梳篦的种类增多，有一体梳、包背梳、帘梳，其中帘梳是在包背梳的基础上缀有垂挂帘饰而成。

（2）臂饰、手饰

宋代的臂饰、手饰在延续唐、五代饰品类型的基础上得以发展。在种类上主要有手镯和戒指。手镯在式样有环式、开口式、缠绕式，环镯以玉质材料为主，开口镯子多见金质，在镯面上有宽窄之别，两端有的窄，有的与镯面平齐。形状上有前期流行的柳叶状，也有凹线凸棱式样，有的錾刻有花纹，常见花卉、卷草、花鸟、缠枝花纹等（图1-107）。宋代戒指也称指环，有开口和闭口之分，还有多圈缠绕式戒指（图1-108）。其中开口戒指与同时代的镯钳形式相近，只是个头小，

图1-107 卷草纹金钏 宋代 浙江省博物馆藏　　图1-108 弦纹金指环 宋代 浙江省博物馆藏

在式样上有素面，有单圈或三到四圈，也有錾刻有纹饰的。缠指多为缠钏式戒指，其形制与缠臂钏相似，多见金质，常为素面。

（3）耳饰

随着各民族交流的密切，穿耳带环之风开始在宋代汉族地区兴起，耳饰成为女性首饰的重要组成部分。宋代耳环主要分为耳环、耳坠、排环等，其材质以金、银鎏金多见（图1-109）。宋代耳环多为弯钩S状，常以一根金属锻打而成，一端尖细，另一端略粗呈弯弧状，多装饰有纹样，一般为缠丝、花卉、瓜果、竹节等，多为空心立体状。耳坠多指挂以坠饰的饰品，通常在细长的环脚下挂有吊坠，有的是宝石，有的是金属饰件，其纹饰丰富，多见梅花、瓜果、凤鸟、花瓶、动物、人物、胜等，制作比较精美。徘环指耳环下挂有以珠子排成的缀饰，常用于隆重场合的盛装打扮。

（4）项饰

宋代项饰并不多见，常见有珠串和项圈。串珠式的项饰在宋代依然有出现，数珠在此时也是串珠的一种。其材料一般有水晶、玛瑙、象牙、菩提子等（图1-110）。有的珠串在珠子类型上比较丰富，有圆形、椭圆形、瓶形、橄榄形等。项圈在宋代也有使用，但数量较少，一般整体为半弧月形，有的在下缘做出花形，有的缀有垂饰。项圈多为金属质，一般锤揲、錾刻工艺制作，常饰有纹饰，多见花卉纹、凤鸟纹、鸾鸟纹等。

图1-109 花卉耳环 宋代 江西省博物馆藏

图1-110 水晶项链 北宋 江西省博物馆藏

（七）元代时期的首饰

元代虽然在政治上等级森严，但在文化上相对宽松，加上民族融合以及佛、道、伊斯兰等教的并存，出现了多元文化并存的现象，首饰发展也出现了新的方向。元代矿冶产业发展，并沿袭唐、宋的官府手工业制度，使金银制品形成了自己的发展方向。由于蒙古统治者鼓励对外贸易，元代与西方国家贸易频繁，从而使世界各地的奇珍异宝都集于此，为首饰提供了丰富的材料。

1. 首饰纹饰

此时由于受到多元思想的影响，饰品的类型上还是有常见的头饰、项饰、耳饰、臂饰等几种，但每一门类的饰品类型和式样都与前期有不同的变化。由于思想的开放，此时器物包含的纹饰类型比较多，常见的有莲花纹、双凤纹、香草纹、折枝花卉纹、童子戏莲纹、团龙纹、禽鸟纹、瑞兽纹、蟾蜍纹、凤戏牡丹纹、如意纹、灵芝纹等多种纹饰，在装饰手法上常用錾刻、浮雕、鎏金等多种工艺的结合。另外，宋、元、明时期女性的首饰称为"头面"，在日常中头面主要包括钏、簪、钗、镯等。

2. 首饰种类

（1）头饰

元代在日常多佩戴簪钗、梳篦等头饰，此时在冠饰上流行帽饰，主要包含帽顶、姑姑冠（图1-111）。帽顶为元代男子的饰品，常在笠帽或瓦楞帽的顶部镶嵌珠宝或玉雕，以示身份。在元代帝王像中，可见笠帽上装有红、绿的宝珠，并以金为托（图1-112）。元代顶帽也常见玉质雕刻，有吉祥主题的展示，如松鹤延年玉雕顶帽（图1-113）。姑姑冠为贵族妇

图1-111　顺宗皇室后像　台北故宫博物院藏

图1-112　元成宗像　台北故宫博物院藏

女所戴的首饰，其冠饰一般较高，常以名贵的珠宝装饰在姑姑冠的周边，与耳饰相互辉映。簪钗是重要的头面，使用比较频繁，所在其数量最多（图1-114）。元代常见的簪钗材质为金、银、铜、玉等，贵族女性常使用金、玉质簪钗，普通家庭女性常用铜、银质簪钗。元代的簪钗式样比较丰富，简单的钗多为一根金、银、铜丝对折而成，主要用于固发（图1-115）；式样复杂的根据其特点可分为花筒、螭虎、龙凤、瓜头、竹节、如意、步摇等种类，这类簪钗常为金属质，多以锤揲、錾刻、镂空的工艺形式制作出纹饰，并呈浮雕立体效果（图1-116、图1-117）。宋元时期插戴梳篦是一种时尚，既可固发，又可装饰，整体呈半圆新月形。元代梳的材质较多，有桑木梳、枣木梳、犀角梳、骨梳、玉梳等，梳的式样简单，配上梳背就比较丰富。元代梳背的题材有龙凤、花卉、华网、竹节等，多以锤揲、錾刻、镂雕等工艺制作，形成精美的纹饰。

图1-113　鹭鸶莲荷帽顶
元代　中国国家博物馆藏

图1-114　元朵花形金钗　元代　常德博物馆藏

图1-115　元双蒂银钗　元代　株洲博物馆藏

图1-116　元镂空凤形金钗
元代　常德博物馆藏

图1-117　金螭虎钗　元代　株洲攸县丫江桥元代窖藏

图1-118　武宗皇帝后像　故宫博物院藏

图1-119　双龙戏珠纹鎏金银项圈❶

图1-120　金镯　元代　苏州博物馆藏

图1-121　金錾龙首连珠镯　元代湖南临澧新合元代窖藏

图1-122　金镶绿松石戒指　元代湖南临澧新合元代窖藏

（2）耳饰

元代耳饰式样比较丰富，且男女皆带，其中男性耳饰的款式比较简单，多以金环穿耳，下坠有玉石类圆珠，常为白色。白色在元代常代表着出身名门望族，有"好运"的寓意。元代女性耳饰种类比较丰富，有大塔形葫芦环、葫芦耳饰、"天茄"式耳环、牌环、花果蝴蝶纹耳饰，以及其他类型的耳饰，其中以塔形葫芦环最具特色，带有异域风情式样（图1-118）。元代耳饰设计意匠富有巧思，出现了蜂蝶花果组合纹样，纹饰组织复杂巧妙、制作精良，常采用錾刻、镂空、镶嵌、锤揲等工艺制成。另外，此时还流行宝石镶嵌，将珠宝镶嵌于耳饰之上，呈现出色彩斑斓的效果，此种式样对明清首饰有着深远的影响。黄金也是蒙古族的最爱，发现的不少耳饰多为金质。

（3）项饰

元代项饰在形制上主要有三种，分别是珠串、项圈、项牌。元代帝王多戴珠链，为宝石和宝珠所制，挂于颈间。由于珠串的历史悠久，对珠子的加工非常精细，一般形状浑圆，大小一致。项圈常为金属质，在式样上有素地无纹和錾刻纹饰，有双龙戏珠纹的运用，常采用錾刻、镂空制作，纹饰精细（图1-119）。其形状多为圆环形弯月状，一般中间面宽，两端窄。元代项牌在项圈的基础上，改为链接的连接方式，其中前面的牌面积变大，长錾刻有纹饰，牌为金属质。

（4）臂饰、手饰

臂饰在元代主要有手镯和臂钏，此时手镯是重要的头面饰件，婚嫁中所用到的聘礼三金就包含钏镯。这一时期的手镯多为金银材质，式样上多见双龙戏珠的连珠镯，在镯两端雕有龙头，中间为连珠（图1-120、图1-121）。金连珠镯又有实心和空心之分，银镯基本为实心。元代发现的臂钏多为银质，富有弹性。在式样上，有的在钏的第一圈较宽，并錾可有花卉纹样，有的则素面无纹。戒指在元代较少，式样上多见镶嵌类的戒指，并且在包镶的金属周边出现间隔相等的三角形四爪，类似于现代的爪镶，在镶托的北面有錾刻纹饰出现（图1-122）。

❶ 李芽，陈诗宇，董进.中国古代首饰史[M].南京：江苏凤凰文艺出版社，2020：832.

（八）明代时期的首饰

明代工艺美术呈多样化的美学品格。中国古代文化艺术大概有两种态度，一种是艺术服务于政权的主体思想，以维护政权的安定为前提，因而工艺造物多以"礼"为准则，从而形成了庄严、中正、雍容的风格；另一种是强调个体的表现，注重自我的感受，多以浪漫主义的形式展现出自然、活泼、清新的艺术风格。这两种工艺风格在明代都有所体现。明初，在思想上着力恢复汉民族的文化传统，从而与"胡元之旧"隔绝，强调思想的正统性，从而恢复"中国衣冠之旧"，沿用程朱理学思想，因而，工艺美术呈现"雍容典雅"的趣味。明代市民意识的觉醒，出现了综合宫廷、文人、民间审美特征的市民阶层审美趣味的建立，成为一种特色的文化现象。在多样化的思想下，明代工艺美术风格上既可端庄、敦厚呈现富丽堂皇，又可简约、质朴呈现淡雅秀丽。在装饰纹样上，既有高度的程式化、图案化，又有写意清纯的小品。

明代金属工艺技术水平较高，据《大明会典》记载，银作局内设有大器匠、镶嵌匠、级花匠、抹金匠、金箔匠、磨光匠、镀金匠、银匠、拔丝匠、累丝匠等十三种工艺种类，可见当时金银细工的高度发展。其中，在首饰制作中，常以花丝工艺为主，在工艺风格上呈精密、纤巧，喜镂空，使饰品精致美丽。有时在制作上还会采用打胎法制成胎形，并以锤制法制成主体纹饰，所为浮雕状，再用錾刻工艺细部刻画，并结合花丝、镂镂等工艺制成，使饰品多呈现线条柔和、纹饰饱满的特征，如楼阁人物金簪。由于明代在服饰制度恢复汉族旧制，并制定了各个阶层的冠服制度，也导致了当时首饰的两大分类，一是礼服、常服（燕居服）首饰，其在形制、材质、数量等方面都有严格的规定，体现身份地位；二是吉服、便服首饰，主要用于吉庆场合和日常生活之中，式样和种类比较活泼、丰富。此时首饰在装饰主题上的类型较多，多见龙、凤、吉祥瑞兽、飞鸟、人物、二龙戏珠、折枝牡丹、云鹤纹、如意云纹、亭台楼阁、麒麟衔缠枝纹、花卉、勾连雷纹、寿字纹等。

1. 礼服、常服首饰

明代礼服是贵族妇女的朝、祭之服，根据不同的等级所用纹饰的类别和数量都有所区别，其形制多为各种饰件组成的冠状。皇后礼服首饰多由龙、凤、珠花、博鬓等饰件构成。《明太祖实录》第三十六卷下，有这样的记载："冠为圆匡，冒以翡翠，上饰九龙四凤，大花十二树，小花如之，两博鬓，十二钿。"虽然制度条文对皇后礼服首饰作了详细的规定，但现实中

图 1-123 孝端皇后凤冠 明代 中国国家博物馆藏

图 1-124 十二龙九凤冠博鬓

图 1-125 福寿云纹金丝五梁冠 明代

明代皇后所佩戴的礼冠在式样和饰件的数量上都会有出入（图1-123）。皇后在穿礼服时常在腰间配有玉佩两组，挂于身体左右两侧。皇后常服主要用在各种礼仪场合中，如皇后册立之后，谢恩礼毕回宫，更换常服，再接受亲属及六尚女官等的庆贺礼。如《明太祖实录》第三十六卷下，记载："皇后官服……燕居则服双凤翊龙冠、首饰、钏镯，以金珠宝翡翠随用，诸色团衫，金绣龙凤文。"这类首饰在制作上与宋代礼服首饰相似，多采用点翠、镶嵌、錾刻等工艺。洪武元年制定冠服制度时，皇后以下从皇妃到皇太子妃，以及诸王妃等，礼服首饰都用九翚四凤冠，另饰大花钗九树、小花与大花数一致、两博鬓、九钿（图1-124）。皇妃常服用鸾凤冠，太子妃和王妃佩戴犀冠刻以花凤。明代服饰制度严格，根据身份等级对首饰的佩戴有严格的规定，上至皇后下至品级夫人都有相关的佩戴制度可依，其中在所有冠饰中以龙凤冠最为高贵。在与礼服相配时，还常饰以金簪、玉佩、坠饰等其他饰件，其中此时的金凤簪比较精致，常用累丝工艺制作而成，纹饰复杂、细腻，形态饱满优雅，常与宝石搭配。

2. 日常首饰

（1）头饰

明代头饰比较丰富，从种类上有䯼髻、冠，以及䯼髻头面、梳篦等。䯼髻是明代已婚女性所佩戴的头饰，常戴于头顶发髻之上，外有黑纱包裹，常被视作假髻。䯼髻的形状多为圆锥状，多采用金、银、铁等金属丝编制而成，有时也会用马尾、竹篾丝、头发丝等编制，材料比较丰富。明代中期起，金银丝编制的䯼髻成为主流。明代冠，也称冠子、冠儿、梁冠、髻等，是从䯼髻中分化而来的。女冠式样较多，最常见的有仿男士的束发冠和效仿官员所戴的忠静冠。女冠形态一般较矮而宽，多见金丝编制而成，有的非常小巧，罩在发髻之上，比较别致（图1-125）。随着佛教、道教的宣扬，宗教元素也出现在冠饰之上，如云南出土的金冠中，在如意形金片上捶打出云纹、漩纹等，并在上面镶嵌有红、绿宝石，在冠的两侧分别插有镶嵌红、蓝宝石的金簪。鬏髻头面指的是鬏髻上插戴的各种簪钗饰件。

经过发展，鬏髻头面逐渐由头饰演变为有序的首饰组合，每一饰件都有各自的形态、名称和佩戴位置，如《云间据目抄》载："顶用宝花，谓之'挑心'，两边用'捧鬓'，后用'满冠'倒插。"此时的鬏髻头面，主要包括钿儿、分心、挑心、满冠、掩鬓、花顶簪、草虫簪等。钿儿常戴在鬏髻前方底部，其背面常带有垂直向后的簪脚，多镶嵌宝石及珍珠等；分心戴于鬏髻前方正中心，其形态多为对称形，式样丰富，有佛像、观音、梵字、凤鸟、云纹及花卉等，制作工艺上多为金镶宝石（图1-126）；挑心通常戴在鬏髻顶部，簪首较大，多为花形、动物形（图1-127）；满冠戴于鬏髻的背面，多见凤鸟纹、孔雀纹、梵字纹、楼阁人物纹等（图1-128）；掩鬓常戴于左右鬓发上，外形为有尾的云朵状，常与宝石搭配（图1-129）；花顶簪指簪的顶部为花形，常戴于鬏髻的左右两侧，常成对出现；草虫簪多为簪首为昆虫的式样，其式样丰富，有各种类型的小动物，可以一件单独使用，也可以成对使用，甚至可以一起插于鬏髻和冠上。此时的头面多为金属制作，并结合錾刻、累丝、镶嵌等多种工艺，在形制上多为浮雕、立体效果，极为精美（图1-130）。除去常用的鬏髻头面外，还有其他一些簪钗式样，也较常用，多为金属镶嵌宝石类，并以细金工艺制作而成（图1-131）。日常中流行簪首小巧，造型简单的簪钗，如莲瓣形金簪、一点油金簪等（图1-132、图1-133）。另外，此时还流行耳勺簪，兼具装饰和使用功能。

（2）耳饰

明代耳饰主要包含耳环、耳坠、耳塞三种类型，多为金属质，常镶嵌有宝石。由于在吉服、便服中对耳饰使用没有限制，所以其式样比较丰富，多见

图1-126　嵌宝梵字金分心　明代　常熟博物馆藏

图1-127　镶宝石王母驾鸾金挑心　明代　江西省博物馆藏

图1-128　楼阁人物金满冠　明代

图1-129　金掩鬓簪首　明代　常熟博物馆藏

图1-130 嵌红宝石仙人骑凤金簪 明代

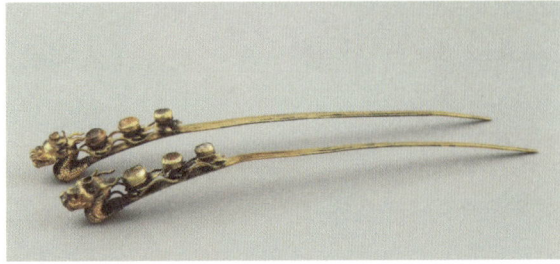

图1-131 明镶宝石龙首形金簪 江西省博物馆藏

图1-132 白玉嵌红宝石金簪 明代

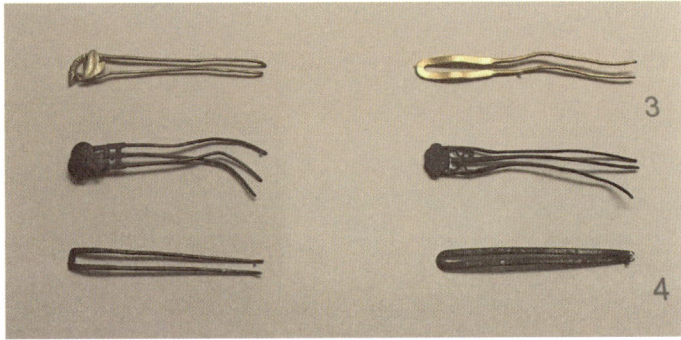

图1-133 金、银钗 明代

葫芦、灯笼、花卉、果蔬等。耳环为此时最典型的耳饰，其造型有葫芦、灯笼、楼阁、仙人、茄子、寿字等形态，采用錾刻、累丝、镶嵌等工艺制作而成。耳坠在造型和呈现方式上与耳环相似，有葫芦、灯笼、茄子等，此处还多了毛女仙姑的形态（图1-134）。耳塞也称丁香，是一种相对小巧的耳饰，类似于现在的耳钉（图1-135）。耳塞的钉头部分较小，有素面半球形，也有花形，形态不一。

图1-134 镶金嵌玉葫芦形耳环 明代
上海博物馆藏

图1-135 嵌珠丁香 明代 浙江省博物馆

（3）臂饰、手饰

明代手饰主要是戒指，也称指环，男女皆可佩戴。明代戒指式样比较丰富，常以金属材料和宝石材料制作而成，也有通体为玉质的戒指。根据其形制可分为镶嵌宝石、马蹬戒指、素圈戒指、花形戒指、圈纹戒指、双龙连珠纹戒指等多种类型。臂饰在明代主要有手钏、手镯两种，其款式也多继承前期旧制，在工艺上体现时代技术（图1-136）。此时比较典型的手钏为金钑花钏，钏的首尾以金细与次圈相连，并在外壁錾刻有繁密的纹饰，内壁呈光洁状。此时手镯多为金、银、玉等材质，在式样上有金龙头连珠镯、龙头圈镯、白玉镯、金八宝镯，在形制上有开口和闭环之分（图1-137）。

（4）项饰

由于衣领上移，明代项饰并不多见，主要延续此前的式样有项圈、璎珞、项牌、事件、坠领等饰件（图1-138）。明代配饰中有一款将耳挖、挑牙、镊子等工具与链条相连，称为"事件""事儿"，根据工具的数量有二事、三事、七事等之分。其形制为链条一端有小环，将其系于手帕的角部，以便日常使用。坠领是系于领部，垂于胸前的饰件，其造型为在长索中段增加了圆形的牌饰，多为花形，常为宝石镶嵌而成，链条至上而下常有多件饰品，其形态丰富，有花卉、鱼、胜等。

图1-136 二龙戏珠纹金镯 明代

图1-137 镶宝石金手镯 明代 中国国家博物馆藏

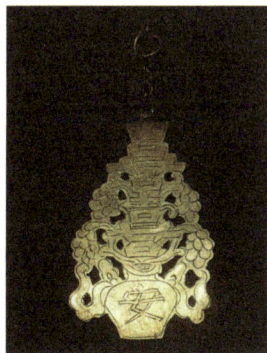

图1-138 雕喜报平安金挂饰 明代

（九）清代时期的首饰

清代是由满族建立的朝代，在服饰制度上体现了满族的文化特点。清代男性基本都遵循剃发留辫的政策，女性相对自由，户籍为八旗的穿戴满族服饰，汉族女性依旧延续汉式服饰。因而在此阶段，首饰常分为两种类型，主要为旗人首饰和汉人首饰。清朝统治者为"旗人"，贵族妇女也多为"旗人"，因而清代官方制定服饰制度时，常以"旗人"女性服饰为基础。另外，随着清代王朝的推移，满、汉文化出现了相互交流，从而呈现出相互借鉴和促进的局面，许多首饰在保持自身特征的基础上相互影响。清朝后期，中国已经进入半殖民地半封建社会，开始了近代化的进程，因而此时的首饰也受到国外文化的影响。

从金属工艺的角度，清代金银细工高度发展，在工艺形式上既继承了传统风格，也受到其他艺术和外来文化的影响。据《大清会典》记载，清代金银饰物的制造由养心殿造办处监督管理，并设撒花作、累丝作、金玉作、镶嵌作、珐琅作等，将细工技艺分为十多个大的种类。当时的具体细工种类有范畴、锤揲、锻打、錾刻、镂空、累丝编织、炸珠、点翠、金银错、镶嵌、焊接、鎏金、贴金、铆接、打磨抛光等，因而当时的金银饰品制作比较精美。继宋、元、明之后，清代多为多种工艺的综合运用，将锤揲打制、錾花镌镂、珠宝镶嵌、掐丝珐琅、累丝点翠等工艺联合使用，形成金银饰雍容华贵的气质。在装饰纹样上，此时多见龙凤纹、云朵、缠枝莲花纹、万寿字纹、花卉纹等。清代首饰以头部装饰为主，另外也有项饰、臂饰、首饰、耳饰等类型。在官方服饰体系中，以旗人首饰多见，常采用点翠、累丝、镶嵌、錾刻等工艺形式制作，其中珠形材料的运用比较广泛，体现了这一时期首饰的特点。

1. 清代旗人头饰

由于古代女性对身体裸露极为规避，因而头饰仍是清代女性首饰中的重要类型。清代旗人女性针对所佩戴的不同的冠帽和梳各式的发式，所使用的头饰也各有不同，如旗人女性佩戴朝服冠时常以飞禽或大簪进行装饰，穿戴吉服冠时常以钿花簪进行装饰。究其根本，清代旗人女性的头饰主要有簪、钗、花三种类型，无论是簪钗还是花，在不同时段，不同的冠帽和法式上的使用的方法和式样都有不同。根据冠帽和法式的特征，可将头饰分为朝服冠及大簪、包头及其装饰物、钿子及其装饰物、两把头及其饰件、金约与勒子等类别。

（1）朝服冠及大簪

朝服，又称礼服、具服，是清朝最好的官方服制。清代朝服冠分男女两种，每种又分冬、夏两款。男冬朝冠常以薰貂制成，青表朱里，帽檐向上仰，并在帽檐处缀有红绒，红绒长度超出帽檐。男夏朝冠则以织玉草或藤竹丝制作而成，以罗缘石青片金二层为表，红片金或红纱为里，帽檐敞开，并缀有红绒，内加圈。男朝服冠无论是冬款还是夏款，都为金质"底座"，并在其上衔有一颗宝石，称为"顶珠"。官员常以底座的装饰和顶珠的材质来区分品级地位。清代皇帝朝服冠的底座是三层金龙，每层中央为一颗东珠，环绕金龙四条，且每条金龙镶嵌东珠一颗，在三层金龙的最上方镶有一颗大东珠。

女朝冠也有冬、夏两款，女朝冠的冬、夏式区分不大，在形制上基本相似，都是上缀红绒，并在冠上进行装饰，其区别主要在于冬款以薰貂制成，夏款则用青绒制成（图1-139）。与男朝冠相比，女朝冠的冠后饰有葫芦状的"护领"，冠顶与男朝冠一致使用金质"底座"，且在底座上衔有一颗"顶珠"，并以底座的装饰和顶珠的材质来区分等级地位。

在首饰中通常将"底座"和"顶珠"视为冠帽的组成部分，不作为单独的首饰进行介绍。而女朝冠中所使用的"大簪"，则将其看作首饰部件。崇德元年，第一次建立服制的时候，将旗人女性朝服冠上所使用的簪称为"大簪"，也叫"女冠大簪"，并写入了典章之中（图1-140）。当时无论是公主、福晋还是普通命妇，朝服冠上所用的装饰都称为"大簪"，并与"冠顶""舍林""项圈"三类统一记录，具有一致性。顺治四年、九年、十一年，对官方服制中的女冠服进行了调整，在表述上，依然称为"大簪"。在雍正十年修撰的《大清会典》中，女朝冠的"大簪"有了变化，将皇太后、皇后及以下至嫔位的内命妇、辅国公女乡君以上的宗女，以及辅国公夫人以上的高等贵族妇女，这三类等级的女性佩戴朝服冠时所使用的簪，规定为禽鸟簪。并按等级高低，分别为金凤簪、金翟簪、金孔雀簪，其他超品一下至文武

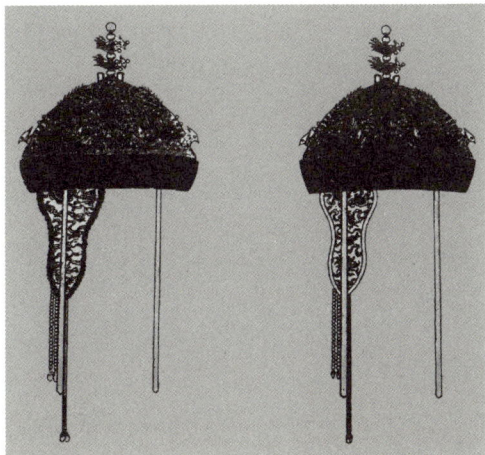

图1-139 嫔的冬朝冠（左）和夏朝冠（右）❶

图1-140 《孝贤纯皇后朝服像》局部 故宫博物院藏

七品命妇的朝服冠上所使用的簪，则称为"金簪"。雍正年间《大清会典》记录了朝服冠禽鸟簪的细节规定，如皇后所用金凤簪细节有："周缀金凤七，饰东珠各九，猫睛石各一，珍珠各二十一。后金翟一，饰猫睛石一，小珍珠十六。节翟尾垂珠五行二就，共珍珠三百有二，每行大珍珠一，中间金衔青金石结一，饰东珠珍珠各六，末缀珊瑚。"

（2）包头及其装饰物

包头是一种旗人女性的发式，用于与吉服、常服搭配。包头也可理解为一种将女性头发包裹起来的布绸，由于佩戴包头常需盘发，有时也称为"盘发包头"。当时在梳好包头之后，可在上面直接用簪钗进行装饰，由于包头不是官方冠饰，因而装饰比较自由。有时可以用单个或两个簪钗进行简单装饰，也可以运用大型簪钗进行装扮，甚至可以运用大型凤簪来装饰包头，这类大型的装饰多适用于比较正式的场合（图1-141、图1-142）。

❶ 李芽，陈诗宇，董进.中国古代首饰史[M].南京：江苏凤凰文艺出版社，2020：1049.

图1-141　嵌宝石点翠花簪　清代　故宫博物院藏

图1-142　银镀金嵌珠宝蝴蝶簪　清代
故宫博物院藏

图1-143　点翠钿子　清代　故宫博物院藏

图1-144　梅蝶点翠头面　清代　故宫博物院藏

图1-145　金镶珠宝二龙戏珠钿口　清代　故宫博物院藏

在发现的一个包头中，曾用五只大型的凤簪进行装饰，且金凤的口中都衔着下垂的流苏，凤簪中还有宝石的镶嵌。

（3）钿子及其装饰物

钿子是清代中前期由包头衍变而来的女性冠饰，常用于吉服、常服和便服等服制场合。钿字在满文中解释指一种女性的头饰，常用铁丝做出骨架，并蒙上帕子，罩在发髻上戴着（图1-143）。因而，钿子一般由骨架、钿胎、钿花三部分构成。骨架是钿子造型的基础。常以金属丝或藤类物品编制而成，再经过塑造，形成了钿子的基本架构。钿胎是指钿子的衬垫，多为丝线、布，以及硬纸制作，罩在骨架之上。钿花是指钿子上的装饰物，一般多由点翠或宝石镶嵌制成。当时根据钿花的使用位置和形状特点，有"头面""钿口""钿尾""翠条""凤簪""结子""长簪"等名称（图1-144、图1-145）。清代钿子根据其装饰方法，可分为满钿、半钿、凤钿、挑杆钿子四种类型。满钿指的是将钿子上装饰满钿花，与半钿相对。通常情况下，满钿的装饰方法多为前面使用十四块花钿，背面使用一块花钿，共十五块，常装饰有花卉、文字等纹饰，并在前面缀有流苏。半钿常为"装饰钿花并不完全之钿子"，因而半钿是装饰最简单的一种钿子。其装饰方法为，在钿子的正面装饰有四块花钿，钿子的背面使用三块钿花进行装饰。凤钿是在满钿的基础上增加了凤簪饰件而形成的，是级别较高的钿子，装饰一般比较繁复。如点翠嵌珠宝五凤钿，这顶钿子为硬纸细胎，并运用点翠装饰整个胎，钿胎的口沿处镶有九只衔流苏的小凤，以此代替了口沿的钿花装饰（图1-146）。在钿子的正面中央还装饰了五只大型的金凤钿花，呈横行排列，作为正簪，大凤下均垂有流苏。在钿子的背面装饰有一大块钿花头面，主要运用点翠和镶嵌工艺制作，并缀有流苏。从上可见凤钿与满钿、半钿的主要区别在于是否使用大型的凤凰形态的钿花。挑杆钿子的装饰比较复杂，礼制级别与凤钿相似。挑杆，指的是缀有较长流苏的长杆挑子，因而可将挑杆钿子理解为"使用挑杆装饰（的钿子）"。其形制的"底"与满钿相似，将满钿正面的三块"正簪"去除，在此饰"两团排花"，指呈立体样态的假花，在假花上装饰小型簪钗，并缀有小流苏。等装饰完整后，在钿子整体周围装饰数根大流苏，常称为"垂珠大挑"。

图1-146　点翠嵌珠宝五凤钿　清代　故宫博物院藏

（4）两把头及其饰件

两把头是清代中期形成的一种发式，比较流行，使用于常服、便服及吉服场合。两把头主要指将女性头发归拢后分成两缕，并梳成对称的两个把。两把头的式样在不同阶段也有所不同，主要经历了两把垂于耳前、两把呈八字形、两把呈一字形、紧翘两把头四个阶段。日常中，常在两把头上装饰小的饰品。初期，在头顶上装饰有簪钗饰件；八字形把头流行时，多在两个把头上端装饰有花卉，并根据各自情况在花卉处插有小型簪钗；后来一字头式样时，常在两个把的上端插有不同的花卉，有的在花卉之间装饰有小型耳勺簪，有时还在耳勺簪的旁边饰有其他类型的簪钗（图1-147）。有的在把头一端插戴花卉，另一端插戴小型簪钗；紧翘两把头时常使用扁方，用于捆绑硬翘，使其平直（图1-148）。并在头座部饰有花卉、簪钗等饰件。

图1-147　《玫贵妃春贵人行乐图轴》局部　故宫博物院藏

图1-148　迦南香碧玺扁方　清代　故宫博物院藏

图1-149 金镶青金石金约 清代 故宫博物院藏

图1-150 翠嵌珠宝蜂纹耳环 清代 故宫博物院藏

图1-151 铜镀金嵌石耳坠 清代 故宫博物院藏

（5）金约与勒子

金约，有时称为"额箍"，是女性的专用首饰（图1-149）。金约满文含义是"将宽为一指的平绒一类的绸缎围起来，用金子錾出花钉上后，戴在额头上的，称为额箍。"金约的形制主要为两种，一是金属质，将金属制成一个圆箍"，且"箍"体由数个节组成，并在箍上錾刻有金花，金花上多镶嵌宝石；二是以青缎为质，并在青缎上饰有各种纹饰。金约佩戴时一般先于朝服冠，位于冠口沿处，起到束发的作用。此处的第二种金约，在明清时也叫"勒子"，有时称"眉勒""抹额"，早在宋代就已经流行。明代就已不用绸缎，常为宝石珠串制成，金约可能就是由这类饰品演化而来。

2. 清代旗人耳饰

清代旗人的耳饰，主要由耳环、耳坠两种类型组成。耳环是常用的耳饰，其满文翻译为"用金银抽丝后做成条状，戴在女子们耳朵眼中的，称为耳环"。其形制多为圆形或半圆形，常以金属或者宝石为质（图1-150）。耳坠多是以耳环为基础，在下面装饰有复杂的坠饰。此时的耳饰在制作方法和材料使用上，与头饰簪钗相近，多采用累丝、点翠镶嵌等工艺制作，材料上多见金银、宝石，以及各类珠子（图1-151）。其中银镀金点翠累丝珠玉耳环、葫芦形耳坠比较有代表性。

3. 清代旗人项饰

清代旗人的项饰主要为三类，包含领约、朝珠、项链，其中领约和项链为女性所用，朝珠则男女通用。领约，此时也称"项圈"。领约的满文翻译是"将金银类做成或圆或扁的金属圈，起了平花后，在背面朝着正中拴上带子装饰了，戴在女人颈部的，称为项圈（领约）"此处的起平花，指在金属錾出花纹。领约的形制，多为以金属材料制成开口的环形，开口端为首饰背面，相对之则为正面。佩戴时正面在前，常镶嵌有数节长条形宝石，多为六节，宝石之间以起平花间隔，平花上镶有圆珠宝石（图1-152）。在后端两个开口处，分别拴有一根绦垂下，在绦的中段用宝石做成"结珠"，末端缀有两颗小宝石，为坠角。朝珠，又称"数珠""素珠"，朝珠的满语译文是"将用菩提子、珊瑚、琥珀一类的东西，制成圆形，镟一百零八颗，用细线串起来，装饰之后，挂在脖子上的，称为朝珠"（图1-153）。朝珠的形制，其本体由一百零八颗大小、材质基本一致的珠子串成，并将其平均分成四份由四颗材质与串珠不同的略大的珠子间隔，其中，位于人物颈部的一颗为"佛头"，位于胸部左右两侧呈对称形的为"佛肩"，位于最下面的为"佛脐"。除去本体外，朝珠还有其他装饰品，在佛头之上有一塔型结构"佛塔"连接，佛塔下垂有一根绦，并在绦的中间串有一颗大宝石的"背云"，在绦末端饰有小宝石制作的坠角。另外，在朝珠两侧饰有三串小珠，左二右一，各十粒，称为"纪念"。清代的项链多为金属质，清代宫廷所存的项链少见。据留存下来的晚清时期的项链，为金质，以链条的连接方式连接，并造型统一。

图1-152　银镀金镶珊瑚领约　清代
故宫博物院藏

图1-153　东珠朝珠　清代　故宫博物
院藏

4. 臂饰、手饰

　　清代臂饰主要为手镯和手串。手镯主要是以金属、宝石、玉石制成的环形饰品，材质比较丰富有金、银、翠玉、玳瑁、珊瑚、白玉等，宝石材料手镯多为素面无纹的一体镯。此时金属手镯制作比较精美，常用累丝、金珠、镶嵌等工艺制成（图1-154）。除去一体镯，还有软镯，主要分为节形和条形软镯。手串，也叫香串，多为小型的素珠。此时手串形式多样，有的一般是由珠子串成的，有的以木质材料串，在式样上有的模仿朝珠的形式，带有佛头、佛脐、佛塔等，常称为十八子（图1-155）。清代旗人手饰主要有指环、护指和板子，其中前两者为女性佩戴，后者为男性佩戴。此时的指环形制为环形，材质较多有金、银、铜、水晶、玛瑙、玉石、珊瑚等，有时常以金属与宝石材料搭配使用，多采用錾刻、镶嵌、累丝等工艺制作。此时指环的装饰纹饰有竹节、蝴蝶、双喜字、万寿字等。护指又

图 1-154　金镶九龙戏珠手镯　清代　故宫博物院藏

图 1-155　翠十八子手串　清代　故宫博物院藏

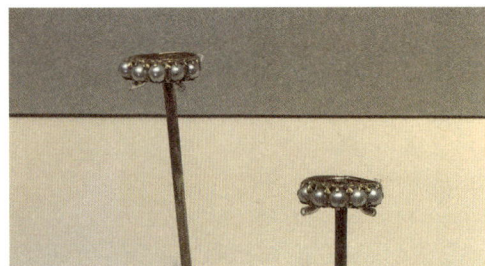

图 1-156　金镶珍珠戒指　清代　故宫博物院藏

称指套、戒指，多为金属质，常镶嵌珍珠、宝石等材料（图1-156）。其形制为锥形，顶端为尖状，尾端为圆形，长度为3厘米到15厘米。扳指，在清代初期为实用品，后来演变为装饰品，常佩戴于男性右手的大拇指上。其形制多为筒状，筒壁要高于指环，见有玉质、骨质等，表面多为素面，有的刻有文字。

二、西方首饰发展简史

（一）原始社会至古罗马时期

1. 原始社会时期

约在300万年前，就开始了人类活动和历史。原始社会是人类发展过程中经历的第一个阶段，在此过程中，人类学会认知自然和改造自然，并掌握了对材料简单的制作技术。当人类开始社会活动时，就有了装饰身体的行为活动。早在旧石器时代，就有以动物牙骨磨制的鱼叉、楔子等工艺品出现。西方首饰史中，发现最早的首饰为13万年前的一组鹰爪，在这些鹰爪上留有锉磨的痕迹。实际上，人类对身体的装扮的出现要比想象中还早，在有性别意识的时刻，人体装饰就出现了，首饰也随之诞生。原始社会早期的首饰与当时的生活方式和生活环境有着紧密的联系，据考古发现，一些树叶、树皮，以及兽毛、牙骨、皮毛、贝壳等有机类的材料在人类初期就用于装饰人体。由于这类材料难以长久保存，考古中并不多见，可以通过岩洞壁画以及留存下来的器物进行推测。随着长期的生活劳动，生产技术的不断提高，如对石器的打制、钻孔、研磨等得到发展，除去石工艺外，还有陶土、牙骨、木等工艺，都为首饰的发展提供了先决条件。由于技术条件原因，现存可见的原始社会时期首饰多是以简单的锉磨、钻孔等技术制成的珠、管形态串制起来的串饰或坠饰，如在伊拉克巴比伦遗址的北部，出土约公元前5000年的一串项链，是由黑曜石珠子和赭红色的贝壳串制而成的（图1-157）。

2. 苏美尔时期

随着陶瓷技术的发展，熔炉的功能完备为金属冶炼技术起到促进作用，从而使金属工艺得到发展，推进首饰材料和形态的扩展。苏美尔人是西方最早制作黄金首饰的，并对于金属工艺的掌握比较高超，已经掌握了对金属的锻打、錾刻等工艺，常将黄金捶打成薄薄的金箔，用金箔制成树叶、花朵等形态进行装饰，在图中的苏美尔贵族首饰便可以验证（图1-158）。这件饰品公元前2500年出土于吾珥，是由多件首饰组合起来的，头部装饰主要包括黄金材料的三枝花饰；几条金片做成的金发带；三组由玛瑙和青金石串成的顶饰，并有黄金叶片和镶有青金石的金坠饰，黄金叶片上錾有细小精美的叶脉纹。耳部为一对金耳环，项饰多以黄金、青金石、玛瑙制成的珠子串制而成，且珠子的形态、大小制作规范一致，黄金珠上錾有规律精致的纹饰，可见当时金属加工技艺高度发展的水平。苏美尔人首饰类型比较丰富，主要集中于身体的上半部分，一般有黄金制成的头饰、珠串穿起的颈饰、悬挂于胸前的项链、黄金耳环及金指环。另外，苏美尔人喜欢珠宝饰品，在伊拉克南部的苏美尔文明古城吾珥墓中出土了大量的珠宝饰品。苏美尔人珠宝饰物中常见的材料有黄金、白银、青金石、玛瑙等，在运用珠宝时比较讲究其变化与平衡，特别注重宝石与金属色彩差异的运用。基于黄金和珠宝材料的使用，可以推测出当时的首饰已经具备区分财富地位的功能。

图1-157 伊拉克出土的黑曜石项链

图1-158 苏美尔贵族首饰

3. 古埃及时期

尼罗河孕育了古埃及文明，使其成为世界四大文明古国之一。古希腊历史家希罗多德（Herodotus）曾说"埃及是尼罗河的赠礼"，因此古埃及文化的发展都与其所处的自然环境有着密切的关系。古埃及首饰发展相对稳定，形成了相对固定的艺术风格，这与其相对封闭的自然环境有着直接的关系，也与其崇尚的宗教信仰和专制的政治统治模式有着本质的联系。古埃及人有着独特的多神宗教信仰体系，如相信来世、灵魂不灭。基于宗教信仰，古代埃及首饰受极大的影响，甚至早期的首饰就是宗教信仰的具体体现，如首饰中黄金材质的使用是对太阳之神的崇拜，鹰、蛇、圣甲虫等纹饰都有其独特的意义。在古埃及，圣甲虫代表着坚持、无畏、勇敢和勤劳的精神，给世界带来了光明和希望，是图腾之物（图1-159）；鹰能展翅翱翔、能接近太阳，是古代埃及鹰神"荷鲁斯"的化身；蛇在埃及有权力的象征，常代表古代埃及的国王，因而蛇常用于法老王的冠饰之上，彰显身份地位；另外在古埃及首饰中还有荷鲁斯之眼、生命之符、苍蝇、蝎子、莲花等元素的运用，都是信仰的体现。

古埃及人的首饰佩戴行为非常普遍，无论权贵还是普通百姓都佩戴首饰，这种现象主要源于多神信仰。古埃及人在首饰中喜欢色彩的运用和组合，其色彩主要源自首饰材料，一般有黄金、青金石、绿松石、玉髓、孔雀石等。珠宝首饰受到古埃及人的偏爱，主要因为材料所赋予的含义。在古埃及，黄金是"永恒"的象征，青金石是"来自天堂的石头"，而绿松石象征着生机和健康，红玉髓代表着生命。正因如此，首饰多由黄金和珠宝制成。古埃及人掌握了多种金属工艺，主要有锤揲、铸造、包金、錾刻、镶嵌、掐丝、金属着色等，还有对金属材料进一步加工的制金箔、金条、金线、金粒等，其中镶嵌工艺运用最为广泛。金属工艺的发达促进了首饰的发展，埃及首饰包含的种类比较齐全，有头饰、项链、耳饰、胸饰、手镯、戒指等。

在古埃及首饰中，宽项圈（Wesekh）最为经典（图1-160）。埃及人崇尚太阳之神，并将法老视为太阳之子，其首饰多为集大成者，因而这种多层结构款项圈开始流行。这种项饰十分宽大，可覆盖佩戴者的肩部、胸部，其由多层不同色彩、大小的长形管珠排列串制而成，两端多饰有鹰首，象征着权力和荣誉。饰品整体造型多为中间宽、两端窄，呈对称状，珠子的串制和色彩的使用富有规律，体现了其艺术韵律。

还有一种项链也比较典型，与宽项圈不同，其形式为细长链条，挂有坠饰，具有代表性的为"圣甲虫老鹰项链"。其链条是将红玉髓、青金石、碧玉、紫水晶、黄金等材料制成长形珠子，串制而成。坠饰为一块镂空纹饰图板，以黄金为基础版，在上雕有精细纹饰，并在主体版上以黄金细丝掐出纹饰，在纹饰内嵌有红玉髓、绿松石、青金石，饰件的纹饰有代表埃及首饰元素的圣甲虫、蛇、鹰，勾画出一幅寓意满满的画面。这件饰品寓意功能要大于其装饰意义，古埃及将这类饰品看成是护身符，保护佩戴者的平安。

古埃及人在首饰制作中非常喜欢珠宝与黄金的搭配，在手镯中也常佩戴与宽项圈相似的款式，以多组宝石或玻璃珠串制，并在宝石之间由黄金垫片分隔出不同

图1-159　圣甲虫戒指

图1-160　鹰首宽项圈

的色块，展开为一个宽的长方形。后期也出现了纯金手镯，在手镯的表面常镶嵌各色的宝石进行装饰（图1-161）。

4. 古希腊时期

古希腊地理范围广泛，包含巴尔干半岛南部、爱奥尼亚海、爱琴海诸岛及小亚细亚西岸一带。古希腊多山，延绵的山脉带来了丰富的矿产与石料，其盛产云石、铜矿、黄金、铁矿等资源，是金属工艺发展的前提。古希腊金属首饰虽然不多，但都历史悠久。在史前时期的克里特岛，发现了大量黄金首饰制品，其中包含项饰、耳饰、饰带等，表明此时克里特已经熟练掌握金属制作工艺。在这些饰品中，最有特色的是玛丽亚宫附近出土的"蜂形黄金垂饰"（图1-162），该件饰品主题是首尾相交的两只蜜蜂的形象，中间有一花球，两只蜜蜂嘴部共享花球，在饰件的下方坠有等距离的三个坠饰，垂饰上留有宝石托，宝石已经脱落。整件作品形态呈对称状，两只蜜蜂雕刻细腻，生动活泼，并在其尾部采用立体的手法进行呈现。蜜蜂饰坠采用了金珠粒、錾刻、锻造、镶嵌等工艺制作而成，纹饰布局上注重繁简次序，强调趣味，反映出当时的金属技术水平，也反映出克里特人热爱自然的艺术境界。

图1-161　黄金手镯

图1-162　蜂形黄金垂饰

继克里特文明之后，古希腊金属工艺进入了迈锡尼文明时期。作为克里特文明的继承者，迈锡尼文明在冶炼技术和装饰式样都有所延续。金珠、金丝、錾刻等金属加工工艺都留有克里特金属工艺的痕迹。但在技法上，迈锡尼金工是捶打工艺的真正成型期。在饰件的造型中依然流露出自然主义的风格和特征，一些牛头形、花朵形、甲虫形的首饰比较常见。约公元前1100年，迈锡尼统治崩溃，此时艺术处于低潮期，很少有豪华珠宝的出现。

直到公元前900年，接触到西亚文化后，腓尼基的城市在文明化过程中得到恢复。古希腊文明重新振作，珠宝饰品出现了发展盛世，在数量和质量上都有所提高，这一现象一直持续到公元前600年后。从公元前900年到公元前700年，从克里特岛、哥林多、雅典等比较重要的文化中心，可以见到非常奢华的黄金首饰。约公元前8世纪，有首饰由黄金耳环和一对金搭扣制作而成，比较精美，以金珠排列出纹饰。圆盘中心及后面延伸出来的弯曲弧形，常采用镶嵌工艺制作，再结合以金珠粒，使饰品比较精美。搭扣运用錾刻的艺术手法将一面錾刻出鹿纹。

公元前475—前330年，属于古希腊首饰的古典时期，此时的首饰在制作上常采用复杂的金属工艺完成。常使用精细的金银丝和金珠珠粒工艺装饰图案，使此时的首饰独具风格，也为后来精细的金属首饰做准备。公元前325—前27年为希腊化时期，由于菲利普二世发起金矿开采，以及亚历山大征服东方时带来了彩色宝石，首饰得到了新的发展。受到波斯和古埃及文明的影响，此时首饰出现了新的式样。流苏式金项链、大颗粒宝石镶嵌项链，在希腊化时期都是比较典型的首饰。另外，此时由于受到西亚和埃及地区的影响，在设计主题上出现了"赫拉克勒斯之结"。古希腊的赫拉克勒斯之结，也常被称为"爱之结"，用于象征爱情的坚不可摧。这种首饰的出现比较早，除了具有表征爱情的不离不弃外，还具有护身符的功效，使用比较广泛，一直到罗马时期都十分受欢迎。受到波斯阿契美尼德王朝的影响，古希腊开始出现带有人像、兽面纹饰的饰品，常采用累丝、珠粒、镶嵌等工艺制成，纹饰一般比较复杂，饰品极为精美（图1-163）。

图1-163　嵌宝石金项链

图1-164　圆盘金耳钉

5. 古罗马时期

古代罗马最初是意大利半岛台伯河沿岸一些村落联盟，直到公元前8—前6世纪伊特鲁利亚的进入，将村落联盟发展为城市，并创造了意大利半岛的城市文明。同时古希腊人也开始迁移至意大利南部和西西里岛，建立了多个殖民城邦。公元前753年，建立古罗马城，从此古罗马经历了王政、共和、帝国时代。古罗马文明的高度发展与本地的土著伊特鲁利亚文明有着直接的关系，主要来自对古希腊文明的接受和传递上。古代希腊文化对古代罗马文化有着重要的影响，使古罗马艺术在装饰主题上以神话、文学为主，带有人文主义色彩。伊特鲁利亚文明是古罗马文明的前身，伊特鲁利亚首饰的发展对古罗马首饰影响深远。伊特鲁利亚人创造了高超技艺的珠宝首饰，常以精细的珠粒工艺在金属表面排出精致、细密的纹饰，并结合细丝、錾刻工艺在金属表面进行装饰，使饰品达到极为精美的效果（图1-164）。

罗马政权统一后，其珠宝首饰继承了古希腊首饰的风格，同时也受到伊特鲁里亚和西亚的影响，因而在初期多采用黄金材料制成，在工艺上依旧以珠粒、细丝、錾刻、镂空等为主，镂空首饰尤其受到古罗马人的喜爱。帝国时期，古罗马首饰开始具有自己特色，如常在金币上锻造出古罗马统治者或勇士的头像，呈浅浮雕效果（图1-165）。到了后期，随着镶嵌技术的进步，首饰制作开始大量运用高硬度宝石材料，形成新风格。由于受到前期金属浮雕影响，宝石雕刻比较流行，常在宝石上雕刻出纹饰，人物纹常见，整体呈浮雕状态。古罗马玉石工艺主要兴于共和末期，帝政时期发展鼎盛。宝石的类型比较多的有玉髓、钻石、祖母绿、玛瑙、象牙等，常被雕刻成各种形状镶嵌在首饰之中，使这类饰品独具风格（图1-166）。2世纪后，开始了古罗马风格时期，金银器表面重视装饰性，对于人物的处理方式多采用相对平面的趋势。

图1-165　十二黄金凯撒头古罗马金币链

图1-166　法兰西大玛瑙浮雕

（二）中世纪时期

中世纪一般是指从西罗马帝国灭亡到文艺复兴开始的这段历史（5—14世纪）。在这一期间，西方社会最显著的特点是政治、经济、文化、艺术等领域都受到了基督教的影响。宗教统治者为了维护政教合一的统治，将文化艺术视为服务宗教的工具，并将与宗教活动相关的各种道具作为艺术符号，使其出现在各种艺术形态之中，如十字架、圣物箱、圣书函、祭坛等，此时的艺术创作都围绕着宗教题材，珠宝首饰也不例外，都留有宗教的痕迹。中世纪的金属艺术可根据兴盛的前后划分为日耳曼时期、拜占庭时期、哥特时期，其中以哥特时期成果最为显著。

日耳曼首饰。日耳曼人具有较高的金属制作工艺和审美水平，其中最大的特点是喜欢用各色宝石和玻璃材料镶嵌出纹饰图案，其多是由一块块的几何色块拼成图案。日耳曼首饰在题材上带有浓厚的宗教色彩，其表现形式多以祭坛、圣物箱、圣书函、十字架等形态出现。在制作手法上多以錾花、珐琅、镶嵌、花丝、珠粒、铸造等工艺完成，其中镶嵌工

图1-167 萨顿胡钱包盖

图1-168 拜占庭风格黄金十字架珠宝

图1-169 镶宝石黄金手镯

图1-170 拜占庭风格镂花工艺手镯

艺运用比较广泛，含有宝石镶嵌和金银丝镶嵌。此时的细金技艺水平较高、制作精细，纹饰运用上也形成了交叠错落、密密麻麻的装饰效果（图1-167）。

拜占庭时期是宗教艺术的典型时期，此时的首饰中广泛地运用十字架、基督圣像等符号进行创作（图1-168）。此时，装饰手法多采用平面和立体两种形式。立体装饰主要源于宝石镶嵌，也反映出拜占庭时期人们对宝石的钟爱。常将各种贵重宝石磨制成不规则的珠子，并在宝石上打孔，多与珍珠搭配串制在饰物的表面（图1-169）。此时的首饰在材料上常采用黄金和宝石的搭配使用，其中宝石材料已成为首饰的主要材料。在图案的装饰中，还出现了一种带有黏性的透明或不透明的玻璃质的色料，常填涂于制好的金属胎体上，并经烧制打磨完成。在制作技艺上引进了金胎掐丝珐琅技术，并发展了金属镂空工艺。此时的镂空技艺比较有特色，一种纹饰雕琢精细、密实，如金丝掐制一般（图1-170）；一种为錾花技术与镂空技艺的结合，纹饰的主体形态以镂空的方式去除金属底，并在纹饰主体上再錾刻以纹饰的细节，使首饰表面装饰纹样呈现错落有致、主次分明的效果。另外，在此时花丝、珠粒技术也得到沿用，常应用于首饰表面或边部的装饰。

哥特式首饰与哥特式建筑一脉相连，其风格特征主要源于此时的建筑。13世纪晚期，哥特建筑风格开始波及首饰，导致首饰在造型上开始由圆润转向尖锐、直挺的造型，并借助于清晰的纹饰走向强调这一风格的凸显。其常以镂空的技艺手法在金属表面雕出纹饰，并结合透窗珐琅工艺使首饰装饰效果更具教堂玻璃窗的效果。此时首饰在材料上依然喜欢使用贵金属和宝石，常为了突出宝石的效果，在素面金属上进行宝石和珍珠的镶嵌。当时在宝石中比较流行石榴石的运用，常将石头切割成相对薄的片，再以金箔做底使红色更为明亮（图1-171）。此时珍珠得到广泛的运用，常镶嵌在首饰外轮廓部位或凸起的尖部，给首饰带来柔和之感。后哥特时期的首饰在风格上呈现出自然主义元素的运用，常以黄金为底，结合珐琅、镶嵌、錾刻、掐丝等工艺，呈现出神话故事、宫廷爱情等主题类型的首饰，给予温馨的画面。此时的首饰类型比较丰富，一般有头饰、胸针、腰带、戒指、项圈等。

（三）文艺复兴时期

文艺复兴是发生在欧洲14—17世纪的文化运动，是资产阶级在文化领域发起的一场思想解放运动，最初发源于意大利。资产阶级的崛起，生产力的不断发展，以及自然科学的进步，促使人们对宗教世界产生质疑，人的信仰开始从神学中解放出来。随着欧洲自然科学的发展，文化本体意识逐渐强烈，以人为中心的"人文主义"开始

图1-171　镶石榴石黄金胸针

活跃于各个领域，其中，在文学艺术上反映出的是现实主义。这场运动促进了文化创新和思想解放，对首饰艺术的发展产生了深远的影响。

文艺复兴时期，许多艺术家对金属艺术比较感兴趣，开始投身于金匠工作之中。他们热爱艺术技巧，并享有普通金匠所不能有的待遇和权利，还可免除行会规章的约束，因而许多著名艺术家都加入了金匠工作室，包括雕塑家基伯尔提（Ghiberti）、建筑家勃鲁涅列斯柯（Brunelleschi）、雕塑家安东尼奥·德尔·波拉依奥罗（Antonio del Pollaiuolo）、画家阿尔布雷特·丢勒（Albrecht Dürer）等。艺术家的介入，给首饰艺术带来了不少优秀作品，也给首饰带来雕塑感和绘画感。此时艺术家比较热衷于创作帽徽，主要装饰于男性帽子上，常为圆形或对称形，并运用精细的雕刻技艺勾画出人、树、鹿、羊等形象，不常用植物形态装饰饰件的外缘，多镶嵌有宝石，工艺极为精细（图1-172）。徽章一般布局饱满、层次丰富，并与珐琅、镶嵌等工艺相结合，增加了饰品的精细和华丽感，逐渐成为身份的象征。这一阶段，首饰艺术中出现的装饰图案比较多，一般有人物、动物、植物、神话故事等。在制作中出现了较多精雕细琢的作品，比较精致，常用到錾

图1-172 嵌宝石帽徽

图1-173 镶嵌宝石的戒指

图1-174 文艺复兴时期首饰

刻、金雕、铸造、镂空、珐琅、镶嵌等工艺。由于工艺的精致以及技艺手法的丰富，使这一阶段的首饰呈现出装饰丰富、线条优美、生机盎然的艺术风格。

文艺复兴时期的首饰除去浮雕雕刻效果外，宝石镶嵌、珐琅技术及透雕工艺也在此时得到充分展现。由于探险和贸易的频繁，珠宝对欧洲地区产生了重要的影响，也一改前期以黄金和贵金属在首饰中的主导地位，宝石镶嵌开始频繁出现在首饰艺术中。大量彩色宝石在首饰中得到运用，如红蓝宝石、祖母绿、钻石等，并以刻面宝石的形象出现在首饰中，宝石镶嵌成为首饰发展的一个方向（图1-173）。另外，随着雕刻艺术家的融入，此时微雕技术发展到较高的水平，并结合珐琅、玻璃彩绘等技艺，将纹饰塑造得惟妙惟肖、精美细腻。文艺复兴时期，珍珠的使用非常广泛，尤其在伊丽莎白一世时期，珠宝设计中无处不用珍珠，饰品、服装也都装饰有珍珠（图1-174）。

（四）巴洛克与洛可可时期

1. 巴洛克首饰

16世纪末，文艺复兴运动在各国逐步落下帷幕，17世纪初开始兴盛巴洛克艺术风格。巴洛克（Baroque）一词常作为一种艺术风格的名称出现在史学界，主要指17世纪初由意大利兴起的一个艺术流派，还通常用于与统称17世纪欧洲的艺术风格。巴洛克风格是继文艺复兴之后的又一新风格，主要起源于意大利，鼎盛于法国。史学界认为巴洛克艺术风格是一种摒弃了古典主要造型中的刚劲、肃穆、古板的遗风，追求生动、热情、奔放，从而形成了宏伟气势、生机勃勃、豪华壮观的艺术风格。

1630年左右，贵族女性服装开始发生变化，逐渐由流行的蓬蓬裙衍变为贴身柔软的礼服，款式多为泡泡袖和低领口，常以缎带进行修饰。巴洛克时期沿用了前期服装与首饰成套搭配的习惯，因而随着新款式服装式样的流行，新的首饰潮流开始出现。首饰设计在风格上越来越倾向于对自然的表达，奇花异草为艺术带来设计灵感，郁金香、玫瑰、百合等花卉形象在首饰中被普遍运用，常以抽象、对称式的造型方式组成首饰结构。这些首饰常在黄金材料上烧制多彩的珐琅油料，并结合宝石镶嵌，形成五彩斑斓的首饰效果，这也是巴洛克时期首饰特征之一（图1-175）。有些首饰布局饱满、线条纤细优美，再绘制出细致的纹饰，使首饰整体优美、灵动活泼。

赛维涅蝴蝶结是巴洛克风格珠宝首饰有代表性的设计之一。这种首饰约诞生于17世纪中期，从而促使蝴蝶结成为当时首饰设计的重要元素（图1-176）。这类首饰常以多个或多类型的蝴蝶结，按照一定的规律排列而成，在蝴蝶结上施以珐琅工艺，再与宝石镶嵌结合，使首饰奢华无比。此时的首饰还对珍珠、钻石材料独有偏爱，并且在对宝石的切割技术和镶嵌技艺上有了很大的进步。钻石多采用切割的方式进行形态处理，常将原来的八面体原石切成桌形宝石，形成简单的刻面宝石形态再进行镶嵌。珍珠配饰也是巴洛克首饰的重要材料，此时沿用了文艺复兴时期对珍珠的青睐，珍珠饰品随处可见。

巴洛克时期的首饰风格在西方首饰史中起到承前启后的作用，是向欧洲近代设计过渡的重要阶段，是其追求标新立异的开始。巴洛克时期的首饰艺术注重外在形式的表现，强调形式的变化与韵律，关注纹饰细节的刻画，此时的作品多富有生机。

2. 洛可可首饰

洛可可风格（Rococo）是18世纪发起于法国的一种艺术风格，主要始于路易十四时代晚期，兴盛于路易十五时代，风格呈纤巧、精美、繁复，也被称为"路易十五风格"。洛可可时期的艺术风格，具有精致、优雅、华丽、纤细的装饰性，注重细节的精雕细琢，以及柔美、纤细的装饰效果，常以旋涡形和S形曲线进行造型，呈现出柔美温和的自然之美。洛可可风格常被视为巴洛克风格在法国的一种新演变，从巴洛克中自然演化而来，充满东方趣味，在工艺美术上追求不对称的图案和鲜艳的色彩（图1-177）。

洛可可时期，珐琅工艺没有前期那么盛行，珐琅只在小范围内发生作用。此时的首饰喜欢使用钻石和贵重宝石，制作特别精巧，用于镶嵌宝石的底座材料少之又少，后来采用镂空的方式制作宝石底座，从而使首饰轻巧、纤细、华丽多彩。所以，此时对于适用于小颗粒宝石的密镶方式比较受欢

图1-175　珐琅花卉项链

图1-176　蝴蝶结造型的珠宝项链

图1-177　不对称设计的花卉胸针

迎（图1-178）。这一时期对宝石切割技术更进一步，一般对宝石的切割方式多采用玫瑰式切工，使钻石看上去有更多小面，使首饰看上去更为华丽。在首饰材料中使用较多为黄金和宝石，常在黄金上进行宝石的镶嵌，有时由于钻石是白色的，运用黄金镶嵌会使钻石变成黄色，因而出现了金银混用的局面。常在饰品的正面以白银为底进行镶嵌钻石，在饰品的背面用黄金材料，从而解决了钻石变色的问题。但由于白银较软，只能适用于包镶的工艺形式，因而，在1900年以后大量使用铂金材料与宝石搭配，由于其既具有一定的硬度又具有较好的延展性，一跃成为宝石搭配的绝佳材料。

洛可可时期，珠宝首饰中使用的钻石多为白色，有时也会使用高仿宝石和玻璃制品，使色泽更为柔和，呈现出浪漫主义的风格特征。约在18世纪30年代，洛可可首饰常出现花卉、羽毛、叶片等造型元素，在纹饰上镶满宝石，呈现出珠光宝气的感觉（图1-179）。洛可可时期的首饰突破了制作工艺的限制，技艺精湛，尤其是宝石镶嵌工艺运用到非常精致的程度，将首饰艺术提高到一个崭新的时期。此时的首饰常以柔和的色彩、细腻的工艺、优美的线条展现出宫廷艺术特点，也带有明显的享乐主义色彩。

图1-178　金银混镶的钻石胸针

图1-179　镶满钻石的发饰

图1-180　镶嵌钻石的花枝叶蔓皇冠

（五）19世纪时期

1. 维多利亚时期

维多利亚时期，指的是1837—1901年维多利亚女王（Victoria）统治时期。这一时期，在艺术风格上吸取了新古典主义、浪漫主义等多个艺术流派风格特点，形成了独一无二的"维多利亚风格"。

维多利亚时代前期，依然受到前期的自然主义影响，认为自然古朴之美才是美的根源。在首饰中常用到花卉、叶子、藤蔓、葡萄等自然形态，将自然元素运用到各种类型的首饰，如项链、胸针、发饰等。此时的自然主义首饰在形态上尽量地还原自然物的原本形态，但在装饰上多采用宝石镶嵌的方式，一般多为钻石的镶嵌，在镶嵌方式上采用极为奢靡的形式将宝石布满近乎所有的形态（图1-180）。由于受到多个流派思想的影响，激发了人们创作的热情和灵感，自然主义风格运用到极点，这一时期也被称为"浪漫时期"。维多利亚中期，也称为"盛大时期"。此时由于考古的开展，许多古代类型的首饰开始进入此时的首饰行业，刻有家族寓意的徽章首饰，以及带有古罗马和哥特建筑图案的首饰逐步出现在大众的视野中。在首饰式样上也继承了浮雕式的风格，出现了以象牙、化石、陶瓷等材料雕刻出人物或动物的浮雕效果，镶嵌于黄金上，再结合珠粒、花丝等工艺制作而成，较为精致（图1-181）。另外，由于对外交流的频繁，也造就了一批带有异国风情的首饰出现。这一时期哀悼首饰开始流行，主要源于维多利亚女王亲人的离世，使她深深地陷入痛苦之中。从此女王的服饰以黑色为主，相应的首饰也与此主题相关，多以煤玉、黑色玻璃、柏林铸铁、珐琅等为材料制作黑色的首饰。女王甚至颁布法定，在全国哀悼期间只能佩戴这类首饰。

此时在首饰材料上，由于维多利亚女王酷爱珠宝，珠宝首饰成为维多利亚风格首饰的一个显著特征。随着钻石切割技术的发展，钻石的魅力逐渐展现出来，人们开始热衷于钻石饰品，从而使钻石在首饰中大量运用。钻石首饰逐渐增多，并将宝石镶嵌到饰品的每个部位，光彩夺目的钻石首饰成为当时的主流。此时，在首饰结构上出现多功能首饰。这一时期出现了一种皇冠，由多个部件构成，也可以拆开作为胸针或吊坠使用。有的头饰多以自然元素设计而成，也可以拆开作为其他首饰种类进行佩戴（图1-182）。

图1-181　镶嵌鸽子浮雕的耳坠

2. 新艺术运动时期

新艺术运动（Art Nevoau）时期主要指19世纪80年代初，在工艺美术运动的影响下发生在欧洲进而发展到美国的一场影响极深的装饰艺术运动，也是一次涉及内容广泛的、设计上的形式主义运动。这场运动是工艺美术运动在欧洲大陆的延续和传播，主张艺术家从事产品设计，实现技术与艺术的统一。与工艺美术运动不同的是，新艺术运动时期的艺术家肯定机械生产的积极作用，并"尝试作

图1-182　可拆卸的镶钻石皇冠

做机器的主人"。他们强调手工劳动但不反对工业化，摒弃了传统的装饰风格，从自然中的植物、昆虫、动物等形态中提出形态并做简化处理，开创了全新的自然装饰风格。在装饰中，避免直线和平面的运用，常以曲线及蜿蜒纤柔的线条作为设计创作的主要语言，也形成了一种清新、自然、有机的艺术风格，也被称为"新艺术风格"。

在珠宝首饰中，自然题材在此时得到广泛的应用，艺术家竭尽所能地展示自然的魅力。此时首饰中出现了大量的花卉、叶脉、昆虫、甲虫、神话人物等形象，以优美婉转的线条和清新脱俗的色彩展现出来，尽显新艺术风格（图1-183）。其中这一时期，最有代表性的艺术家为勒内·拉里克（René Lalique），他是法国新艺术运动时期著名的设计师。在他的珠宝首饰中，常用到昆虫、花草及神话人物等，探索自然中一切可用的装饰元素，并以流畅婉转的线条和华丽雅致的色彩，展示出植物优美的结构和恬静的气质（图1-184）。自然形态中，蝴蝶、蜻蜓、花卉等形象经常出现在他的首饰作品中，不少作品成为新艺术运动典型的风格。在他的不少作品中，还将女性形象与花卉、昆虫进行融合，成为这一时期的经典作品（图1-185）。

图1-183　花卉主题的珠宝首饰

图1-184　蜻蜓和女人胸针

图1-185　花与昆虫主题的曲线胸针

在新艺术时期的首饰中，对材料的使用具有开创性。此时的首饰材料中彩色宝石、钻石运用较少，而角、骨、牙、玻璃质，以及白石、月光石等材料被广泛使用，常根据材质纹理、色彩雕琢成流动的曲线造型，应用到首饰之中（图1-186）。此时的珐琅工艺也得到广泛应用，为首饰中自然形态提供了真实、丰富的色彩效果，因此，珐琅彩绘技术在首饰设计中发挥着重要的作用（图1-187）。这一时期的空窗珐琅技术运用非常富有创造力，与表达自然形态较为贴合，如植物的叶片、蜻蜓的翅膀，以透明珐琅的形式呈现，可表现出现实状态下自然物的优美的一面，使设计作品富有生命力。

图1-186　花卉珠宝　　　　　图1-187　花卉项链

（六）当代首饰

在现代首饰设计中，首饰的概念界限已非日常所熟悉的范围，其内涵和外延都在不断扩展。当代首饰逐渐成为首饰发展史上不可或缺的一部分，在首饰中发挥着重要的作用，给现代生活带来前所未有的体验。

1. 关于"当代首饰"

当代首饰也常称为当代艺术首饰，关于"当代首饰"词汇的理解在书籍开篇已经介绍，主要从时间和风格意义两个角度，在此做简单介绍。当代艺术学界普遍从时间维度和风格意义两个方面进行解读。当代艺术在时间上指现在的艺术，即当下发生的艺术，发生在当下的艺术活动、思潮都被称为当代艺术。当代也是一种风格，在内涵上也主要指具有现代精神和具备现代语言的艺术，多指符合当代性特征的观念艺术，具有超前的艺术理念、新技术和新材料的实验、思想与情感的传达等。当代首饰一方面指当下的首饰，其范围甚广；另一方面指有别于传统首饰，在创作方式上摆脱传统功能、形式、材料、佩戴方式的束缚，以艺术表达的形式展现设计师的艺术理念，其中涵盖材料探索、技术突破、艺术观念、装饰美学、情感媒介等多个方向，带有较强的批判性和反思精神。美国首饰艺术家菲利普·莫顿（Philip Morton）认为当代首饰能反映出思想、造型与现代生活的关系，具有思想性和精神性，与现代艺术密切相关。艺术首饰与传统首饰不同，其思考首饰与身体的关系，提倡材料的多样性、实验性，注重艺术观念的表达及艺术媒介的作用，具有鲜明的个性。

2. 当代首饰发展背景

当代首饰艺术约开始于20世纪40年代，主要为荷兰、英国、德国、奥地利等地。第二次世界大战以后经济开始复苏，文化艺术得到进一步发展，首饰艺术也加速了发展。20世纪60年代，设计史进入后现代主义设计时期，现代艺术语言和观念对首饰艺术产生深远的影响，从而使首饰在多种艺术思潮的影响下演变出当下的多元风格。当代首饰艺术的发展受到多类思潮的影响，主要有以下几个方面。

（1）现代设计运动对首饰艺术的影响

18世纪末，英国爆发的工业革命，开启了西方手工制作向现代设计转化的新篇章，在这一过程中，经历工艺美术运动、新艺术运动、现代设计运行等一系列艺术思想活动。"工艺美术运动"是现代设计开始，并在莫里斯（Morris）和拉斯金（Ruskin）等思想的影响下提出"美术与技术的结合"，主张艺术家介入设计，从而促进首饰艺术化的开端，为首饰功能开启新方向（图1-188）。另外，工艺美术运行还提倡为多数人的设计，反对精英设计，强调民主性，在首饰设计观念上有了新认知。在工艺美术运动的思想基础上，1890年以后，"新艺术运动"开始在欧美各地兴起，现代设计开始全面推进。新艺术运动的艺术家针对工业产品外形丑陋、审美降低等系列问题，认为产品应进行艺术化处理，设计行为是艺术的一种形式等，将设计与艺术创作链接，因而，此时的珠宝首饰极具装饰性、艺术性和创造性，为首饰设计风格的现代化奠定基础（图1-189）。新艺术运动之后的"装饰艺术"运动对首饰发展起到一定的作用。此次运动主要发起于20世纪20—30年代的法国、英国、美国等地，

图1-188　吊坠　阿什比（Ashbee）

运动发起者采用折中主义，注重手工艺和工业化结合运用，因而产生了新的风格。主张采用新材料和新装饰手法，将机械美变得更为自然华丽，并运用几何元素和绚丽的色彩作为表现语言，追求新的装饰。此时，首饰设计受到装饰艺术运动的影响，将几何元素、鲜亮的色彩及东方图案运用到首饰之中，使首饰由装饰性走向艺术性。与此同时，德国包豪斯学院对首饰的现代主义艺术风格也产生了直接的影响。包豪斯设计理念将现代主义的观念、方法及风格带入手工艺的创作中，强调工艺、艺术与技术的统一，重视手工艺并认为艺术家与手工艺人之间没有本质区别。包豪斯金工工艺师那奥姆·斯鲁特斯基（Naum Slutzky）是著名的首饰设计师，他致力于探索将包豪斯设计理念应用于首饰之中，对功利主义原则与首饰的关系做出思考，因而在其首饰作品中展现出制作精良、结构简单、极少装饰的特点。后来斯鲁特斯基将现代主义设计理念应用于首饰当中，使首饰呈现出简练、抽象的现代风貌。现代设计的系列运动，促进了首饰的当代化进程。

现代艺术思潮对当代首饰艺术的影响。现代主义是伴随着工业化进程而产生的，其思想具有先进性和新奇性，相信人可以运用科学知识、技术改造世界。他们以发展为目标，在艺术领域中不断探索新风格和艺术形式，从而使现代艺术从整体上具有抽象性、象征性和表现性等特点。现代艺术运动来势凶猛，各种风格接踵而至，在绘画领域，野兽主义、未来主义、纯粹主义、达达主义、表现主义、超现实主义、构成主义等各种流派相继问世。这些艺术思潮对手工艺的生产产生重要的影响，对首饰设计亦是如此，产生了极大的创造力。思想流派的艺术家有时会直接参与首饰创作，并将他们的艺术观念植入首饰之中，使首饰艺术快速地发展。雕塑艺术家亚历山大·考尔德（Alexander Calder）就对首饰创作富有极大的热情，并创作了大量的首饰作品，被誉为当代艺术首饰之父（图1-190）。亚历山大·考尔德在受到蒙德里安和米罗的影响，在雕塑创作中开始追求抽象、自由活动的艺术风格。亚历山大·考尔德将雕塑创作的理念用于首饰中，探索首饰创作的各种媒材，并结合现代技术，探寻传统与现代的结合方式。超现实主义风格代表人物萨尔瓦多·达利（Salvador Dali），他结合自己的艺术

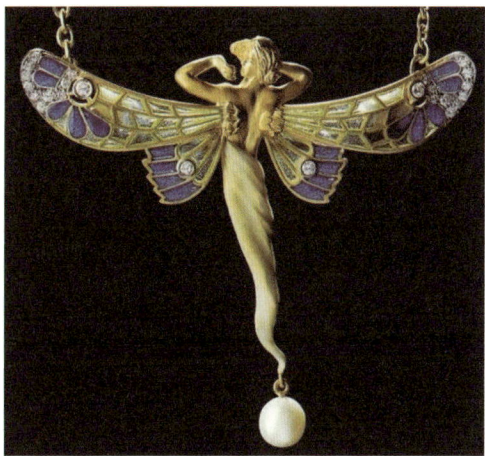

图1-189　新艺术运动时期首饰

图1-190　亚历山大·考尔德设计的项链

思想创作了多件珠宝首饰作品，赋予首饰新的创意。他的首饰带有较强的超现实主义风格，常用贵重材料制作出融化的钟表、镶满红宝石的嘴，展现出荒诞和诡异的气氛。随着当代艺术的发展，首饰创作越来越具有艺术性，并被认为是可佩戴的雕塑以及可欣赏的绘画，使首饰创作理念更为超前、大胆，逐渐朝艺术观念的方向发展。

（2）后现代主义对当代首饰艺术的推动

后现代主义是20世纪后半期流行的文化思潮，与现代主义设计多强调功能主义不同，其反对简单化、模式化，提倡多样化、多元化，对客观真理以及普遍性现象持有谨慎的态度，崇尚隐喻与象征的表达方式，总体上呈多样性和多向性，其实质是对现代主义的补充。后现代主义继续了杜尚的实验，并通过超现实主义、波普艺术及概念艺术等加以发展，因而多元性成为其最核心的观念。后现代主义艺术家在艺术创作中常以反规则、反美学、重视创作行为和观念表达的艺术理念，打破常规的艺术界限。并主张设计的多样性，为社会群体提供更适宜的设计。开放性的艺术思想融入首饰设计，促使首饰设计更具艺术性和思想性，从而使首饰艺术对传统首饰的形式、材料、功能等方面进行了重新定位与思考，使首饰走向艺术表达的媒介。后现代艺术对当代首饰创作起到了重要的影响，其丰富的主张促进了首饰多样化的表现形式，开启了首饰艺术多元、开放的审美方式，进一步将首饰扩展成观念艺术的媒介，甚至代表着一种生活方式及思考方式。

3. 当代首饰特征

（1）新功能

在当代首饰艺术中，新功能的植入是一项重要的特征。传统首饰多与维护社会稳定有关，服务于各类社会文化，成为财富、地位的象征，同时又有装饰、保值、信物等功能。在当代的艺术首饰中，艺术家对首饰的功能给予更深的思考，挖掘首饰更多的可能性，使首饰功能从单一、定向的

图1-191 《亲密的窥视》 周子涵

功能形式走向综合、多元的功能体系。当代首饰艺术最为核心的观念就是反映社会的时代性，因而，艺术将常以首饰为媒介向外界传达个人思想与观点，反映设计对生活的思考。当代首饰艺术不再单是人体的装饰物，其逐渐成为艺术表达的媒介物，传达出艺术家特有的世界观、人生观、价值观，以及对社会现象的观察与思考。首饰作品《亲密的窥视》（图1-191），借用了欧洲18世纪流行的"Lover's eye"的珠宝形式，体现了"亲

密的视线"下人们的多种状态与感受。

（2）新价值

当代艺术首饰与传统首饰相比，其价值观念由原来的材料价值转向多向性。传统首饰最初始的功能常为辨身份、明地位，因而比较注重贵重材料的使用以凸显首饰的价值。当代艺术家对于首饰价值的进步不断地思考，反思材料的属性，有时将材料只看作创作的素材，材料的身份与地位，只是对其基本属性的运用。有的作品在运用材料时注重用艺术的方式体现对社会的思考。艺术家刘骁，制作的带有中药功能的首饰，引发人们对公共卫生状况的关注。由此可见，首饰的价值不仅只有贵金属所具有的材料性，还可能是材料运用方式、艺术性的表达，以及对社会价值的体现。

（3）观念性

观念艺术作为一个艺术，开始于杜尚的"现成品"，形成了艺术从"外表"到"观念"的转化。概念艺术先驱约瑟夫·科苏斯（Joseph Kosuth）将概念艺术定义为"哲学之后的艺术"，他认为当杜尚的现成品出现，艺术的焦点就从形式上转移到说明的内容上，艺术的本质也就从形态问题转变为功能问题，其完成了从外表到观念上的转变。并认为杜尚（Duchamp）之后的所有艺术都是观念的，艺术只存在于观念上。艺术家索尔·勒维特（Sol LeWitt）认为"艺术的观念和概念最为重要，艺术作品看上去像什么并不重要。"概念艺术家认为艺术来自观念，并将观念和思想当做艺术的本身。当代首饰的概念性是对概念艺术的继承，观念性的介入意味着首饰对原有状态的思考，也促使了当代首饰的多元性。观念艺术带有一种反叛精神，观念首饰也具有反叛和质疑精神，思考首饰与身体、首饰与材料、首饰与社会等问题，并在不断批判中重塑首饰观念和思想。瑞士首饰艺术家奥托·昆兹利（Otto Künzli），他的首饰多是围绕社会中的问题展开的，其代表作为《黄金使人盲目》（Gold makes you blind），作者将一颗18K金小球隐藏于一个黑色的圆环的橡胶圈内（图1-192）。从外观上只是中间有一处隆起，通体黑色，无从得知黄金材料的存在。奥托·昆兹利以思想为首饰创作的主要理念，在本质上颠覆了首饰的功能，其作品的观念性优先于形式。

（4）身体与佩戴

在传统首饰概念中，首饰是人体的装饰物，人体是首饰成型的基础，其形态、结构都是以人体为原型进行塑造的，首饰就是人体佩戴的雕塑。在当代首饰语境中，随着艺术观念的植入，

图1-192 黄金使人盲目

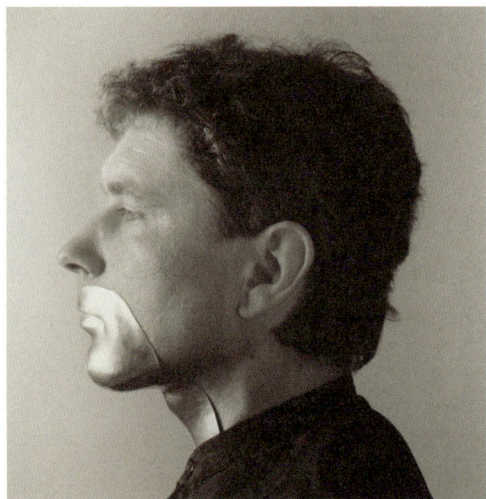

图1-193　格尔德·罗斯曼设计的饰品

图1-194　格尔德·罗斯曼设计的项饰

图1-195　弗洛拉·布克设计的饰品

对于首饰与肌体的关系变得更具有可探究性。首饰艺术家不断地以质疑、批判、反思的精神对首饰与人体进行思考，尝试在佩戴方式、身体主体等方面探寻设计灵感，讲述首饰的故事。当首饰艺术发展到当代，对于身体的思考不仅是首饰装饰的主体，并对身体进行了进一步扩展。肌体的形态、器官、组织、感受等都是首饰创作的素材，都可以参与首饰创作。格尔德·罗斯曼（Gerd Rothmann）的首饰作品常运用身体的理念进行创作。格尔德·罗斯曼热衷于从身体结构中抽取元素进行创作，常以身体为模制作蜡件进行铸造，多见黄金材料制成的首饰（图1-193、图1-194）。由于以身体为模型制成的饰品，在其表面常留有身体肌理的图案，更能引发人们对身体与首饰关系的思考。当代首饰在以人体部位为元素的同时，还尝试思考饰品与佩戴者之间的关系，将首饰感念扩展到可穿戴范围。可穿戴概念的首饰打破了传统首饰的认知界限，将首饰创作发展到不受传统设计规则约束的境况。弗洛拉·布克（Flora Book）是美国当代首饰艺术重要人物，他对首饰的认知跨越了传统首饰佩戴的概念，将首饰与服装的界限消融，创作了可穿戴的首饰，带来首饰新的佩戴方式，也为未来首饰的探索带来更多的可能性（图1-195）。弗洛拉·布克多以银管、尼龙丝为材料，制成流动性首饰，一般体量较大，佩戴起来宛如服装的一部分。由于活动的结构使作品具有轻盈感，使其可随身体而移动，因而艺术家弗洛拉·布克常把其首饰作品看作是人体的特定场所装置。对于传统佩戴理念的扩展不仅在于可穿戴首饰，还拓展到更为宽泛的概念解读佩戴方式。首饰艺术家安妮卡·斯穆洛维茨（Anika Smulovitz）的作品《唇线》，就是对首饰佩戴方式的探讨。作品《唇线》是探索关于身体、装饰和私密问题的关系的作品，尝试在嘴唇放松状态下创造线型的具有独一无二的特性的首饰，以此强调身体的独特性（图1-196）。

（5）多元性

当代首饰与传统首饰相比，创作材料、工艺手法、表达主题、艺术形式越来越多元化。由于当代首饰概念的扩展及首饰价值的转变，在材料运用方面越来越广泛，除去传统的金属材料、宝石材料外，还有一些常见的生活材料、废旧材料应用于首饰领域。在对材料突破中，常将材料看作创作的素材，以材料本身属性为创作出发的基点，并不过多地思考材料的经济价值。作品《花语系列之"忆"》就是以常见的纤维材料创作而成的（图1-197）。在当代首饰中，制作工艺也具有多元性特点，不仅有传统金属工艺的使用，还有机械化生产、数字计算机技术、其他工艺等多种方式的运用，甚至还用到更为广泛的综合手段，如影像、电子等综合技术。只要能够实现设计目标和创作观念即可，设计的工艺形式变得非常宽泛。随着当代首饰创作观念性的增强，首饰的艺术形式和主题材料也呈现多维度的发展趋势。当代首饰设计与艺术边界逐渐模糊，首饰不仅用于装饰与人体，还常被艺术家用于公共艺术领域作为城市雕塑。比利时艺术家利斯贝特·布舍（Liesbet Bussche）常以将装饰性的首饰视为城市的首饰，创作了不少"首饰"作品。此外在创作主题选取中也越来越跨越传统的首饰状态，当代首饰不仅是个人情感宣泄的媒介，也是群体情感的表达，还是对社会状态的反映。总之，当代首饰具有材料、技术、主题，以及艺术形式的多元性和综合性，来满足多元化的社会需求。

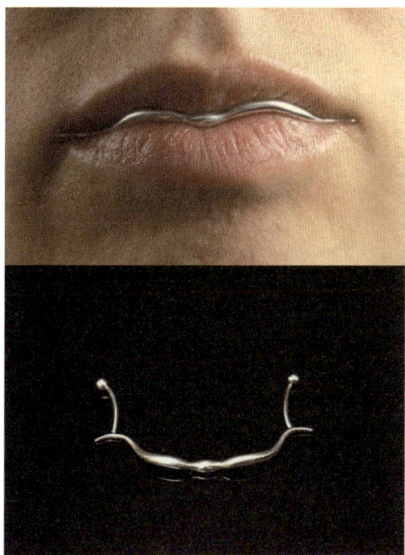

图1-196 《唇线》

图1-197 《花语系列之"忆"》 田伟玲

思考与讨论

一、名词解释

首饰 簪 钗 擿 步摇 钿 珙 瑱 丁香 璎珞 瑷 跳脱 护指

二、思考题

1.简述中国原始社会时期首饰的艺术特点。

2.简述19世纪首饰的艺术特点。

3.试述当代首饰的艺术特点。

参考文献

[1]李芽，陈诗宇，董进，等. 中国古代首饰史［M］. 南京：江苏凤凰文艺出版社，2020.

[2]杨之水. 中国古代金银首饰［M］. 北京：故宫出版社，2014.

[3]董占军，张爱红，乔凯. 外国工艺美术史［M］. 北京：清华大学出版社，2012.

[4]郭新. 珠宝首饰设计［M］. 上海：上海人民美术出版社，2021.

[5]伊丽莎白·奥尔弗. 首饰设计［M］. 刘超，甘治欣，译. 北京：中国纺织出版社，2004.

[6]华梅. 服饰与中国文化［M］. 北京：人民出版社，2001.

[7]华梅，董克诚. 服饰社会学［M］. 北京：中国纺织出版社，2004.

[8]南京博物馆. 金与玉［M］. 上海：文汇出版社，2004.

[9]休·泰特. 7000年珠宝史［M］. 朱怡芳，译. 北京：中国友谊出版公司，2021.

[10]刘骁. 首饰艺术设计与制作［M］. 北京：中国轻工业出版社，2020.

[11]石青. 首饰的故事［M］. 天津：百花文艺出版社，2003.

[12]杭间. 中国工艺美学思想史［M］. 太原：北岳文艺出版社，1994.

[13]张夫也. 外国工艺美术史［M］. 北京：中央编译出版社，2003.

[14]王受之. 世界现代设计史［M］. 北京：中国青年出版社，2002.

[15]田自秉. 中国工艺美术史［M］. 上海：东方出版中心，1985.

[16]李砚祖. 造物之美［M］. 北京：中国人民大学出版社，2003.

[17]格罗塞. 艺术的起源［M］. 蔡慕晖，译. 北京：商务印书馆，2005.

[18]田伟玲. 金银细工首饰当代设计［M］. 北京：化学工业出版社，2024.

首饰与材料

第二章

古往今来，首饰经历了漫长的衍变和发展，在此过程中，离不开材料的支撑。材料是首饰实现的物质基础，对首饰精神、造型起到支撑作用，是将首饰理念、形态、工艺统一的前提。材料具有纹理、结构、成型方式等基本客观属性，以及人类所赋予的主观认识，恰当合理地运用材料特点可有效传达首饰意义，对材料属性的掌握和理解可有利于实现设计价值。首饰诞生伴随着人类发展的整个过程，因而首饰材料也经历了从无到有，从单一到多样的过程。人对首饰材料的认知和运用不仅有其材料自身的特点，也来自社会发展的人文需求，因而首饰材料具有多重属性。随着社会生产技术的发展及思想潮流的衍变，首饰材料也逐渐实现了由自然材料到人工材料、由常规材料到实验材料的应用。

第一节
首饰材料种类

迄今为止，首饰材料经历了漫长的衍变与发展，种类丰富、包罗万象，但人类对首饰材料的运用有其自身的规律可循。根据首饰中材料价值、功能属性等特征的不同，本书主要从传统和现代两个角度分别介绍首饰材料的使用状况。对于"传统"和"现代"时间的界定，中国文学史领域将"现代"的概念范围指1919—1949年这段时间，"当代"的概念为1949年至今。本书主要以1919年为分界点，将在此之前的首饰材料归为传统首饰材料；并将在此之后所使用的首饰材料归为现代首饰材料，这中间含有当代首饰材料的范畴。随着设计思想、价值观念及生产技术的影响，首饰材料在每一阶段都有不同的特点。根据社会价值取向和生产技术条件，传统首饰材料主要以贵金属材料和宝玉石材料为主，现代首饰材料在材料的使用上具有普遍性特点，包括的种类比较广泛。

一、传统首饰材料

传统首饰材料概念所涵盖的历史范围比较广，多处于人类发展早期。

受到原始信仰、宗教意识、阶级观念等多重的影响，传统首饰材料的使用具有多重属性。根据考古发现，传统首饰材料多见贵金属、宝玉石，以及牙、骨、角质等，其中以玉石和贵金属材料较为典型，是首饰的主要材料。人类早期，阶级意识强烈，首饰常作为阶级地位的标志物，因而贵金属由于自身的价值常作为身份等级的重要区分物。另外，这类材料拥有美丽的色泽，具有较好的延展性、可塑型、稳定性等特点，适合于首饰的加工和制作，因而它们成为传统首饰的重要材料。由于资源有限，贵金属材料和宝玉材料在地壳中储量少、价格高，且拥有美丽的自然属性和美好的寓意，常与精湛的细工技艺搭配制成精美绝伦的细工首饰，成为传统首饰的重要组成部分。传统首饰材料类型比较丰富，可从金属、宝石和其他的归类方法进行分析。

（一）金属材料

金属材料在传统首饰中起着重要的作用，一方面承载着先进技术的发展，实现首饰的多种造型方式与工艺方法，从而使大量的宝石以各种形式展现在人们的面前；另一方面继承着传统价值观念和审美方式，使首饰发挥重要的社会功能。在传统首饰中出现的金属材料种类主要有以下几种。

1. 黄金

黄金，也称金子，是具有金黄色泽的金属。黄金是人类最热衷的金属，是传统首饰材料中最重要的一部分，无论在哪个地区的传统首饰中都以黄金首饰为贵（图2-1）。黄金具有较好的自然属性，常被人誉为"百金之王""百金之首"。黄金的使用历史悠久，据考古发现，早在公元前12000年古埃及人就知道了黄金，在公元前4000年就掌握了对黄金的采集和应用。中国早在商代就已经掌握了黄金的包金、捶打等制作工艺，并能对黄金材料熟练运用，具有较高的水平。在藁城

图2-1　卡约文化的桃形金挂饰

和安阳出土的黄金制品文物中，发现一些金丝、金箔的厚度只有0.01毫米，可见当时制金技术的发达程度。东周时期所使用的金币纯度含金量已达到90%，战国时期出土的金饼的含金量高达99%，随后出现了金碗、金杯、金饰等黄金制品。在夏商时期对金属的辨认方法，主要依据矿物晶体的形状、色彩、光泽、硬度等属性进行判断和分类，后又掌握了氧化实验和焰色实

验等化学鉴定的方法，到汉代已经熟练掌握以物理、化学的方法鉴定金属类别。中国远古时期"金"通常是金属的统称，主要包括金、银、铜、铁、锡，也常称为"五金"。西周之前，"金"通常包含铜锡合金、白金、赤金、青铜，战国以后，"金"成为黄金的专属称呼。黄金材料由于其美丽、稀有，以及财富的象征等特点，具有独特的魅力，占据着传统首饰材料重要的位置，成为传统首饰重要的材料类型。

黄金，其化学元素符号为 Au，原子系数为 79，原子量为 196.9665，熔点为 1064.43℃，沸点为 2808℃，固体比重 19.31，莫氏硬度 2.5。纯金属于稀有资源，在地壳中储存量较少，主要分布在南非，其次为美国、澳大利亚、加拿大、中国、俄罗斯等国家。中国黄金资源主要分布在黑龙江、山东、豫西和陕甘川等地。由于黄金资源稀缺以及其具有较好的性能，常用于制作精巧细致的饰品、摆件等，有时还用于现代通信业和航空航天业，以及电子业等。黄金之所以能在众多金属中脱颖而出成为首饰的重要材料，主要是其具有三大物理属性。一是黄金具有美丽的颜色，其色泽金黄，可与太阳光泽比拟。黄金的化学性能相对稳定，在常温下不易氧化，具有较好的抗腐蚀性，也不易与身体发生过激的反应，因而在常温的环境内不易变色，有"真金不怕火炼"的美誉。二是黄金具有较好的延展性。黄金的延展性很好，早在商代时期就能制作出极薄的金箔，在现在的技艺中能将黄金材料制成透明状的金箔，其厚度可为 0.001 毫米。另外，黄金还能拉成极细的丝状，能将 0.5 克纯金制成约 160 米的金丝，可见黄金具有非常的延展性，是花丝、錾刻等工艺的上好材料。三是黄金具有较好的可锻性。由于黄金材料富有延展性，因而也具有较好的可锻性和可塑性，可将黄金材料锻造出不同的造型，并能錾刻出精美的纹饰。黄金拥有温和的物理属性，易于以片状、丝状、块状呈现，适合传统的錾刻、编织、累丝、珠粒等多种工艺形式，成为传统首饰的重要材料（图2-2）。另外，由于黄金材料的稀有性和较好的属性，也使黄金饰品成为社会地位和财富的象征，并随着首饰的发展，为黄金制品带来多重功能。

2. 白银

白银，也称银，主要因其色泽呈白色而得名（图2-3）。由于白银与黄金一样拥有较好的色泽，并且柔软坚韧，也是传统首饰中一种重要材料。白银与黄金一样，拥有悠久的历史，在古埃及，约公元前 3400 年就已经开始使用银制品。在中国，

图2-2　黄金錾刻摆件"八仙葫芦"局部

对银的应用上可能稍晚于金，据考古发现，银器的使用约出现在战国时期，此时并有金银错工艺品的出现。在先秦古籍《尚书·禹贡》中有关金、铜、铁、锡、铅5种金属的记载，未提到银，仅提到"梁州贡银"，可见对银的运用要晚于金。在战国时期，古籍《山海经》中对银的记载比较明确，谈到8处银矿。古代，白银还常作为货币流通于世间，因而白银首饰也可作为财富的象征，具有一定的保值功能。在自然界中，银常与铜铅锌矿伴

图2-3　白银

生，单独的银矿则比较少见。《管子》载："上有铅者，其下有银，生银坑内石缝中，状如乱丝，色红者上，入火紫白，如草根者次之。"又如《本草纲目（金陵本）》中记载："银在矿中，与铜相杂，土人采得，以铅再三煎炼方成，故为熟银。"也因此我国古代常采用炭火法（时代）冶炼银料。白银与其他贵金属相比，其在地壳中储备量最大，并且在空气中容易氧化变黑，严重了影响其价值，因而银的价格相对便宜。另外，白银常采用炭火法进行冶炼，因而银的质地不纯，常含有其他杂质元素，好在其色泽呈洁白之色，银质首饰得到普遍运用，却没有金质首饰显得金贵。在中国古代，金饰固然美丽，可其价格较高，不能在民众中广为流传。与金饰相比，银首饰更具有亲和力，在民间有"无银不成饰"之说，《说文解字》将银看作"白金也"。因而银饰在民间开比较流行，常将其视为吉祥之物，如银项圈、银簪钗、银帽花等，种类比较丰富，有时还雕有"吉祥如意""长命百岁"等吉祥字样，代表着人们的期望与对生活的热爱。由于白银拥有较好的性能及吉祥的寓意，加上银可试毒，我国民众对银有着特殊的感情。中国古代首饰中，金银材料的使用非常普遍，并常配吉祥图案，传递吉祥的寓意，现如今，少数民族依然保持着对银饰的热爱，每逢民族佳节他们将尽情地装扮，依据习俗将银饰佩戴满身来展示自己的风姿和美丽、勤劳与智慧。

　　白银，化学元素符号为Ag，原子量为107.868，熔点为961.93℃，沸点为2213℃，莫氏硬度为2.7，固体比重为10.5。白银的质地与黄金一样，比较柔软，具有较好的韧性和延展性，能成丝成箔，是传统贵金属的一种。白银具有极强的延展性和可塑性，其延展性仅次于黄金，能拉成直径为0.001毫米的细丝，能碾成透明状的银箔，因而是传统累丝、錾刻工艺的绝佳材料。古代银具有广泛的用途，能制成首饰、生活用具、工艺品等，深受人们的喜爱（图2-4）。白银主要分布于秘鲁、墨西哥、智利、中国等国

图2-4　银制盛汤容器

家，在我国主要分布在青海、云南、广东等地区。白银虽然是首饰中的常用材料，但其化学性能极不稳定，易于与硫及其化合物发生反应，使其表面形成一层黑膜。银在冶炼时根据需要，常以纯银和银的合金形式存在。

3. 铂金

铂金是一种稀有贵金属。由于铂金色泽纯白高雅，且具有稀有性和稳定性等特点，因而其价值较高，在有些国家佩戴铂金饰品，成为高贵优雅的象征。铂金的历史非常悠久，早在古埃及时期就开始使用铂金。据考古发现，在古埃及祭师棺木上就有铂金制造的象形文字的使用，并保存完整、光泽依旧。但当时的人们并不知道它是铂金，由于其色彩呈白色，常称为"白金"，在有些地区，白金常与白银相混淆。对于"白金"这一概念，有着很长的历史。在中国古代，人们常根据金属的颜色来判断和命名金属，约在春秋战国时期就出现了"五金"概念，通常指黄、白、青、赤、玄等色的金属，其中这里的"白金"常指白银。在古代的西班牙，"白金"多指"白银"。1735年，西班牙人到秘鲁探险时，在品托河发现了一种白色金属，当时人们将其误认成银的一种，并称为"品托河白银"，直至1750年，科学家勃隆莱格将其定名为铂。以历史的角度看，铂金的运用是从首饰、工艺品、器皿的制作开始的。由于铂在地壳中储备较少，其熔点高难以加工，尤其在古代，加工技术还处于发展时期，因而古代铂金制品较少。

铂被广泛认识只有200余年的历史，随着科学技术的发展与铂金共生、色泽相近的其他金属元素也逐步被发现，钌（Ru）、锇（Os）、铑（Rh）、铱（Ir）、钯（Pd）、铂（Pt）统称为铂族元素。铂金与黄金、白银一样统称为贵金属，其原子量为195.078，熔点为1772℃，莫氏硬度为4.2，固体比重为21.45。铂金物理性能相对稳定，具有较好的抗腐蚀性，颜色呈纯白色，是一种不错的首饰材料。铂金资源比较稀少，主要分布在俄罗斯、南非等国家，中国的铂金储备量较少，仅有全世界的1%。在中国古代，铂金的使用比较少。铂金材料拥有美丽的色泽，且具有较好的稳定性，在空气中不易氧化，并具有耐热、耐腐蚀、摩擦、不易褪色等特点，具有良好的工艺品质。另外，铂金材料既具有较好的柔韧性，也具有一定的硬度，适合于各种首饰造型，因而是首饰较好的材料。

4. 铜

铜，也是一种传统的金属形式，与黄金、白银一样拥有悠久的历史，是传统的首饰材料之一。铜的化学元素为Cu，原子质量为63.546。相对于黄金、白银而言，铜是一种价格较低的材料，并具有良好的延展性，在古代也是普遍运用的一种首饰材料。但对于铜材首饰的使用，多见于平民百姓，造型式样相对简单。如江陵望山沙冢楚墓出土一青铜笄，其造型简单，整体为细长锥形，顶端有一圆帽。在云南曲靖八塔台墓群出土了商周时期的铜手镯20余件（图2-5）。在商周时期，古代首饰中，出于装饰效果和提升材料的价值，铜在首饰的运用常以铜镀金的形式出现，既改变饰品的色彩，又能增强装饰意味。由于铜材的便宜性，在使用铜材时，常作为简单的饰品使用及其他饰品的骨架。铜根据成分的组成可分为紫铜、黄铜、青铜、白铜（图2-6）。其中紫铜又叫红铜，是指纯铜，呈红色，质地比较柔软，具有较好的延展性。纯铜经过锻打，金属内部的分子结构会发生变化，会越来越硬，经过加热，其分子结构又会恢复活跃状态，从而易于锻打和弯曲，因而适合于锻造、錾刻等工艺（图2-7）。黄铜、青铜、白铜等都是纯铜的合金形式。黄铜是铜和锌的合金，颜色呈黄色，硬度较高，不适合于锻打工艺，但其熔化后流动性较高，并具有较好的可塑性和装饰性，比较适合铸造工艺。白铜是纯铜和镍的合金，硬度较高，具有耐腐蚀性，颜色为白色，具有金属光泽，因而称为白铜。青铜是金属冶铸史上最早的金属，是纯铜与锡或铅的一种合金形式。青铜的历史比较悠久，早在公元前3000年就已出现青铜，但铜用于人工制品稍晚些。苏美尔文明时期，就有雕刻有狮子造型的大型铜刀是早期青铜器的代表。在《伊利亚特》史诗中，曾提到希腊火神将铜、锡、银、金投入熔炉炼制成盾牌的故事。在中国青铜约出现在龙山文化时期，后来进入鼎盛时期，经历了夏、商、西周、春

图2-5　铜笄　江陵　　图2-6　铜材料　　　　　　　　　　　　　　图2-7　铜錾刻饰件
望山楚墓出土

秋及战国等1000多年，也就是独特的青铜文化时代。青铜材质熔点低、硬度大、可塑性强、耐磨性高、抗腐蚀性等特点适合于铸造，常制作成生活用具，首饰出土比较少见。

5. 铁

铁在古代首饰中也有出现，由于材料特性，记录并不多见，在史料中只有零星的记载。铁呈黑色，比较坚硬，与金、银、铂等贵金属相比，价值较低，在首饰中常以实用功能存在，如固发、束发等。由于普通百姓无法承受金、银等贵重首饰，因而铁首饰常成为他们的选择类型，一般式样简单，以实用为主。有时铁还作为首饰的支架进行运用，鬏髻就有以铁为材料制成的，再在上面装饰有饰品、饰件。

（二）宝石材料

在传统的首饰材料中，宝石材料占据着重要的位置。由于其自身色泽以及晶莹剔透的质感，从古至今宝石材料都应用于首饰之中（图2-8）。自然界中的矿物是由地质现象形成的由一种或多种化学元素组成的化合物，其种类多达几千种。其中含有宝石的矿物或矿物集合体有200余种，但首饰中常用的宝石有20多种。天然的宝石材料之所以受到人们的青睐，主要因为它具有三大属性：一是稀有性。俗话说："物以稀为贵"，天然矿物宝石的形成需要经历上万年甚至上亿年，还需具备特定的生长环境才得以实现，因而宝石矿产是不再生资源，只能越用越少；二是美丽。宝石具有美丽的颜色，透明度、质感、纯净度都是宝石美丽的重要因素，都是其他材料所不具备的；三是耐久性。宝石的硬度多数比较高，具有坚硬、致密、耐磨、抗腐蚀性、稳定性等特点，因而即使经过历史的洗涤也不会变质，可以代代相传，能够保值（图2-9）。

宝石，顾名思义，指石之宝贵者也。在古代，由于科学技术的限制以及无法对宝石材料进行精确的成分分析，对宝石的命名相对宽泛。与宝石概念相对的还有"玉石"，原始人认为，坚硬、密致、半透明且具有光泽和色彩的石头为玉石，《说

图2-8　凸面宝石

图2-9　金镶珍珠翡翠戒指　清代　故宫博物院藏

文解字》中载:"玉,石之美者,有五德。"在《辞海》中,将玉定义为"温润而有光泽的美石"。可见宝石和玉石这两个概念有一定的交叉性。在古代中国,以玉石文化为主,随着对外交流的密切,夏商周与西域相通"玉石之路",以及后来演变的"丝绸之路",西域大量的宝石文化和加工技术融入中国,也就产生了宝石概念。在中国传统文化中,玉石多指不透明或半透明,且体块大的岩石。宝石通常指透明度好、体积小的矿物晶体。宝石材料在首饰中使用的历史比较久远,由于其美丽、坚硬的质感,早在石器时代就已经受到人们的关注,成为天然的装饰品。在历史上,宝石与黄金、白银一样,不仅对人体有装饰功能,还具有一定的财富功能,在《管子·地数》中这样记载:"珠玉为上币,黄金为中币,刀布为下币。"可见宝石首饰具有一定的保值性,也是身份地位的象征物。传统首饰中,宝石材料的种类并不像现在一样分类那么详细,常见的宝石主要有:玉石、玛瑙、玉髓、青金石、珍珠、绿松石、钻石和红宝石等。

1. 玉石

中国是最早发现、开采、运用玉石的国家,也是以玉石为主要宝石的国家,因而玉石文化比较发达。我国玉石文化比较悠久,在古人心中,玉石尤其是白玉是最美好的物品,并有用玉、佩玉、爱玉、崇玉的情操。并将玉与道德品质相连,逐渐成为温厚、诚实、正直、高尚、谦和等精神的象征,因而玉饰在传统首饰中比较盛行,也成为君子饰件的标配(图2-10)。在传统首饰材料中,玉石包含的范围比较广泛,不仅包含和田玉、岫玉、翡翠等,还包括玉髓、水晶、玛瑙、琥珀珊瑚、青金石等,几乎涵盖了大部分宝石。在此主要从狭义概念进行介绍。

图2-10 玉饰件 金元

传统首饰中,玉石只是半透明或不透明宝石的一种总称,因而玉石的材质不是一种,随着对自然矿物的开采和发现,玉石的材质也逐渐丰富。现代玉石主要分为软玉和硬玉两个类别,软玉主要以和田玉为最佳,色彩有白、黄、青、碧等色;硬玉主要是翡翠,有白、紫、绿色之分,以绿为贵。石器时代,玉石主要以本地玉石和彩石为主,主要的玉料包含砾石、透闪石、石英岩、页岩等。当时的玉料多为就地取材,代表性的遗址有红山文化、良渚文化、龙山文化、大溪文化等。晚商时代到战国时期,玉石开始以新疆和田玉和本地彩石为主。商代晚期玉石的使用开始发生变化,和田玉开始大量使用,殷墟妇好墓中出土的玉器有较大一部分的玉材与新疆和田玉相同。从汉代到明清时期，这一阶段的玉石以和田玉为主，并有独山玉、岫玉等其他玉质的使用。由于和田玉产量少、品质优，普通百姓的使用较少，多为权贵所有。清末，翡翠大量涌入我国，并逐渐占据主要地位，和田玉逐渐变少。

2. 玛瑙

玛瑙也称为马瑙，是玉髓类矿物的一种，常伴有蛋白石和隐晶质石英的纹带状块体，其硬度为6.5~7度，固体比重为2.65，折光率为1.53~1.54（图2-11）。主要分布在印度、美国、巴西、德国、墨西哥、乌拉圭及中国。玛瑙质地光洁细腻，有透明或半透明状，其内有各种颜色的环带条纹，并有纹、同心、斑驳、层状等多种纹理。玛瑙的色泽一般比较光亮，条带十分明显，富有层次感，多呈红色，有时也伴有黄色。玛瑙的主要成分是二氧化硅，品质优秀者纹理自然流畅，且散发玻璃和油脂的光泽。在现在玛瑙中，南红玛瑙占据市场一定分类，南红玛瑙的产地主要在我国云南附近的少数民族地区。南红玛瑙颜色比较鲜艳，以大红和正红为主，质地比较细腻，温润美观，是比较稀少的玛瑙类型。

玛瑙材料质感温润，色泽纹理比较丰富，主要有红、橘红、黄、褐红、绿、白等色，色彩自然交融，具有较好的装饰效果。对玛瑙材料的使用和玉石一样拥有着比较久远的历史，都是早期人类使用的天然宝石材料，并在传统首饰中占有重要的位置。在原始社会，随着玉石文化的发展，在打制石器中就有玛瑙材料的使用，在我国常作为珠、玦、环、镯等饰物的材料，且产量比较大。在西方国家，早在苏美尔贵族首饰中就有玛瑙制成的饰品出现。玛瑙在古罗马时期也比较盛行，常将其雕刻成浮雕效果用于首饰之中。在迈锡尼文明中也有玛瑙饰品的出现，常与金属搭配使用，坠饰是由黄金材料和玛瑙材料制成的，将红色的玛瑙置于饰品的中央，形成对称状的组串（图2-12）。传统首饰中，对玛瑙的加工多采用研磨、钻孔、雕刻等方法，将玛瑙材料制成各种珠形或雕出纹饰。

图2-11 玛瑙珠

图2-12 金融珠、玛瑙珠等组串

3. 玉髓

玉髓，又称"石髓"，是一种石英。主要化学成分为二氧化硅，常含有铁、铝、钛、锰、钒等元素。产生于低温和低压的条件下，多出现在喷出岩的空洞、温泉沉积物及风化壳中。玉髓和玛瑙是同一种矿物，带有条带状构造的隐晶质石英是玛瑙，没有条带状构造且颜色均一的隐晶质石英就是玉髓。玉髓是一种传统的首饰材料，历史相当久远，在中国的新石器时代就已作为装饰物的主要材料之一，以后历代更是绵绵不绝。在古代西方国家，玉髓的运用也比较普遍，几乎每一个文明时期都有玉髓的运用，乌尔文明、古希腊文明、古罗马文明都有玉髓的使用。玉髓的颜色比较丰富，主要有透明、白、红、绿、紫等色，其中以透明色、白色最为常见。由于色彩较多，玉髓的种类也比较多，主要分为红玉髓、绿玉髓、血玉髓、蓝玉髓、黄玉髓、黑玉髓。由于彩色的神秘性，它们都有各自的故事（图2-13）。

　　红玉髓是一种半透明的玉髓，色泽纯正，质地非常细腻，晶莹剔透，是传统首饰较好的材料（图2-14）。红玉髓是一种对人体有益的矿物材料，可促进人体的新陈代谢，有活化细胞组织，调理改善体虚的功效。古希腊人及古罗马人常将红玉髓用作阴雕图章戒指，进行佩戴。红玉髓也是一种带有浓郁宗教色彩的宝石，常被喻为长寿之石。至今，佛教以及藏传佛都比较崇尚玉髓，深信红玉髓与绿松石和天青石摆放在一起，可以提高个人法力。

　　血玉髓是深绿色中带有红色斑点的石头，由于红色斑点比较像血滴，故取名为"血石"。血玉髓也是基督教血之传说的神圣之石。由于绿色为自然之色，代表生机与力量，红色为吉祥之色，因而古人常认为血玉髓具有保平安的作用，血玉髓首饰也常具备守护作用。血玉髓中含有大量的铁元素，具有一定的补血功效。古埃及时期，人们曾将血玉髓磨成粉末，用于治疗失血过多，有时也将血石粉末与蜂蜜混合使用，作为补血剂。

　　绿玉髓常为翠绿色中带有少许黄色。其色泽和外表与翡翠非常相似，具有较强的装饰性（图2-15）。绿玉髓的颜色富有生机，常使人感到平静、柔和，佩戴这类饰品能起到缓解紧张、稳

图2-13　苏美尔文明时期青金石、玛瑙、玉髓首饰

图2-14　血玉髓

图2-15　绿玉髓

图2-16 黄玉髓手镯

图2-17 苏美尔文明时期黄金、青金石、玛瑙珠串

图2-18 青金石朝珠 清代 故宫博物院藏

图2-19 青金石饰件

固情绪的作用。在古罗马和维多利亚时期，人们常将绿玉髓看作具有强大治疗功效的宝石。

黄玉髓比较罕见，有的呈金黄色，常被赋予财富的寓意（图2-16）。

黑玉髓是一种含铁、钾、硒化合物等元素较多的玉髓，因而颜色呈紫黑色或黑色，也是常见的玉髓颜色。

4. 青金石

青金石，在古代也称金精、青黛等，是古老的首饰材料之一。它以鲜明的蓝色赢得了人们的喜爱，并得到了普遍运用，在古埃及、古希腊、古罗马及古代中国都有运用（图2-17）。在传统首饰中，青金石拥有较高的地位。在古埃及，青金石的价值与黄金相当；在古希腊、古罗马，佩戴青金石饰品则是财富的象征。从古希腊到文艺复兴时期，青金石还常被磨制成粉末，用作群青色颜料，进行艺术创作。青金石由于其颜色如"天"，常称为"帝青色"，深受帝王的喜欢。皇帝朝带其饰为：天坛用青金石，地坛用黄玉，日坛用珊瑚，月坛用白玉。另清代四品官员的朝服顶戴为青金石（图2-18）。

青金石散发玻璃和油脂光泽，呈致密块状、粒状结构，硬度为5～6，比重为2.7～2.9。以质地密致、坚韧、细腻，含青金石矿物多，少杂质者为上品。青金石矿物含量越多，其颜色就越好，反之越差。其颜色比较丰富，有深蓝色、紫蓝色、天蓝色、绿蓝色等，其中以蓝色浓艳、纯正、均匀为佳（图2-19）。

5. 珍珠

珍珠也称真珠，英文为Pearl。其主要成分是碳酸钙，为有机宝石，由几种软体动物体内的分泌物形成，因而具有多种形状，一般有圆形、椭圆形、梨形、自由形等，以正圆最为珍贵。古时，珍珠常与玛瑙、水晶、玉石合称"四宝"，常用于首饰之中（图2-20）。淡水珍珠的固体比重为2.74，硬度为3，折光率1.53左右，无色散。主要产地有菲律宾、斯里兰卡、缅甸、澳大利亚、苏格兰及中国南海等地。

珍珠的使用有着悠久的历史，据记载，在远古时期，原始人觅食的过程中发现洁白的珍珠，并被其美丽所吸引，从那时起，珍珠就成为美丽的饰物，并一直使用至今。中国是世界上运用珍珠最早的国家之一，早在4000年前的夏禹时代，就有淮河产的淡水珍珠，如《尚书·禹贡》载："淮夷宾珠"，另外在《诗经》《山海经》《尔雅》《周易》中也都有关于珍珠的记载。据《格致镜原·装台记》中记载，周文王常用珍珠装饰发髻，因此一般认为我国的珍珠饰品开始于东周，秦汉以后逐渐普遍。在西方珍珠也深受人们的喜爱，尤其在文艺复兴时期，珍珠饰品非常丰富。其具有较好的韧性，但不耐酸，比较容易氧化。珍珠按照生长的环境可分为淡水珠、海水珠、天然珠，其颜色比较丰富，多见白色，也有浅黄色、粉白色、青白色、蓝绿色、古铜色、紫色、黑蓝色、黑色等，以白色最佳（图2-21、图2-22）。珍珠质地紧致细腻、色泽柔和，是重要的首饰宝石材料，在古代也是财富的象征。珍珠有优有劣，其品质取决于颜色、形状、体量、光泽及透明度，一般以珍珠层越厚、光泽越强、形状规则、表面温润的珍珠为佳。另外，珍珠含有多种微量元素，可以入药，常具有安神醒目、美容养颜的功效。由于珍珠性质温润，常被赋予纯真、健康、富有、神圣的象征。

图2-20　金镶东珠耳环　清代　故宫博物院藏

图2-21　金镶珠翠耳坠　清代　故宫博物院藏

图2-22　黑珍珠

6. 绿松石

绿松石，又称"松石"，其英文名为Turquoise，意为土耳其石，因而也可称为"土耳其石"。土耳其不产绿松石，相传古代波斯产的绿松石需经过土耳其运至其他国家，因此而得名。绿松石的主要成分为铜和铝碱性磷酸盐，固体比重为2.7~2.9，硬度为5~6。其储备量比较大，主要分布在伊朗、美国、俄罗斯、利、墨西哥、秘鲁、中国等国家。我国的绿松石主要集中在湖北、安徽、陕西、新疆、青海等地区，以湖北郧

图2-23　绿松石

图2-24　绿松石饰新石器时代　河南省文物考古研究院藏

图2-25　钻石

县、郧西、竹山一带的绿松石质量为佳，有"东方绿宝石"之名。绿松石质地脆，在高温下容易褪色、干裂，多为不透明状。由于绿松石所含元素的不同而呈现不同的色彩，氧化物中含铜时呈蓝色，含铁时呈绿色，因而其主要有天蓝色、淡蓝色、深蓝色、绿蓝色、绿色等（图2-23）。品质以色彩均一、光泽柔和，无褐色铁线者为佳。

　　绿松石是古老的宝石之一，也是传统首饰的重要材料，其有着几千年的发展历史。早在公元8000年之前，在我国的贾湖文化遗址中就出土了绿松石饰品（图2-24）。古埃及首饰中喜欢对色彩的运用，常用青金石、绿松石、玉髓等材料制成饰品，并认为绿松石是生机和健康的象征。在公元5500年前，古埃及就在西奈半岛上开采绿松石，并佩戴绿松石制作的饰品。

7. 钻石

　　钻石，也称金刚石，英文为Diamond。其主要成分为碳，在宝石中是唯一由单一元素组成的，属等轴晶系，摩氏硬度为10，是天然矿中最坚硬的石头，有"宝石之王"的美誉。钻石的折射率在宝石中最高，光学特征为单折射性，其折射率为2.417、色散为0.044。拥有较好的透明度和反光性，在紫外线下会呈现蓝、绿、白、紫、橙等色，被称为"火彩"，正因如此常被切割为刻面宝石（图2-25）。钻石的形状比较多，根据自身特点和切割技术主要有圆形、方形、水滴形、心形、橄榄形等。钻石是最为昂贵的宝石之一，判断钻石的优劣主要从四方面进行，为重量、净度、色级、切工，简称为"4C"。一是重量，钻石的重量以克拉（Carat）为单位进行计算，1克拉=0.2克，将1克拉平均分成100份，每一份为一分。按照重量分级标准，0.29克拉以下的为小钻，0.29～0.99克拉重量的为中钻，超过1克拉的为大钻。钻石的重量与价格成正比，重量越重价值就越高；二是净度（Clarity），指内部的瑕疵程度，根据高倍放大镜下内部瑕疵的数量而定。瑕疵类型主要分为天然瑕疵和人工瑕疵，天然瑕疵指黑色、羽状、云雾状、针状的包裹体，以及裂痕、节疤等；人工瑕疵指在磨制过程中形成的划痕以及多余的小面。据GIA钻石分级体系，将钻石净度分为FI、IF、VVS1/VVS2、VS1/VS2、SI1/SI2/SI3、I1/I2/I3等级别，其中FI代表完美无瑕，以此依次递减，I级则代表重瑕级；三是颜色（Colour），在钻石的颜色分级中，色调越淡，质量越好，以无色为佳。依据GIA钻石分级体系，将钻石的色级分为D、E、F、G、H、I、J、K、L、M、N等级别，D级代表顶级，依次降低；四是切工（Cut），指将钻石原始切磨成几何形状及排列方式，主要分为切割比例、抛光、修饰度。切工的优劣直接关系到钻石呈现的质量及火彩的显现程度，根据分级标准主要分为优、良、中、差。

钻石以晶莹剔透、璀璨夺目的品质深受人们的喜爱。人类对钻石的使用历史比较悠久，据历史学家考证，早在公元前4世纪，印度就有钻石交易。古罗马时期就有钻石首饰的出现，其中对钻石最热衷的时期为洛可可时期和巴洛克时期（图2-26）。珠宝首饰中大量使用钻石，并以白色钻石为主，常将纹饰完全以钻石覆盖，几乎在饰品的正面看不到金属（图2-27）。在中国，钻石的运用相对于其他国家晚些，在宝石的处理上以切磨为主。另外，由于钻石的纯洁常用于代表爱情、象征爱情的纯真，常作为婚戒使用。

图2-26 黄金镶嵌钻石胸针

8. 红宝石

红宝石，英文名Ruby，指颜色呈红色的刚玉，主要成分为氧化铝。红色主要来自铬（Cr），含量在0.1%~3%，高者可达4%，铬的成分越高，色彩越红，品质较好的红宝石有"鸽血红"之称。根据成分的比例关系，红宝石的颜色一般有大艳红、粉红、玫瑰红、深红、水红、石榴红和黄红等，以艳红最佳，粉红、玫瑰红次之。红宝石的结构为半透明的六棱体，摩氏硬度为9，固体比重为3.95~4.03，折光率为1.77、色散为0.018。红宝石质地晶莹剔透、色泽美丽，在光源下能反射出六射或十二射星光（图2-28）。镶嵌的红宝石形状一般有圆形、椭圆形、长方形、水滴形、心形、橄

图2-27 钻石头饰

图2-28 红宝石首饰

榄形等，以圆形和椭圆形多见。红宝石由于其嫣红的色彩深受世人的喜爱，是美丽、智慧、仁爱、健康的象征，并常被誉为"爱情之石"，主要分布于缅甸、越南、斯里兰卡、泰国、巴基斯坦、印度等国。

红宝石受到各国的喜爱，有着较长的历史。在《后汉书·西南夷传》中就有关于红宝石的记载，只是当时称为"光珠"。明清时期，红蓝宝石被大量运用到宫廷首饰中，民间首饰也逐渐增多。在《圣经》中说，红宝石象征着犹太部落，自犹太人建立以色列王位以来，常将红宝石镶嵌在皇冠上。

（三）其他材料

在传统首饰中，除去金属材料、宝石材料外，还有很多其他材料的运用，这与当时对材料的认知方式和技术手段有很大关系。传统首饰经历了漫长的发展过程，在这一过程中对首饰材料的应用多是于生活中常见的材料，或是获取比较便利的材料，也是加工相对容易的材料。人类历史初期，人与自然的关系密不可分，自然环境是人生存的必备条件，自然中的一切也就与人发生关系。由此，对自然的信仰与模拟成为首饰产生的直接因素，也成为首饰材料获取的主要途径。生命的维持和延续是人类历史初期最重要的问题，与之相关的活动也成为主要活动。先民在生产劳作中，对动物的皮毛、骨骼、羽毛等产生浓厚的兴趣，并将它们佩戴在身上，经此流传，自然中的材料也就成为首饰的早期材料。在传统首饰材料中，除去金属材料和宝石材料外，还有牙质、角质、骨质、贝壳、羽毛、木质、玻璃、陶瓷等材料的运用。在人类早期，主要以狩猎、捕鱼为生，狩猎的生活方式是牙质、骨质、角质首饰产生的直接原因。在狩猎活动中，人类发现动物具备勇猛的力量是人所不能及的，便萌生出崇拜敬仰之心，并在进食后用动物的牙、骨、角、爪等部件来装饰人体。对于这类材料的佩戴，一是出于装饰的需求，用于美化身体；二是出于原始崇拜，希望能通过佩戴动物的骨骼部件获取动物的力量，并展现佩戴者的勇猛。

1. 牙质

自古以来，首饰中都有牙质材料的使用，牙质材料也是首饰中比较古老的材料。牙质首饰主要以动物的牙齿为材料，有的将动物完整的牙齿作为装饰，有的将牙齿锉磨雕琢成理想的首饰形态。在早期首饰中，多见以动物的完整牙齿打制锉磨或打孔串制成的装饰品，后期多见将牙质材料磨制成人工首饰形态（图2-29、图2-30）。动物牙质类型比较多，常见的有

图2-29 河姆渡文化牙饰 新石器时代
浙江省博物馆藏

图2-30 河姆渡文化牙饰 新石器时代
浙江省博物馆藏

狼牙、獠牙、象牙等材料。狼牙多见于早期首饰中，一般采用打孔的方式
串成项饰。獠牙多见于项饰、头饰等。象牙也是比较常见的牙质材料，至
今象牙首饰的佩戴仍比较普遍，其价格比较昂贵，可与宝石媲美。象牙英
文为 Ivory，可归类于机类宝石，固体比重为2.2，硬度为2.45。其主要产
于南非、纳米比亚、印度、尼泊尔等国家。象牙的牙质温润细腻，颜色一
般为乳白色或淡黄色，不透明，时间久了，随着把玩、抚摸，会逐渐变为
淡黄、深黄色，甚至是黄褐色。象牙表面有竖状纹理，在高温干燥的环境
中容易龟裂，遇到酸性物质会变软。象牙的运用历史比较久远，在《左传》
中载："象有齿，以焚其身，贿也。"周代就已经出现象牙雕刻行业，据《周
礼·太宰》记载，周代手工业为八材，其中象牙就为八材之一。传统首饰
中对象牙的运用多是雕琢成首饰或制成摆件饰品的镶嵌材料，常见的有象
牙镯、象牙梳、象牙做的珠串等。

2. 骨质

骨质首饰出现的比较早，早在原始社会时期人们就运用动物的骨骼制
作项链、耳饰等饰品，至今仍有骨质材料的使用。早期骨质饰品已经经过
简单加工，并根据材质特点进行外形加工，图2-31中骨珠是由鱼脊椎骨的
一节稍加修磨而成，形态为扁平圆状，外缘及两面打磨光滑。骨质材料在
早期首饰中运用比较普遍，常将骨质材料制成珠、管穿制成项链进行佩戴，
有的制成骨笄、骨擿等作为头饰，也有的制成叫瑱的耳饰。传统首饰中的
骨质材料主要为动物的骨头，一般有鸟骨、牛骨、鹿骨、羊骨、鱼骨等，
多用鸟兽的肢骨部位研磨而成（图2-32）。

图2-31 河姆渡文化骨珠 新石器时代
浙江省博物馆藏

图2-32 河姆渡文化骨笄 新石器时代
浙江省博物馆藏

图2-33　鹿角坠饰

3. 角质

角质材料在首饰早期使用得也比较普遍，与骨质、牙质材料一样都是取自动物身体的材料。角质材料相对坚硬，并易于加工，适合早期的首饰工艺。传统首饰中的角质一般取材于野生动物，有牛、鹿、犀牛等，并根据材料的特点制成首饰，常见的有角镯、角指环等（图2-33）。其中原始社会时期的指环多见牙质、角质、骨质。

4. 贝壳

贝壳，是生活在水边的软体动物的保护壳，是由软体动物的特殊腺细胞的分泌物所形成，主要成分为碳酸钙和少许的壳质素。贝壳运用的历史比较悠久，早在原始社会的山顶洞人的遗址中就出现有钻孔的海蚶壳饰品。对于这类材料的运用，主要源于原始的渔猎生活以及沿海的生活环境。在几千年前，贝壳不仅是原始的装饰材料，还常作为等价交换物存在（图2-34）。约在原始社会末期，随着生产力的提高，人们的生活资料有了剩余，便以贝壳为媒介进行交换，这种贝壳也就有了货币的作用，后来还出现金属制作的贝壳媒介物（图2-35）。据《中国通史简编》中记载，在甘肃的各遗址中发现了磨制的石片、玉璇和贝壳，据推测，当时的贝已具有了交换关系。我国金属货币出现在春秋后期到战国时，在此之前贝壳则是重要的等价交换物。另外，砗磲也是贝壳在首饰中存在的一种形式，是生活在热带海洋中的一种软体动物，是海洋中最大的双壳贝类。砗磲贝壳特别大，壳质厚重，壳的内面洁白光润，白皙如玉，人们常将其磨制成珠形做成串制首饰。这种饰品并不多见，在佛经中常被视为"七宝"之一，非常珍贵。

5. 木质

木质材料也是传统首饰的常见材料，由于材料的易腐蚀性，遗留下来的并不多。在远古时代，木头随处可见，也易于加工，常被做成头饰、手饰，如簪、梳篦等，作为束发、洁发用具使用。随着对材料了解的加深，一些特色木质材料开始作为珍贵饰品使用。如以香木制成的串饰常称为

图2-34　阿文绶贝　商代　中国国家博物馆藏

图2-35　包金铜贝　春秋　中国国家博物馆藏

"香串"，这种首饰在《玉壶春》《金安寿》《红楼梦》中都有提及。

6. 羽毛

羽毛也是传统首饰中的重要材料，对该材料的运用主要源于狩猎的生活方式以及对自然力量的信仰。这类材料主要运用于首饰的早期，虽然现在也有对羽毛材料的运用，但运用的目的和方式已与传统首饰大有不同。在人类早期，尤其是原始社会时期，人类常佩戴羽饰，主要出于纯粹的装饰作用和用于狩猎时的伪装，还出于对羽族的崇拜以及美丽的传说（图2-36）。因此，羽毛材料常用于传统首饰之中。在中国古代，随着技术的发展，羽毛的色彩深受人们的喜爱，常作为首饰的重要材料，用于点翠工艺之中，并制成细金首饰加以佩戴。

图2-36 云南沧源岩画上的羽人形象

7. 玻璃、琉璃

玻璃材料常出现在西方首饰史中，在中国古代首饰史中多出现琉璃字样。对于玻璃和琉璃材料容易混淆，两者成分不同，外观也不同。玻璃是一种非晶无机非金属材料，主要成分为二氧化硅和其他氧化物，色彩相对单一。琉璃是以各种颜色的人造水晶为原料，用水晶脱蜡铸造法在高温下烧制而成，是一种人造水晶，其中的颜色由各种稀有金属形成，颜色多样。玻璃的使用历史比较悠久，早在古埃及时期就制作出玻璃材料，常被制成玻璃珠与宝石珠一起串成发饰、手饰、胸饰等类型。在4000年前的美索不达米亚的遗迹中，也有小玻璃珠的发现。之后玻璃材料时常出现在首饰中。

中国古代琉璃也写作瑠璃。古时琉璃与玻璃有一定的区别，认为半透明而有彩色的为琉璃，透明的为玻璃，玻璃由古埃及人最先制造出来。我国对琉璃制造的明确记录，主要见于《魏书·西域传》大月氏条："世祖时，其国人商贩至京师。自云能铸石为五色琉璃。于是采矿其国山石，于京师铸之；既成，光泽乃美于西方来者……自此中国琉璃遂贱，人不复珍之。"其实在古代，琉璃常被看成宝石，在《法华经》中将金、银、琉璃、砗磲、玛瑙、珍珠、玫瑰视为七宝。在古代，琉璃、玻璃和宝石一直被联系在一起，常与宝石搭配使用，组成各种首饰。

8. 陶瓷

陶瓷与琉璃、玻璃材料一样都属于人工材料。陶瓷是陶器和瓷器的总称，制陶技术是人类掌握较早的工艺种类，早在新石器时代人类就制造出了陶器。陶瓷材料硬度较高，可塑造成各种形状，常见的材料为黏土、氧化铝、高岭土等，具有丰富的色彩。中国是制陶技术掌握比较早的国家，早在欧洲国家掌握制陶技艺的1000多年前，中国就已经制作出精美的瓷器，陶瓷发展史是中华民族发展的重要组成部分。由于陶瓷的硬度与光泽，在传统首饰中常被制成陶珠，再串制成首饰。汉代时流行一种耳饰瑱，在形制上多为细腰式样，在材料上就有陶瓷材料的使用，多为素面。西方传统首饰中也较常用到陶瓷材料，由于该材料塑形容易以及较易于操作，在维多利亚时期的首饰就将陶瓷材料雕刻出人物或动物的浮雕效果镶嵌于黄金上，并结合精美的珠粒和花丝工艺进行装饰。

（四）材料的特点及运用方式

传统首饰材料在材料选择及运用方式上，都与当时的社会环境、思想认识、技术水平有着密切的关系。传统首饰材料经过漫长的发展，形成了一定的规律和特点，在此做简单的介绍以便更好地了解传统首饰。

1. 材料的特点

在首饰发展早期，材料一般具有获取便捷与自然性的特点，还具有一定的光亮度。纵观各国首饰发展史以及考古发现等相关文献，可发现早期的材料多为石头、羽毛、骨质、牙质、贝壳等生活中比较常见的材料。因而便利的获取方式以及与生活息息相关的材料，是早期首饰选材的重要因素。另外，这些材料与其他自然材料相比在色彩上和质感上都容易引起人的注意。人类初期狩猎的生活方式，促使人与动物的关系增进，动物的身体特征以及勇猛程度走进人的视野，进而引起注意成为装饰材料。另外，早期材料还具有一个显著的特点——都是以自然界中现存的自然材料为主。在早期首饰中，无论是石质材料还是骨质材料，都是自然材料，这一现象与当时人类对自然的认识水平有很大的关系。不高的技术水平限制了材料的开发，加上人们对自然物的认知还处于懵懂状态，对材料选择主要以现存的容易掌握的材料为主。虽然材料的选择多为自然材料，但对材料进行选择时存在主观审美意识。早期的首饰中材料具有美的特点，这无论是在材料的形状、颜色、质感上都有所体现。依据出土早期首饰，在石质材料中，玉石、玛瑙、玉髓等具有较好光泽与色彩的宝石运用较多，相反随处可见的砾石却很少见。另外，早期首饰的材料还具有易于加工的特点，易于加工是人类初期材料选择的一项重要因素，尤其是在技术水平尚不发达的时期。前面所讲早期的首饰材料多为天然材料，一般有骨质、石头、角质、竹子、木质等类型。这类材料符合当时的技术水平，一般采用简单的锉磨制作完成。

在传统首饰中，对材料的运用比较注重材料的价值。谈及首饰，我们想到最多的就是金银和宝石，这类材料几乎成为首饰的专属材料。在首饰发展史中，无论经历多少时代的变迁，贵金属材料和宝石材料一直是首饰的主要材料。在传统的审美习惯中，对首饰材料的审视多集中于材料的价值、意义、色彩等方面，常将材料的美与社会因素联系起来，注重材料自身的价值。在传统审美中，对美的判断常将关注点放在事物的特征上，材料的物理属性及其人文属性多带给人心理满足感。金银材料是公认的贵金属材料，拥有金黄的色泽，并具有很好的延展性，适于各种首饰呈现；另外，由于金银材料相对稀少，价格昂贵，这类首饰常带有华贵、奢华之感，因而在传统首饰中具有辨身份、明地位的功能，也是财富的重要象征。宝石材料也是传统首饰中的常见材料，不仅拥有美丽的色彩，还晶莹剔透。宝石的种类繁多，不同类型的宝石材料拥有不同的光泽，如玻璃光泽、珍珠光泽、金刚光泽等，因而也呈现流光溢彩的效果，加之宝石比较稀有，具有较高的价值。传统首饰中贵金属材料常与宝石材料搭配使用，鲜艳的色彩和精细的工艺使得这类首饰异常华美，常代表着佩戴者的身份地位。尤其在阶级社会中，贵重首饰成为权力的象征。在传统首饰选材中，材料的价值地位成为重要的因素。

传统首饰对材料的运用注重材料的文化属性。出于多种因素的作用，人们对生活常存在幻想，通过想象将希望寄托于一些事物之上，并以此满足心理需求。在传统首饰中也是如此，对于首饰佩戴，一方面是出于装饰的需要，另一方面则是出于精神需求。不同的材料拥有不同的物理属性，拥有不同的色彩、质感等特征。人们根据材料的特征，将不同的心理暗示和希望传达出来。如黄金色彩与太阳光相近，常给人以神圣、希望、光明等心理暗示，因而在传统首饰中常用黄金作为材料。古埃及人有着宗教信仰习俗，崇尚太阳，并将黄金的色彩与太阳相连，将黄金看作"永恒"的象征，因而在古埃及首饰中，黄金制品非常丰富。在中国，传统首饰材料中对于文化属性的强调事例也非常丰富。原始社会时期，先民运用红铁矿将项链染成红色，以及以金丝、玉石制成的金缕玉衣，都是出于材料所具有的文化属性（图2-37）。

2. 材料的运用方式

在传统首饰中，对材料的运用方式相对固定，多是在前期经验的基础上进行，对材料的处理经过了由简单到复杂的过程。由于前期技术手段的限制，对材料的处理都是基本的工艺程序，

图2-37　刘胜金缕玉衣　西汉　河北博物院藏

如锉、磨等。随着人类对自然知识的掌握，对材料的处理方式开始有所改变，材料处理的工艺方式开始增加。这一特征在金属材料的运用上比较明显，从最初的锻打到焊接、錾刻，再发展到细丝、金珠等多种处理方式，经历了由简单单一的工艺方式到复杂多样的变化过程。在这一过程中，虽然材料的呈现方式增多、形态丰富，但对材料的运用是根据材料的物理属性进行的，具有相对稳固性，并未对材料作出根本性的改变。其他材料的运用也是如此，竹质、角质、骨质等都是在材料的基本特性的基础上锉磨、切割成型，虽然后期在式样、工艺上有些复杂，但也无法脱离对材料属性的依赖。对材料运用方式的固定性，还反映在材料的探讨的单一性、简单性，石材的运用多是锉磨，金属的处理多是在其延展性的基础上进行，未涉及更多的材料处理方式。

传统首饰中，对材料的运用方式具有一定的继承性。传统首饰中的材料继承性主要体现在两个方面，一是对材料处理方式的继承，二是对材料文化属性的继承。一方面，纵观首饰发展史，对材料的运用都是在前期工艺技术的基础上发展的，是对前期工艺的精进。在对石材的处理上，都是由最初的打磨、切割、钻孔技术发展而来的，即使后期对石材的雕刻以及切割更为精准，也都是在前期对材料的认知的基础上进行的。另一方面，对材料的运用还存在着对材料文化的沿用。文化性是在长期实践的基础上形成的，具有人文主观性的特点，首饰材料中对文化的继承相对固定。玉石材料是我国重要的首饰材料，也因此形成了深厚的玉石文化。早在玉石发现初期其就被看作具有神力的材料，对这一材料的信仰一直沿用，将玉石看作能庇佑人平安的吉祥物，因而名贵的玉石首饰也常作为传家之物流传下来。经过时间的积淀，首饰材料常被赋予特定的寓意，并逐渐成为心理寄托的一种符号，将现实生活与寓意功能相连。在民俗活动中，材料常被赋予某种功能，并被延续下去，以符号的形式融入首饰中，并达到为佩戴者祈福的目的。如端午时节，人们有佩戴"五色缕""艾虎"习俗，以达到辟邪之用。古籍《荆楚岁时记》载："钗头艾虎避群邪，晓驾祥云七宝车。"即使现在五色缕的佩戴依然存在，只是造型有所不同，可见对材料的运用具有历史性和继承性。

二、现代首饰材料

现代首饰材料主要指现代首饰所用的材料，对于现代一词在前文中有相关叙述，现代首饰从广义上讲所包含的范围比较广，一般指现在所存的首饰。现在所存的首饰类型比较多，既包含一些传统首饰类型，还有现代首饰的部分。随着时代进步及思想观念的革新，对首饰的价值观念也有了很大的变化，尤其是在当代设计思潮的影响下，设计师的主题意识、观念不断地融入首饰精神之中。因而首饰类型、种类、风格异常丰富，其中不少是对思想的表达，以及满足当下个性化、时尚化的首饰需求。介于对现代首饰的理解，现代首饰材料非常丰富，既包含部分传统首饰常用的材料如金、银、宝石等，还包含现代首饰中所使用的新的材料。在首饰变革中，材料是首饰实现的基础，对材料的运用和思考是首饰革新的重要因素，因而现代首饰材料的范围逐渐扩大，既有对传统材料的沿用和新思，也有对其他材料的实验和尝试。

（一）金属材料

在现代首饰材料中，金属材料依然占据重要位置，是首饰创作的主要材料之一。当今首饰中对金属材料的运用，是建立在艺术与材料对话的基础上，散发材料自身的价值是首饰创作的重要形式。挖掘金属材料自身的物理属性，是实现当代材料美学价值的前提。在现代首饰中，金属材料在使用范围上更为广泛，既包含传统贵金属的部分，还有其他类型的金属，如铁、铝、钛、锡、不锈钢等。然而在对金属材料的应用上有别于传统首饰对金属价值的看重，而是对贵金属固有的功能模式进行扩展，在认识材料时更加注重对材料色彩、价值、肌理、性能的认识，尊重材料艺术语言的发挥。虽然在现代的金属材料中包含传统贵金属，但由于技术的进步以及对材料处理方式的增多，对于贵金属的类型和应用方式较之以前都有所不同。因此，在此部分对前文已经介绍的金属材料进行简单的阐述。

1. 黄金

黄金依然是现代首饰的重要材料，在现代社会中深受人们的喜爱。然而在现代首饰中，黄金首饰的功能不再局限于财富、地位的表征，更多地将关注点放到黄金材料的装饰作用上，如颜色、质感给人带来的价值感受，引发佩戴者的心理愉悦与满足。另外，黄金工艺比较多，形式优美，即使在现代黄金首饰中，对黄金材料的传统处理方式也一直在运用。

黄金材料比较柔软，其延展性极好，也就造成了黄金饰品容易变形的缺点，且不适合镶嵌宝石。但在当代技术的促进下，在对纯黄金材料熔炼时，按照比例添加银、铜、锌等金属材料，形成黄金的合金形式——K金。K金是Karat gold的缩写形式，是黄金最常见的合金形式，标识为K。因而在市面上有黄金和K金之称，这里的黄金多是指纯金，指经过提炼后黄金的纯度比例达到99.6％以上，并将含金量达到99.0%的称为"足金"，千分数不小于999的称为"千足金"。K金也是黄金的一种形式，由于在纯金中加入了其他类型的金属，改变了黄金的性能，使材料的硬度有所提高，从而适合于首饰的各类造型且不易变形，如曲线形、S形、圆形等，也适合于各类宝石的镶嵌。K金的类型比较多，根据黄金与其他金属的比例不同，可形成理论不同的K金形式，可由1K到24K，其中最常见的为10K、12K、14K、18K、22K、24K，24K金为纯金。K金还具有丰富的色彩系统，根据添加其他金属成分的不同，可呈现出白色、黄色、玫瑰色等。在当下的首饰中，K金首饰比比皆是。

2. 银

银，在现代首饰材料中依然是非常重要的金属材料。对银的沿用一方面取之于其传统的审美价值，另一方面取之于银材本身所具有的现代感。银虽然是传统的金属形式，但其色泽、延展性等性能是当代首饰设计需求的重要因素。另外，银在价格上低于黄金，适合于大众消费以及制作年轻人的个性化首饰，因而银质首饰在现代生活中比较受欢迎。在当代首饰中，对材料的认识常将材料看作创作的语言和素材，抛开了对材料的传统的功能限制，因而在饰品形态上与传统银制品差别比较大。饰品是在继承的基础上发展的，即使现代首饰对银材的运用有着明显的不同，但文化的承载、精神的展现以及工艺的形式仍具备传统材料的价值，现代首饰对银材的使用是在继承中发展而来。

在现代市场上，银的存在形式多为999银和S925银。999银为纯银，其纯度较高，色泽呈纯白色，在现代首饰中设计师常运用其白色进行创造。纯银的柔韧度较好，在现代首饰中常将其运用到花丝、錾刻等细金技术中，呈现出传统工艺的现代美（图2-38）。S925银是国际标准银，也称"先令银""文银"，是银的合金，含银量在92.5％。由于在纯银中加入了其他金属成分，虽然色彩上也为白色，但不如纯银那么纯白。S925银在硬度上有所提高，由于加入了其他金属，在熔炼时流动性较好，比较适合于铸造工艺制作，另外由于硬度提高，适合于多种形态的首饰造型。随着现代技术的提高，常对银的状态进行改良，

图2-38　花丝作品　朱鹏飞

在熔炼时按比例加入其他的金属成分，这样既可以提高其硬度，又可以缓解银的氧化速度。根据银的含量比例，银的合金形式有850银、925银、950银、999银等。

3. 铂金

铂金与黄金、白银一样，也是一款传统的金属形式，有着悠久的使用历史。铂金材料使用时间比较长，现在也依然比较流行。铂金拥有较好的物理性能和化学性能，颜色多晶莹洁白，具有高贵、纯洁的气质，因而常与珠宝搭配使用，尤其是钻石。钻石具有纯洁、美丽、永久的象征，与洁白的铂金材料形成呼应，更显得首饰纯洁无瑕，因而常以铂金镶嵌钻石制作戒指作为婚戒，象征着爱情的纯洁、久远、美好。在各大品牌中，铂金首饰成为主流饰品（图2-39）。

随着技术的发展，铂金常采用合金的形式，其标识为Pt。根据铂金的纯度有Pt850、Pt900、Pt950、Pt990、Pt999等多种形式，其中Pt999也称千足铂，其纯度越高性能越好，价值也更高。

4. 铜

铜，现在依然是首饰的重要材料。当下对铜材的运用主要将其作为设计素材，对于其价值属性显得并不是那么重要。铜拥有不同的形式，如纯铜、黄铜、白铜等，其色彩和延展性是设计关注最多的元素。在首饰《巧·饰》中，就运用了纯铜的红色与银白色形成对比进行创作（图2-40）。

5. 钛

钛常被认为是一种稀有金属，主要因为其分散于自然界中难以提取，但其产量比较丰富。钛的矿石主要有钛铁矿及金红石，分布在地壳及岩石圈之中。钛是一种化学元素，其化学符号为Ti，原子序数为22，是一种银白色的过渡金属。钛金属重量相对较轻、强度高、有金属光泽，具有较好的抗腐蚀性。其化学性质稳定，具有良好的耐高温、耐低温、抗强酸、

图2-39　铂金首饰

图2-40　《巧·饰》　田伟玲

抗强碱性能，并以高强度、低密度的特点被誉为"太空金属"。钛熔点为1668℃，沸点为3287℃，具有延展性，能与其他金属和物质形成合金形式。钛金属最早发现于1971年，由格雷戈尔（Gregor）于英国康沃尔郡发现，并由克拉普罗特（Klaproth）命名。

随着技术的发展以及观念的更新，钛金属开始应用于首饰创作之中。由于钛金属材料硬度较高、不易变形，密度相对较小，比较轻便，其越来越受到人们的喜爱。新材料的使用给当代设计带来思考，也促进了对材料处理方式的革新，当前对钛金属的研究和探索正在加深。在现代技术的影响下以及人们对钛的关注加剧，对钛的处理工艺逐渐精进，对其表面处理的工艺也不断提高。经过氧化工艺后，钛的表面能呈现出不同的颜色，且颜色鲜艳、变化丰富，给现代首饰带来较大的发展空间。在现代首饰中，对钛金属的表面处理多采用大气氧化法和阳极氧化法。大气氧化法，主要是利用火枪、炉子等工具在空气中对钛金属进行加热，使其表面形成彩色的氧化膜。以这一方式对钛金属进行上色，颜色具有一定的随机性，其色泽光鲜度有时会弱于阳极氧化法处理的色彩（图2-41）。阳极氧化法，是在电极作用下的化学药水着色方法，在特定的电解液中使钛表面形成氧化膜，并随着电压和电解液的不同呈现不同的色彩。以这一方式对钛金属进行着色，颜色相对明亮且饱和度较高，极具色彩魅力。在日常首饰创作中，钛的硬度较高，焊接起来比较困难，常采用镶嵌或者铆接的方式进行首饰连接。另外，随着数字技术的发展，可以运用计算机技术进行前期造型，并结合3D打印技术直接输出首饰（图2-42）。

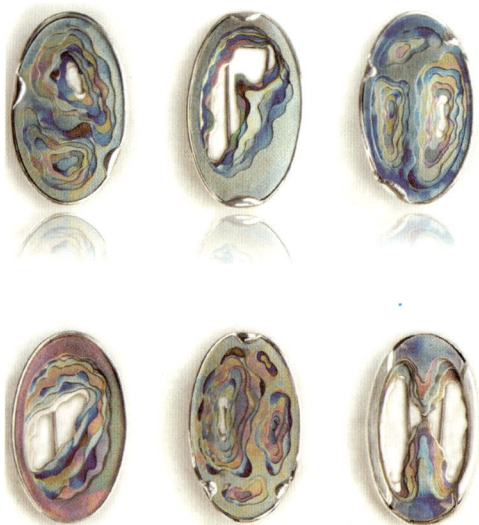

图2-41 《钛势》 华石

图2-42 *Phytosis* 霍朝政

6. 铁

铁是一种化学元素，为晶体，其化学元素符号为Fe。铁的颜色为灰黑色，延展性好，易于锻打，是生活中常见的金属材料。在生活中，铁存在的形式较多，有条状、网状、丝状等，其丰富多样的形态为艺术创作提供了广阔的空间。

7. 不锈钢

不锈钢是铁与铬、镍、钛、碳等元素的合金，颜色呈冷白色，硬度适中，耐腐蚀性好。首饰中常用的不锈钢为白钢，色泽鲜亮，通体散发出银白气息，展现出金属冷峻的一面。

8. 亚金

亚金是一种仿金的合金材料，以铜、锌、镍、锡等材料为主。其色泽呈金黄色，密度较小，具有较好的耐腐蚀性、耐磨性，不褪色，与黄金尤为相似。亚金的价格相对较低，在市面上较为常见，是较好的仿金材料。

除上述几种金属材料外，在现代首饰中还用到铝、锌、锡等金属材料。对金属材料的运用，多是出于金属自身的属性与创作意图以及形态展现的联系，用于阐述艺术语言。

（二）宝石材料

现代首饰中宝石材料依然是不可或缺的材料。美丽的材料无论到什么时候都是人们关注的对象，都是首饰的重要材料。在现代，谈及首饰人们会不自觉地想起"珠宝首饰"，可见珠宝在首饰中的位置。在前文传统首饰材料中已经对珠宝有所介绍，这是一类比较悠久的材料，不仅拥有美丽的特质还拥有神奇的故事，如有"君子比德如玉""玉，神物也"等之说。在现代首饰中，对宝石的运用不仅看重材料本身的特征，还继承了宝石材料中所具有的文化内涵，并被赋予了新时代精神。

在现代技术和审美的影响下，首饰中对宝石材料的运用较之以前有了明显的变化，主要体现在宝石的种类和式样上。随着科学技术的进步，宝石的切割方式有了较大的改进，常按照光学原理进行几何切割，从而提高了宝石的标准度和视觉效果。与传统的切割方式相比，现代的宝石材料更显得晶莹剔透、色彩绚丽，且宝石的式样增多。根据宝石的切割方式，可将宝石的式样分为凸面宝石、刻面宝石、珠型宝石、异型宝石等。凸面宝石，主要指观赏面呈弧形突起的切磨款式的宝石，又称弧面型宝石或素面宝石（图2-43）。凸面宝石又分为单凸面和双凸面，宝石的外形多为圆形（椭圆形、心形、橄榄形）、矩形（方形、十字形等）、水滴形等。凸面宝石琢型主要适用于各种不透明、半透明的宝石材料以及具有特殊光学效应的宝石材料和色泽鲜艳的玉石材料。由于凸面型宝石材料多为不透明或半透明材料，因而多采用包镶的镶嵌方式，有时也会采用爪镶。刻面宝石，主要是由许多小刻面按一定的规则排列组合构成，形成规则对称的几何多面体（图2-44）。刻面宝石琢型一般分为两种，一是圆钻型，其上下部的刻面各以一点为中心放射排列；二是祖母绿型，其刻面呈阶梯状分层排列，也

图2-43　凸面宝石

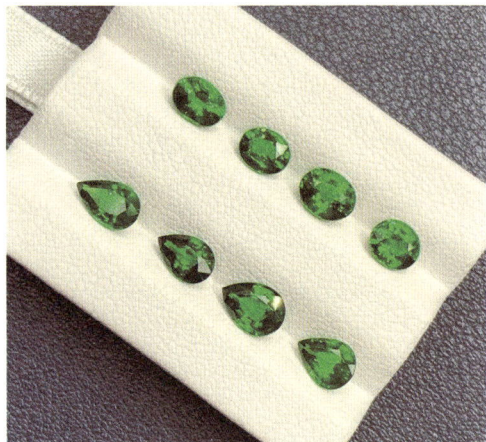

图2-44　刻面宝石

图2-45　珠型宝石

称阶梯型。刻面型宝石在设计和切割上，一般遵循保重原则，注重面角比例，所设计的刻面宝石的形状、尺寸符合最理想比例，从而使宝石的火彩和亮度更完美地演绎出来。因此，刻面型宝石多适合个头大且透明性较好的宝石，如钻石、祖母绿、红蓝宝石等。刻面宝石需要较好的透光性才能更好地展现出宝石的火彩和亮度，因而这类宝石适合爪镶的镶嵌方式。珠型宝石，是外形为珠状的宝石。这类宝石造型多适合于中、低档宝石，如水晶、碧玺、玛瑙、松石等，以及有机宝石的珍珠、珊瑚等。珠型宝石适合于串联或钉镶的连接方式，常制成串珠式首饰（图2-45）。异型宝石，也叫自由型宝石，多为有机宝石，其形状多在宝石的自然生长过程中形成，或是后期人工雕琢而成。由于形状比较自由，给设计带来了无限想象，因此对于这类宝石多是根据其形状特征进行创作。

在现代技术下，宝石的类型比较多，按照形成环境可将宝石分为天然宝石和人工宝石。天然宝石，主要是指在自然环境下所形成的单矿物晶体和岩石，具有宝石美、久、少的特点。天然宝石在自然环境中形成了不同的品质，根据品质的优劣可将宝石分为高档、中档、低档等级别，钻石、猫眼石、祖母绿等属于高档宝石，水晶、石榴石、玛瑙等则属于低档宝石。人工宝石，主要是指全部或者部分由人工加工而成的宝石，其中包含合成宝石、仿制宝石、组合宝石以及人工优化宝石。合成宝石，是指以人为的方式模拟宝石生长的自然环境，以人工的方式结晶或重结晶形成的宝石。合成宝石的晶体结构及基本属性与天然宝石基本相同。仿制宝石，指仅仿造某些天然宝石的外观或特殊的光学效应，但不具备天然宝石的物理化学属性和晶体结构，自然界中找不到相应的宝石，如仿钻石的立方氧化锆、仿红宝石和水晶的玻璃等。组合宝石，指以人工的方式将两种或两种以上的宝石材料黏合起来的宝石，按照组合一般分为二层石、三层石。人工优化宝石，指通过人工的方法改变宝石的透明度、颜色、硬度等物理属性和化学属性，以改善天然宝石，起到增值的效果。

在现代首饰中，宝石的种类非常多，一般有钻石、祖母绿、红宝石、蓝宝石、尖晶石、坦桑石、碧玺、托帕石、翡翠、珊瑚、珍珠等。在此我们从单晶体宝石、有机宝石、玉石类宝石三个方面对常见的宝石进行介绍。

1. 单晶体宝石

单晶体宝石主要以单个结晶的形式存在，其主要特点是折射率高、质地纯净、晶莹剔透、色彩丰富等。因为单晶体宝石的这些特点，这类宝石绚烂、瑰丽，异常迷人，一跃成为首饰的宠儿。这类宝石的种类很多，大部分透明的宝石都属于单晶体宝石，一般有钻石、红蓝宝石、祖母绿、海蓝宝石、碧玺、水晶、坦桑石、尖晶石、摩根石、石榴石等。在单晶体宝石中，除了钻石外，其他宝石常被称为彩色宝石。然而在首饰材料中，无论是钻石还是彩色宝石，由于其稀有性，这类材料的价值不断升高，尤其是在欧洲国家以及皇室的热衷下，宝石首饰成为人们心中梦寐以求的饰品。在中国，钻石及彩色宝石文化同样得到广泛传播，也具有较高的价格，成为高档首饰的一部分。

（1）钻石

钻石一词来源于希腊语为 Adamas，有坚定和不被驯服之意。它的使用比较悠久，是一款传统首饰材料。虽然对钻石的应用具有一定的历史性，但在现代首饰设计中其依然是最重要的材料。与传统相比，当代对钻石的应用具有时代的特征。钻石首饰的发展中，技术对钻石切割产生影响，高精尖的切割技术不仅使钻石的火彩更好地反射出来，还丰富了钻石的造型种类。现在市面上常见的钻石形态有圆形、椭圆形、心形、橄榄形、水滴形、千禧三角形等，其中以圆形最为典型，为首饰造型和款式提供了丰富的素材。现代对于钻石的应用，常将钻石材质本身的特征与美好的事物相连，当下对钻石最具有代表性的象征为爱情的纯洁与永恒，如戴比尔斯公司打出的广告语"钻石恒久远，一颗永流传"。因而，钻石首饰也成为忠诚与爱意的象征（图2-46）。

（2）刚玉宝石

刚玉是一种由氧化铝的结晶形成的宝石。含有金属铬的刚玉颜色为鲜红色，一般称为红宝石；而蓝色或没有色的刚玉则被统称为蓝宝石（图2-47）。红蓝宝石一直是首饰中的重要材料，在商业上是仅次于钻石的晶体宝石材料之一，如

图2-46 钻戒 熊德昌

图2-47 蓝宝石

图2-48 祖母绿

在印度红宝石有"宝石之王"的美誉。在首饰中，对红蓝宝石的需求量比较大，在每年的宝石交易市场上，刚玉的交易量都不亚于钻石，可见其受到人们的青睐。在红宝石中，品质较好的为血红色，颜色比较纯正、饱满，具有鲜艳且强烈的色彩，给人以纯净、饱和、明亮之感。在首饰中常与钻石搭配使用，增添首饰华美、绚丽的气质。

蓝宝石，是不含铬元素的刚玉，由于刚玉中混有少量的铁、钛等杂质，所以呈蓝色。自然界中达到宝石条件的刚玉，除去红色外，还有蓝色、淡蓝色、绿色、黄色，灰色以及无色等，统称为蓝宝石，其中除蓝色蓝宝石外，其他统称为彩色蓝宝石。对蓝宝石质量的鉴定，颜色为重要因素，纯正鲜艳的蓝色是最佳，也被称为带有幸福感的蓝色。红蓝宝石由于其色彩因素，在现代首饰中应用比较频繁。

（3）祖母绿

祖母绿是绿柱石类宝石中的一种，由于含有铬元素，呈现出翠绿色，有时也称为绿宝石（图2-48）。其化学成分为铍铝硅酸盐，摩氏硬度为 $7.5\sim8$，呈柱状，属于六方晶系。品质上佳的祖母绿是宝石中的珍品，常与钻石、红宝石、蓝宝石、金绿宝石一起被称为世界五大名贵宝石，品质好的祖母绿比钻石还要昂贵。祖母绿主要产地有哥伦比亚、巴西、奥地利、坦桑尼亚等，其物理属性与产地有着密切的联系。典型祖母绿的颜色为一种特殊的绿色，色泽浓艳且不浮华。高质量的祖母绿颜色多为带有蓝色调的翠绿色，颜色浓郁、均匀、纯正，给人以柔和之感。另外，由于祖母绿形成于高温气成热液矿，因而大多数的祖母绿晶体中含有瑕疵。祖母绿性脆，含有裂隙，在成型时常被切割成八面阶梯形，也称为"祖母绿型"，这种造型也是祖母绿宝石最常见的形态。根据尺寸及原石的情况，有时也将祖母绿切割成水滴弧面形、珠形等。祖母绿根据特色光学效应以及特殊现象，可分为祖母绿猫眼、星光祖母绿、达碧兹祖母绿三种。由于其色泽美丽，常用于高级珠宝中，也常与贵金属材料和钻石材料搭配，制作出镶嵌复杂、色泽瑰丽的华贵首饰。

（4）海蓝宝石

海蓝宝石也是绿柱石类宝石的一种，是含铁绿柱石，致色的是二价铁离子。其颜色多呈天蓝色、海水蓝色，因其颜色与海水蓝相近而得名。由于海蓝宝石的颜色与海水颜色相似，常被古人赋予水的属性，比作海水之精华，视为海神护佑航海安全的"福神石"。海蓝宝石的主要成分为铍铝硅酸盐，属于六方晶系，优质的海蓝宝石多产于巴西。其珍贵程度不及钻石、祖母绿，但由于其纯净的颜色常受到人们的喜爱。

2. 有机宝石

有机宝石，是由古代生物和现代生物作用下所形成的符合宝石工艺要求的有机矿物或有机宝石。是含有有机材料，且由生物所衍生的，无法人工合成。常见的有机宝石有珍珠、珊瑚、琥珀、象牙、玳瑁等。由于这类宝石形成的特殊性，其具有特殊的质感、光泽及色彩，具有其他宝石所不具备的美丽属性。也因此这类材料一直是首饰中常用的材料。

（1）珍珠

在有机宝石中最常见的是珍珠，其也是首饰中最常用的有机宝石材料。珍珠是一款传统首饰材料，有着美丽的外表和丰富的内在，常用于当代首饰创作中（图2-49）。相较传统首饰，现代首饰设计中对珍珠的应用常根据珍珠的形态、色彩、光泽等因素进行创作，将珍珠视为创作素材，并与钻石、贵金属等材料搭配使用。在现代，根据珍珠贝生长的环境不同，可将珍珠分为淡水珍珠和海水珍珠。中国盛产淡水珍珠，其产量占全球产量的80%。海水珍珠由于生长周期较长，一般个头大，价格多高于淡水珍珠，其中又以黑珍珠和金珍珠最受欢迎。海水珍珠的类别一般有日本珍珠（Akoya Pearls）、南洋珍珠（South Sea Pearls）、大溪地珍珠（Tahitian Pearls）。其中，日本珍珠主要为圆形和椭圆形，多呈淡粉色、奶油色、银蓝色，个头常在2～10毫米；南洋珍珠以大、圆的粉红珍珠为贵，由于此处的蚌贝比较大，所产的珍珠个头也比较大，有的直径可达18～20毫米；大溪地珍珠由于是由黑蝶蚌养殖出来的，其色彩呈灰色并带有不同的幻彩，显得与众不同（图2-50），加上养殖的难度及产量少，显得异常珍贵。黑珍珠的颜色有黑、灰、蓝、绿等色调，颜色越深、形状越圆的越珍贵。

图2-49 珍珠饰品

图2-50 大溪地珍珠

（2）珊瑚

珊瑚是一种生活在海洋中的珊瑚虫的骨骼，主要由矿物文石或方解石组成。其摩氏硬度为3.5～4，折射率为1.48～1.66，呈蜡状光泽或油脂光泽。珊瑚分为钙质珊瑚和角质珊瑚，其中钙质珊瑚呈白色或红色，角质珊瑚多呈黑色或金色。在首饰中常用到的为红珊瑚，主要生活在深海中。珊瑚在钙化的过程中，由于吸附海水中的元素不同可呈现出不同的颜色，如所吸附的元素以铁为主则为红色，以镁为主且含有少量的铁则会呈粉红色或粉白色，完全以镁为主其颜色可能为白色。珊瑚的颜色自然且比较丰富，有血红色、红色、粉红色、橙红色等，呈不透明到半透明状。世界上以中国台湾出产的珊瑚最好。在现代首饰中，珊瑚以其美丽的颜色和温润的质感极具装饰价值。珊瑚由于呈红色，常被视为吉祥的象征，在古代也被列为重要的宝石材料，如在佛教《般若经》中将金、银、琉璃、砗磲、玛瑙、琥珀、珊瑚列为七宝。

（3）琥珀

琥珀，在中国又称为"虎魄"，常视为老虎的眼泪，被认为具有安神镇宅的功效。琥珀是一种透明的生物化石，是松柏科、云实科、南洋杉科等植物的树脂化石，是树脂滴落后掩埋在地下千万年，在压力和热力的作用下石化而成。琥珀为非晶质体，能形成各种各样的形状，因而没有完全一样的琥珀，有的内部还包裹有植物、昆虫的化石（图2-51）。琥珀的质地相对较软，重量轻，性极脆，且有透明和不透明之分。根据透明度可将琥珀分为两种，透明的为琥珀，不透明的为蜜蜡。琥珀的颜色比较多，有黄色、棕黄色、红黄色、褐红色、白色、黄白色，甚至还有绿色和蓝色等。在现代首饰中，琥珀常以串饰或坠饰的形式出现，其主要以串联和镶嵌的方式被制作成首饰。

图2-51 琥珀

3. 玉石类宝石

玉石类宝石材料一直活跃于首饰之中，尤其是在中国。中国是著名的文明古国，其中我国文化与其他地区文化的重要区别之一就在于玉石文化的发展。玉文化是中国文明和民族文化的重要组成部分，佩玉、戴玉成为重要特色，也成为财富、权力以及道德精神的象征。因此，玉石首饰无论是在过去还是现在都受到了人们的欢迎。

（1）翡翠

翡翠（Jadeite），也称翡翠玉，硬度在6.5～7，以硬玉为主。翡翠是以硬玉矿物为主的辉石类矿物组成的纤维状集合体，是在地质作用下形成的达到玉级的石质多晶集合体，主要由硬玉或硬玉及钠质和钠钙质辉石组成。翡翠名称由鸟名而来，是古代一种生活在南方的鸟，其羽毛十分美丽，其中羽毛呈红色者为雄鸟，名翡鸟；羽毛呈绿色者为雌鸟，名翠鸟。也因此，翡翠有翡和翠之分，红色的为翡，绿色的为翠，除去红、绿色外还有黄、青、黑、紫等色。在首饰中，翡翠以色泽纯正、水头饱满者为佳。翡翠以色泽优美、质地温润而著称，有"玉石之王"的美誉。在中国，翡翠有着美丽的寓意，常被视为吉祥平安之物，也是现代首饰的重要材料（图2-52）。在现代首饰中，翡翠的应用方式比较多，可单独作为饰品进行佩戴，也常与金属及其他宝石结合制成镶嵌类首饰，在翡翠上还常雕有有意义的图案纹饰。在首饰的类型上，其常被制作成手镯、戒指、吊坠等。

（2）和田玉

和田玉与蓝田玉、岫玉、独山玉称为"中国四大名玉"。和田玉在传统狭义的范围上指的是新疆和田地区出产的玉石，广义上指的是软玉，中国将透闪石成分占98%以上的玉石命名为和田玉。在古代中国，秦始皇大一统时期，由于和田玉产于昆仑山，常被称为"昆山之玉"。清代光绪九年设立和田直隶州时，才命名为"和田玉"。和田玉的使用历史比较悠久，早在7000年前的新石器时代就已开始，当代常制成日用器、首饰、礼器等，成为传统玉石文化的重要载体。时至今日，和田玉依然传承着优秀的传统文化，应用于当代生活之中，并结合现代审美形式制作出符合现代审美形态的首饰形式。和田玉质地比较细腻、柔和，具有油脂光泽，因而"温润而泽"是和田玉呈现给人的最直接的印象（图2-53）。和田玉非常坚韧，具有较好的抗压性，适合精雕细琢，精美的玉石雕刻工艺加上滋润柔和的质感，使得这类首饰极具东方美学特征。和田玉在首饰类型中与翡翠相似，多以手镯、戒指、吊坠等饰品为主，其中以素面为多，即使制成小的镶嵌类宝石也以圆形、椭圆形的凸面宝石为主。

在现代首饰设计中，除了翡翠、和田玉外还有其他一些玉石也受到人们的关注，如青金石、南

图2-52　翡翠吊坠

图2-53　玉香囊

红玛瑙、黄龙玉、苏纪石等。这些玉石由于资源稀少，越来越受到人们的关注，常以珠形串制的方式出现在首饰中。并且随着设计观念和审美方式的改变，对这类材料的应用开始更加注重材料本身的属性，常根据设计需要选择材料的形式和呈现方式。

（三）新首饰材料

在首饰中，材料是首饰传达的有效媒介，是影响首饰设计的最主要因素之一。在当下，随着时代进步及思想观念的革新，首饰价值不断变化，对于材料的价值和范畴也在进行重新的审视。就现代首饰而言，其风格、式样、种类不断发生变化，其中不少是体现新思想的首饰，以及针对个性化、时尚化需求的产品，因而首饰材料范围也在不断扩展。材料是首饰实现的前提，是设计表达的媒介，首饰的发展带动了对材料的研究。现代首饰中，材料的范围没有严格的界限，除传统首饰材料外，还有一些新的材料正积极加入。在当下首饰中，人们将材料作为首饰艺术展现的主要因素开始了实验旅程，以此来探讨时代首饰的精神。在现代首饰中，对材料的应用方式比较多，既有对传统材料的新的沿用和思考，也有对新材料的实验与尝试。就目前而言，对首饰材料的应用常是以材料的物理属性和功能属性为基点思考材料的应用方式，完成从材料价值到艺术价值的转换。

本书中所提到的新首饰材料，主要是指在传统首饰中不常用的材料，或是不占主流的材料。对于新首饰材料的理解，并不是指现在存在的新发起的材料，其范围比较广泛，既包含现代新兴起的材料，也可以包含以前就有的古老材料。

1. 常见的生活材料

当代首饰设计风格日益多元，在对材料的探索上不断地扩展材料种类的界限。除传统的金银等材料外，一些常见的生活材料不断地走进首饰创作之中，给设计师的创作带来新的感受。生活材料与人的生活联系密切，在长期的交织中，材料带给人的不仅是创作素材，还有情感的温度以及思考的角度，并以此对常见材料进行重塑。

（1）纤维

纤维，是生活中常见的材料，也是必须的材料。衣、食、住、行是生活的必备条件，其中衣着的主要物质即纤维材料。纤维材料常给人们的生活带来舒适、便利，也带来了不同的触感。自然界中纤维的种类很多，主要有天然纤维和化学纤维。天然纤维材料主要是指自然界中存在的纤维，一般包含植物纤维、动物纤维、矿物纤维等。植物纤维是指从植物中提取的纤维，有着丰富的种类，包含种子纤维、韧皮纤维、果子纤维等，其中生活中最常用的是种子纤维，如棉花。生活中，棉纤维应用广泛，可运用现代先进技术制成各种形式、纹理、色彩的纤维材料。此外比较常见的还有麻布、竹纤维，它们都属于韧皮纤维。植物纤维给人舒适、柔软之感，主要以线和面料的形式存在，可凭借现代染色技术呈现丰富的色彩体系，给人以亲切、温和之感。动物纤维主要是从动物的毛发以及昆虫的分泌物中获取的材料，常见的有羊毛、兔毛、蚕丝等，常给人以柔软、丝滑之感，并具有明亮的光泽。矿物纤维是从矿物岩中提取的纤维，主要成分是各种氧化物，其柔软度不及上述两种纤维材料。化学纤维，是经化学处理加工而成的材料，大豆、木材、甘蔗以及煤、石油、碳聚集物等物质中都可以提取原料，再经化学加工成化学纤维。纤维是人类生活中的重要材料，并与当代的织造技术结合，呈现出丰富的视觉形式，为首饰创作带来了广阔的空间。

首饰艺术家有时根据生活经历以及生活经验对纤维材料进行运用，以材料给予的印象联系相应的主题设计。也有艺术家在运用纤维材料时，注重材料的质感、色彩、纹理等基本属性，对其所呈现的方式进行创意。如作品《花语》，采用植物纤维进行创作，主要以棉布纤维的组合方式和色彩关系构思作品，达到形体、色彩、主题的统一（图2-54）。

（2）陶瓷

陶瓷材料历史悠久，是人类文明的重要组成部分。陶瓷材料在传统首饰中也有应用，但不占主流。陶瓷具有较好的可塑性，可通过捏、拉、盘、翻模、印模等工艺方式呈现出不同的造型。另外，陶瓷材料根据泥土成分的不同，可以呈现出不同的质感，并随着釉料的变化可烧制出丰富的色彩。陶瓷材料的丰富性和工艺性，给首饰创造带来了无限的灵感。如作品《虚·影》，艺术家根据陶瓷的特点，将陶瓷材料与自然形态结合，并通过娴熟的技法将花卉的造型、色彩表现得淋漓尽致，并结合金属工艺，使整件作品呈现出清新、优美的气质（图2-55）。

（3）纸

纸是由植物纤维制成的薄片，是生活中常见的材料，

图2-54 《花语》田伟玲

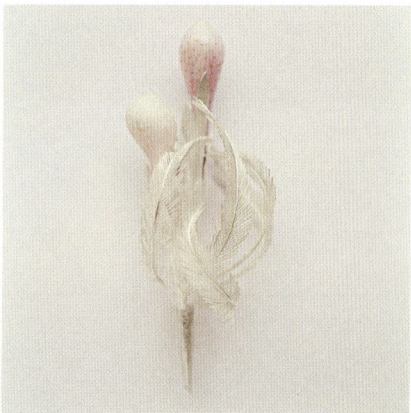

图2-55 《虚·影》宁晓丽

图2-56 《墨宝》 徐仪廷

图2-57 *Flora on the Shore* 佐藤通弘

图2-58 《景》 许嘉樱

图2-59 《21天》局部 陈传印

也为首饰创作提供了不一样的体验。纸是我国古代四大发明之一，经过长久的发展，积淀了多种文化、用途，也形成各种形式。纸的品种较多，常见的有打印纸、宣纸、玻璃纸、瓦楞纸、牛皮纸、卡纸等，色彩丰富、质感多样，能呈现出多种形态，其中最常见的是片状。根据纸的形状和质感，可以尝试纸的不同呈现方式。如作品《墨宝》，是对纸呈现形态的寻找及实验，作者以宣纸为材料探讨文化、材料、形式及主题之间的关系，用来展现传统笔墨文化对当代生活的意义（图2-56）。日本艺术家佐藤通弘（Michihiro Sato）喜欢用纸张材料进行创作，常用颜色鲜艳的纸结合金属材料、胶水等材料创造出自然的花卉形态。他常根据纸的排列方式塑造优美的造型，将纸的艺术魅力展现出来（图2-57）。

（4）塑料

塑料，由合成树脂及填料、润滑剂、色料等添加剂组成，是高分子化合物，具有较好的可塑性。由于其具有轻便、色彩丰富、耐腐蚀、易成型等特点，生活中塑料制品到处可见，如购物袋、打包盒、餐具、灯具等。塑料具有丰富的色彩及多种特性，既可以轻薄至极，也可以坚韧无比，又可柔软细腻，为首饰设计表现提供了多种可能。塑料一方面以其丰富的存在形式方便着人们的日常生活，另一方面又因材料的难降解性对环境造成影响，创作中艺术家各自的出发点不同，对材料的关注点也不同。作品《景》中，作者运用塑料材料与银、珍珠等材料结合，阐述了艺术家对生活的感悟（图2-58）。

（5）蛋壳

蛋壳是常见的生活材料，但较少用于工艺品中，最常见的是漆艺中的蛋壳画。蛋壳是卵生动物卵的外壳，主要成分是碳酸钙，在壳的表面堆积着钙质的结晶物。生活中的蛋壳有白色、淡灰色以及淡绿色等多种颜色，其质地脆硬、光滑，带有肌理质感。如作品《21天》，以鸡蛋蛋壳与生活的联系为出发点，进行蛋壳材料的实验与研究，最终将蛋壳以粉末的形式借助胶等材料塑造为弯曲的片形，并根据单个元素进行整体的首饰塑造（图2-59）。

2. 固有物体材料

随着首饰内涵和外延的发展，固有物体作为材料的元素开始运用于首饰设计之中。生活中的固有物体很多，如铅笔、软尺、拉链、玩具、肥皂、光盘等，它们有着独立的形式、功能、价值，在生活中承担着一定的用途。面对这类材料，设计的出发点是复杂的，可以从固有物体的原始功能角度出发，也可以从其作为材料所具有的形状、色彩、质感等角度进行创造，无论出于何种角度，这类材料对首饰创作的体验都是全新的。

（1）尺子

尺子，生活中的量具，有着明确的刻度，主要用于测量距离或尺寸。尺子的种类很多，有钢尺、软尺、学生尺、米尺、卷尺等，它们有着不同的功用和外形。在首饰创作中，有的设计师运用尺子内在的本质功能与社会行为准则的关联性进行创作，带有一定的隐喻方式。在现代艺术中，也有艺术家根据材料的特点探寻尺子的展现形式，以及根据软尺的特点对软尺的材料特性、色彩、形式之间的关系进行探索，以此方式解读着自己的理解（图2-60）。

图2-60 《时钟烛台》 时翀

（2）拉链

拉链是衣服、箱包等物品上的重要部件，有着便利的功能。拉链结构丰富而统一，主要由齿牙、牙边、拉头组成，且材料、形式比较丰富。齿牙的材料可有铜、银、合金、塑料等多种类型，因而也有丰富的色彩体系，为首饰带来更多的参考。

（3）肥皂

肥皂，生活中主要用于人体或衣物的清洁，其成分中含有高级脂肪酸盐、松香、水玻璃、香料、燃料等，带有一定的气味，材料的气味性开启了首饰创作的新篇章。另外，肥皂具有较好的可塑性，比较容易雕琢成各种形态。因而在现代首饰中出现了以味觉为主导，结合其成型特点进行的对肥皂材料的实验，增添了新的方向。

（4）鞋带

鞋带，指捆绑鞋的带子，也是鞋的装饰物。其类型比较丰富，有实心和空心之分，在形状上有扁带、圆带、椭圆带、三角带、花边带等多种。其由纤维材料制成，具有丰富的色彩，给首饰创作带来新空间。

（四）材料的特点及运用方式

在现代首饰中，对材料的运用与传统首饰相比有着明显的不同，无论是材料的价值观念还是对材料的实验都带有明显的特点。

1. 材料的特点

对材料价值的界定，注重材料的特性。在传统首饰中，首饰的工艺价值、材料价值、功能价值和审美价值集体体现了首饰的价值。其中首饰的材料价值非常重要，一件首饰的价格主要取决于首饰所使用的材料。在传统的观念中，常将昂贵材料制成的首饰看作身份、地位的象征，因而传统首饰概念也常与黄金、白银、珠宝等词汇相连，代表着人类的物资财富，具有一定的保值性。然而在现代首饰设计中，常将对材料价值的关注点转向艺术价值。当下随着设计发展，首饰种类非常丰富，部分首饰依然延续着对材料价值的重视，这部分以商品首饰为主，部分首饰则更为注重材料的语言探索，展现主体意识的设计精神。在当代首饰中，首饰更多的是一种媒介，既是思想情感传达的媒介，也是艺术展现的手段。因而设计师在运用材料时，常常将关注点放在材料自身的特质上，注重其材料性，根据材料自身属性寻找和挖掘其所具有的独特语言。即使在运用传统的金、银、宝石材料时，也是如此，将此类材料视为艺术表达的载体。在现代首饰设计中，开始由最初的注重材料价值转向注重设计的价值体现，因为首饰材料是一种语言，是艺术情感和信息承载的媒介，而无贵贱之分。在当下设计观念的影响下，设计师不再过多地关注材料原本的价值和功能，并重新审视金银、珠宝等贵重材料的设计价值，着重探索材料的色彩、肌理、物理性质所带来的艺术价值。艺术家与材料的互动，让材料自身特性极大限度地发挥出来，对材料自然属性的尊重成为设计创作的根本。

材料无边界性。现代首饰在材料的选择上多种多样，没有具体的界限和限制。在现代首饰中，除了对黄金、白银等传统材料的革新外，也积极地尝试新材料的使用。在现代首饰中，尤其是在材料价值观念转变之后，对材料的选择不再有具体的限制，天然材料、人造材料、工业材料，甚至生活用品都能成为首饰材料。独特的材料给设计师提供了创作灵感，在表达手法以及运用方式上颠覆了传统首饰概念，也成为当代首饰独特美的一个方面。不同的材料有其不同的特性，不同的时代对材料及其文化有着不同的解读。设计师在面对主题传达时，选用与主题相关的材料成为一种正常的现象，也促使了材料边界的扩展。

2. 材料的运用方式

现代首饰中对材料的运用方式，也与传统首饰有着明显的不同。传统首饰中对材料的运用，往往根据流传下来的方式或是对材料现有状态的直接运用。如传统的金、银材料，经历了漫长的发展，运用时往往借助于传统继承下来的錾、掐等方式，较少出现其他新的技术。在现代首饰中，随着设计观念及价值取向的改变，设计师对材料的运用不断推陈出新，以适当的形式展现着个人的艺术修养。当代设计师，更注重材料的实验性和对材料组织结构的不拘一格性。

（1）实验性

实验性主要体现在对材料的探索。材料的存在一般具有一定的形态和方式，在传统首饰中常以常见的材料方式为基础，对材料直接运用。比如木质饰品，常将木质材料直接与饰品常见的形式结合，在木头上直接雕琢出簪、钗或者手镯的形态，无须考虑其他。在此过程中对木质材料的处理简单，没有进行其他处理方式的实验和探索，也并未对其组织方式进行过多的寻找。然而在现代首饰中，对材料的实验往往成为设计创作的一个重要环节，尤其是以材料为出发点进行创作的首饰更是如此。对材料的实验，不仅是对材料多种技术手段的尝试，还是对材料存在状态的探寻。如蛋壳成型，依照常规的思维蛋壳就是片状物，如果不去实验，就不会呈现出将蛋壳磨成粉再进行塑形的效果。如在日常中，通常认为对纸的处理方式为叠、折等，然而荷兰首饰艺术家内尔·林森（Nel Linssen）在对纸的运用方面，探寻到了属于自己的艺术语言。她常以环形结构作为饰品的基本结构，运用几何形态的片状形态寻找纸的组织结构，并运用胶、弹力绳将形态固定，使作品极具感染力（图2-61）。

图2-61 《波点》

（2）不拘一格性

在现代首饰中，对材料运用的独特性除了对呈现方式的寻找外，还体现在对材料的搭配上。以前首饰中对材料的使用比较讲究材料搭配的门当户对，高档宝石常与贵金属材料相配，低档宝石常与普通金属相配，这一规律比较适应于材料价值观。而在现代设计中，对材料价值的观念转化，开始注重材料的装饰性，在进行材料搭配时多关注色彩、质感、形态等因素与设计观念的联系，而忽略了材料价值。另外，受到现代艺术、观念的影响，设计师在选材和组织时常带有非逻辑性和非可再现性的组合，这种自由的搭配关系，给首饰材料语言带来了独特的解读方式。

第二节
首饰材料基本属性

　　材料是首饰设计有效进行的物资基础，材料的基本属性是首饰创作的依据。我国自古以来就注重对材料属性的分析，古籍《考工记》中载："天有时，地有气，材有美，工有巧。合此四者，然后可以为良。"由古人经验总结出，现代的首饰设计在关注时代要素的同时还应关注材料的自然属性以及工艺的使用性，只有将各要素综合运用，才能创作出适宜的作品。现代首饰材料类型比较丰富，为创作提供了较好的素材，因而对材料属性的了解是设计的重要步骤。在创作前应尽可能地对材料属性进行全面了解，以便科学探寻材料呈现方式以及合理地安排设计进程。材料具有多重属性，可从自然属性、社会属性（经济属性、文化属性）等方面进行了解。

一、自然属性

　　材料的自然属性，通常是指材料自身具备的基本属性，一般包含颜色、质地、硬度、纹理、光泽等。材料的自然属性决定了材料的成型方式和工艺方式，因而在设计中有必要对材料属性进行了解。对材料的运用是对材料属性的认知和运用，充分地认识材料的性能，才有可能实现材料的合理性运用，从而实现材料的艺术价值。

（一）颜色

　　颜色是人类对材料的最直观感受，也是首饰色彩的主要来源。从某种角度来讲，首饰的颜色主要来源于材料的色彩，不同的色彩可带来不同的视觉、心理感受。在通常情况下，首饰色彩主要依据材料色彩进行划分，一般有金属色、宝石色以及其他色彩，其中以金属色和宝石色运用较多且比较固定。金属材料之所以成为首饰中常用的材料，一方面是因为这类材料拥有特色的色彩感觉，如金色、银白色、玫瑰色以及钛金属的五彩绚烂的颜色等；另一方面是因为这类材料具有金属光泽，所散发的色彩与木、布等色彩明显不同。金属以独特的色彩给人以冷峻而不疏离、明亮而不艳俗的感觉，带有儒雅、理性之感（图2-62）。宝石的色彩更为丰富，不同的宝石种类拥有不同的色彩以及折射率，每一类宝石都有着丰富的色彩效应。每一块宝石在形成的时候都是独一无二的，它们的颜色也具有独特性，钻石的闪耀、祖母绿的绿、珊瑚玛瑙的润、红宝石的红等，都赋予宝石材料不可挑剔的美（图2-63）。另外，宝石具有较好的色泽，不同于金属的低调和内敛，其闪耀绚烂、色彩艳丽是其他材料所不可比拟的，也因此宝石材料在首饰应用中经久不衰。近年来，首饰材料越来越多，材料的丰富性也增加了色彩的丰富性，纤维、陶瓷、木材、玻璃等材料都具有多样的色彩体系，也为首饰带来了多样的色彩。

图2-62 银材质首饰"在微风中剥落" 李妍

（二）质地

不同材料有不同的质地，如坚硬、柔软、光滑、细腻等，材料间的差异主要取决于质地的不同。在首饰中，材料的质地决定了材料的使用方式。在金属材料中，黄金柔软适合丝线造型和錾刻造型方式，K金坚硬更适合镶嵌工艺以及其他复杂的纹饰结构。宝石材料也是如此，虽然宝石整体上有一定的相似性，但种类间的材质略有不同，如钻石明亮适合刻面造型，玉石材料具有油脂光泽常为凸面成型等。在缤纷的首饰材料中，每一种材料都有自己独特的地方，在选用材料时质地是重要的考量因素。

（三）纹理

在材料的自然属性中，纹理也是材料间区分的重要标志因素之一。不同的材料在生长、形成的过程中，会留有生命运动的轨迹或工艺成型的痕迹，这些痕迹成为材料特征的一部分，也成为首饰作品视觉构成的一部分。每一种纹理都有其独特的地方，如何运用、怎么运用关系着设计效果的呈现。如在对布材料的实验中，作者以布的纹理和色彩关系进行形体的排列（图2-64）。总之，纹理是材料属性的一部分，对其运用的合理与新意也是设计创新的一个方面。

材料去除上述几种自然属性外，还有光泽、硬度、工艺

图2-63 《锦鸡》 TTF

图2-64 布材料的首饰设计实验

等其他属性，在设计中应对这些属性进行充分的认识，才能做到"因材施艺、匠心独运"，才能更好地实现材料的艺术价值。

二、社会属性

首饰材料具有一定的自然属性，同时也有一定的社会属性。因此，人最重要的特征是其社会属性。人是社会中的人，人在与首饰材料互动的过程中，材料也就具有了社会属性。社会属性主要是指，在一定的区域经济基础下，事物本身固有的不可缺少的性质与上层建筑的结合体，随着自然社会的变化所反映的东西。

（一）经济属性

材料是物质财富的一部分，对于首饰材料来说更是如此，因而首饰材料还具有一定的经济属性。在设计中，尤其是首饰产品的创造中，经济性的因素不可忽略，关系着消费群体的购买能力及审美实现力度。首饰一词具有财富象征性，无论处于何种时期，其物质财富的代表性不可忽略，即使在当代首饰艺术材料扩充的影响下，也不可能磨灭其所具有的物质性特点。在首饰材料中，贵金属材料和宝石材料一直处于重要地位，因此珠宝首饰也具有较高的经济价值。其中金银珠宝是最常用的首饰材料，这些材料在历史的发展中也出现了一些特殊的现象。初期，它们常以直接的使用价值和装饰意义被使用。随着商品生产及阶级分化的产生，金银材料逐渐变成了货币，而宝石材料则被视为稀世珍宝，是物质财富的象征。对金银的重视自古有之，在商代的墓葬中就发现了大量的金银制品。因此，无论在什么时候，金银材料都具有一定的经济属性，在对金银首饰的研究与创作中，不能脱离材料的经济因素。同样，珠宝也是如此，由于其稀有性、独特性，其经济价值一直存在。另外，在当代的首饰材料中，一些其他材料如钛金、钯金等稀有材料也具有一定的经济性，在设计时对材料的使用，应对各要素进行综合运用，以寻求最优设计。

（二）文化属性

对材料"文化"一词的理解和阐述建立在首饰文化的基础上。自人类社会形成，人们就不断丰富着自己的文化。文化是人们在长期的生活实践或科学实验中所形成的能够作用于社会个体或总体行为趋势的精神、物质财富的总和。对于文化的理解，古籍《易经》中载："观乎天文，以察时变；观乎人文，以化成天下。"依此古文可将文化理解为按照人文进行教化。《辞海》中对文化的解释为，广义上指人类社会历史发展过程中创造出的财富的总和，其中包含物质财富和精神财富；狭义上指社会的意识形态或者是与之相适应的制度和组织机构。对于文化的理解，不同时期有不同的阐述，可见文化是广泛的概念。对于首饰材料的文化的界定，还应将其归类到首饰文化领域进行分析，也可理解为在首饰的发展进程中所形成和发展起来的，与之相关的思想观念、思维方式、道德情怀、礼仪制度、风俗习惯、工艺观念等丰富的内容。材料自身不含有文化，只是在人类认识、开发、运用的过程中融入了文化内涵，从而使其具有了文化属性。首饰设计经过长久的发展，在首饰发展的过程中融合了多种材料形式，因而首饰材料文化比较丰富。

1. 材料与地位

在古代，首饰常与政权地位联系起来，主要原因在于材料的价值。此时社会结构出现分化，逐渐演化出王权贵族和平民百姓。贵族阶级为了显示身份地位，常以贵重物品作为上层社会的标志物，其中首饰成为最理想的标志物之一。尤其在中国，首饰材料与权力地位的联系更为密切，并制定了严格的服饰制度强制人们遵守。例如，玉是中国首饰中的重要材料，对于玉字的解读也带有一定的文化性，如《说文解字》中将"玉"解释为"三玉连贯也"，指三横一竖是一根绳上串着三块美玉。其中玉与皇权的皇有着密切的联系，代表帝王的"皇"字为"白"与"玉"的组合，据推测，白字源于羊脂白玉，被视为玉中极品，由此可以看出材料与权势地位的关系。另外，在《武德令》中，关于品级和配饰材料、数量有明确的要求，如天子用金玉带、十三銙，三品以上为玉銙、十二銙，五品以上用金带等，都显示出政权地位与材料的关系。在宋元以后，材料与社会地位的关系更为密切，如洪武三年明确规定，士庶妻所饰首饰只能为银镀金；洪武六年规定，庶人首饰中不许使用金、玉、玛瑙、琥珀、珊瑚等等材料。即使在现代，材料与身份地位也有着明确的联系，只有充足的材料才能制作成昂贵的饰品，饰品的价值主要来自材料的价值。

2. 材料与媒介

无论是在古代还是现代，首饰材料都具有一定的媒介作用，以材料被赋予的思想文化传递着人们的精神诉求。人对首饰的需求是多方面，在思想文化表达上包含的内容较多，因而材料的媒介作用也是多方面的。

（1）材料的寓意

首饰中对材料的选择因素很多，有的出于工艺、造型等因素，其中社会文化的需求也是重要的一个方面。材料的质感、色彩，都与生活中的美好事物有一定的联系，从而被赋予了美好的寓意。人类历史早期，古人选用牙、骨等材料制作首饰，这与这类材料代表着动物的力量和勇猛的寓意是分不开的。古埃及首饰中喜欢用黄金和宝石，认为黄金的颜色接近太阳光的颜色，是永恒的象征；常给绿松石赋予健康的意义。在中国，首饰材料也有着美丽的故事。金、银是我国最常用的材料，其一方面是财富地位的象征；另一方面是民间认为金、银能抵御一切不好的东西，因此金银制品在中国比较受欢迎。在我国，将首饰的材料与寓意进行联想的案例非常多，如"金缕玉衣""五色缕"等都是文化与材料关联的体现。即使在现代，材料也被赋予了多重意义，如宝石的晶莹剔透常与健康、美丽、坚贞、永恒相连，常用作生辰石、婚姻信物等。

（2）材料与思想

在现代首饰设计中，首饰成为思想情感、观念意识的媒介，其中材料属性与思想文化的联系比较密切。当代设计师关注的问题越来越多，如生态保护、绿色健康、废弃物的处理，在对这类问题进行探讨时，设计的主题与材料的联系密切，常以与主题相连的材料传达个人思想。另外，思想的媒介还体现在小的情感、个人观点等方面，如有的艺术家用家乡的泥土为材料表达思乡之情。

3. 材料与属性

首饰材料拥有多种属性，其中以自然属性和文化属性最为常用。有时在设计表达中，文化属性常常通过对自然素材的挖掘和联系展现。在材料与人互动中，人的感知点则往往成为材料文化内涵的融入点，并通过大众对材料的共情形成大众文化。材料有色彩、肌理、质感等属性，从而也给人带来冷、热、冲击、平静等不同的心理感受，这种感受慢慢形成一种文化。如自然界中有些材料带有气味，久而久之这类气味与生活经验结合会产生特殊的心理感受，如"铜臭味"一词正是材料与文化结合的案例。另外，有些首饰材料带有特殊的药理属性，对人的身体有一定的益处，从而就产生了相应的文化。例如，艾草是我们熟悉的药材，可以驱虫、健体，在首饰中也就有了与之相关的配饰文化。民间习俗端午节，不仅有佩戴五色缕的习惯，还有佩戴艾虎的习俗，以期望起到去灾辟邪的作用。在首饰中，出于健康文化的材料还有很多，如银被视为吉祥；珍珠可以明目，视为温善之物。总之，材料有各种各样的属性，它们都与人的情感、身体发生着关系，从而也传达着相应的文化。

思考与讨论

一、名词解释

黄金　白银　宝石　玛瑙　玉髓　血玉髓　青金石　珍珠　绿松石　钻石　红宝石

二、思考题

1.简述传统首饰材料的种类及运用方式。

2.简述现代首饰材料的类型。

3.试述现代首饰材料的艺术特色。

参考文献

［1］李芽，等. 中国古代首饰史［M］. 南京：江苏凤凰文艺出版社，2020.

［2］杨之水. 中国古代金银首饰［M］. 北京：故宫出版社，2014.

［3］董占军，张爱红，乔凯. 外国工艺美术史［M］. 北京：清华大学出版社，2012.

［4］郭新. 珠宝首饰设计［M］. 上海：上海人民美术出版社，2021.

［5］刘骁. 首饰艺术设计与制作［M］. 北京：中国轻工业出版社，2020.

［6］郑静，邬烈炎. 现代首饰艺术［M］. 南京：江苏美术出版社，2002.

［7］华梅. 服饰与中国文化［M］. 北京：人民出版社，2001.

［8］王春云. 金银首饰鉴赏［M］. 广州：广东旅游出版社，1996.

［9］休·泰特. 7000年珠宝史［M］. 朱怡芳，译. 北京：中国友谊出版公司，2021.

［10］周佩玲，杨辉，等．中华宝玉石文化概论［M］．武汉：中国地质大学出版社，2012.

［11］南京市博物馆．金与玉［M］．上海：文汇出版社，2004.

［12］时翀，彭怡，钟敏．材料与造物智慧［M］．北京：化学工业出版社，2020.

［13］安娜斯塔尼亚·杨．首饰材料应用宝典［M］．张正国，倪世一，译．上海：上海人民美术出版社，2016.

［14］刘道荣，丛桂新，王玉民．珠宝首饰镶嵌学［M］．武汉：中国地质大学出版社，2011.

［15］王昶，袁军平．贵金属制作工艺［M］．北京：化学工业出版社，2021.

［16］吴小如．中国文化史纲要［M］．北京：北京大学出版社，2001.

［17］田伟玲．上海金银细工·张心一［M］．深圳：海天出版社，2017.

首饰与工艺

第三章

首饰是工艺技术呈现的产物，没有工艺何谈首饰，因而工艺性是首饰的本质属性之一。首饰与工艺紧密相连，工艺特点决定首饰的风格与特征，不同的工艺造就了不同的首饰类型。每一种工艺都有其专属性，也有其独特之处，对工艺类型、程序、方式的学习，有助于首饰设计创造。

第一节
传统工艺与特色

一、工艺的演变

首饰发展经历了漫长的历史，由于首饰与工艺密不可分，从某种角度可以说首饰发展史也是工艺应用史。工艺方式与时代的技术水平、经济基础、文化取向有着密切的关系。在传统的首饰发展中，首饰的最早工艺得益于打制石器的实践劳动。据考古发现，在早期的首饰工艺中常见打制、锉磨、钻孔等技术，因而早期的首饰形式也多为串联方式呈现的项饰、手饰等。随着人类对自然认识的加深以及金属材料的发展，首饰在工艺上和形式上有了明显的变化。人类掌握金属工艺后，首饰的发展无论是在材料上或是工艺上都与金属有着密切的联系，因而在传统首饰工艺中，金属工艺成为最重要的工艺种类。无论是在中国还是在古代其他国家，以金属工艺为依托的首饰类型占据主要的位置，由于金属的特点，在对金属材料的应用方式上也都有一定的相似性，常见的如锻打、铸造、錾刻、花丝等方式。本部分以我国金属工艺发展为例，来了解传统工艺的演变情况。首饰中的金属工艺与生活中所用到的金属工艺在概念的范畴上有一定的出入，首饰中的金属工艺多为对贵金属的处理方式，因此本部分主要以贵金属工艺为线进行讲解。另外，贵金属工艺在学界也常被称为细金工艺。

据考古发现，在距今6700年前的新石器时代，就出土了最早的金属器物——黄铜片和管。从仰韶文化到龙山文化早期，发现了该期间带有铜渣的坩埚以及形制简单的红铜环和青铜刀等器具，表明古人已经出现炼铜工艺，进入了金属技术的萌生期。约公元前3000年，进入了铜石并用时期，先人开始人工冶炼红铜、锡青铜、铅锡青铜以及黄铜，其中铸造、锻打、退火等金属技术开始使用。至此，中国金属工艺开始发展起来，为后期贵金属工艺的发展打下基础。我国商代中晚期到战国时期是细金工艺的形成期。约公元前1600年，商人发现了黄金。早期对于黄金的认识、发现经验不足，因而对于黄金的应用与同时代的玉器、青铜器相比微不足道。银的发现略晚于黄金，约到春秋战国时期对银的提取、制造才有较大的发展。在商代，青铜工艺已经相当发达，青铜制品也比较丰富，如鬲、壶、觚、爵等，制作比较精良，但商代很少有黄金器皿。可能商代人已经了解黄金的性能，认为黄金柔软不适于器皿制作。锤揲成薄片成为当时处理黄金的主要方式，如在河北藁城和河南殷墟出土了金块、金片、金叶等金制品，其厚度仅为0.01毫米，可见当时金属工艺的高超。商代对锤揲技术的运用，最典型的案例为四川广汉"三星堆"包金青铜像、包金手杖以及鱼形、虎形饰件等，从出土的金制品的特征上看，带有浓厚的地方特色。包金青铜像是金面罩和青铜头像的组合，双眼呈杏核状丹凤眼，宽大的鼻头和细长的嘴形给人一种威严的气息（图3-1）。包金手杖常在木芯上包裹纯金箔片，并在上端雕有人面、双鱼、双鸟等纹饰，在此金件上留有对黄金的锤揲和錾刻工艺的痕迹。商晚期对金属的处理工艺有了明显的提高，不仅有对平面金属的锤揲、錾刻等，还出现了完整的独立形态的加工工艺，如在山西石楼桃花庄出土的"金弓形饰品"以及其他地区出土的金钏、金耳环、金笄等，造型独特、工艺精湛。尤其是金耳环，造型独特不失现代时尚感，耳环上端为半圆形尖钩状，下端为喇叭形，整体为流线型（图3-2）。周代比较重手工技术，据《考工记》记载，周代的手工业分工很细，将六种工艺分为三十个工种，其中金工有六种之多，为金属工艺的发展起到促进作用。春秋战国时期，金属工艺在工艺种类上以及器物造型上都有了新的变化。此时由于各国相对独立，思想观念开放、活跃，对器物的造型讲究合理与使用，器具开始由笨重到轻便、由庄严到清新转变，工艺丰富也趋于写实。此时在品种上出现了金杯、金匕、金盘、带钩等，其中以带钩比较典型。在出土的金银带钩中，多数采用铸造工艺铸出饰件整体造型和细密的纹饰，如蟠螭纹、龙纹、云纹等，并结合包金、錾刻、镶嵌等多种工艺进行饰件的装饰，充分展示了带钩的材质之美和工艺之美。战国期间还发明了"错金银"新工艺种类，主要运用了金银的金属延展性，将金银丝或片镶嵌于铜、漆等材料上，形成材质、色彩的对比。此时的金属工艺在技术上和呈现方式上都具有较高的水平，为后来的细金工

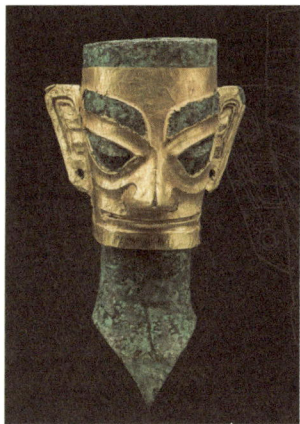

图3-1 戴金面罩青铜人头像
商代 三星堆博物馆藏

图3-2 金耳坠 商代 中国
国家博物馆藏

艺打下了基础。

汉代细金技术在沿承前代工艺的基础上，在种类和技艺精细度上有了进一步提高。此时当政者设立了工房，专门管理金银冶炼等工作，并形成金银制品从材料加工到胎体成型、錾刻、花丝、镶嵌、烧焊、表面处理的工艺程序，从而规范了工艺方式也提高了工艺精准度。汉代常见的金银制品为印玺、金权、金带扣等，其中"卧兽金权"造型威严，形态上带有明显的锤、錾痕，留有肌理纹饰，可见此时对饰品装饰风格的探讨（图3-3）。随着丝绸之路的开通，对外贸易的频繁，金属工艺在形制和工艺上也融入了外来因素。此时的细金工艺开始使用粟纹法，出现了颗粒细小的金珠构成的装饰纹样，这种独特技艺原流行于中亚、西亚一带，汉代艺人将金珠技术和黄金熔炼技术相结合，使得此时的细金技艺比较精致，以至于唐至明代的首饰中也常见金珠装饰。在对外交流中，受到外来文化的影响，黄金开始在饰品中流行，其中金银丝线的运用逐渐增多。另外，根据出土文物，可推测此时在首饰工艺中常用锤揲、铸造、压印、拔丝、镶嵌等多种工艺，使得金银饰品在装饰风格上非常丰富。

唐代由于经济实力雄厚、思想活跃开放、技术发达，从而使细金技术达到超高的水平。唐初期，金银制品常由皇室官府垄断，所制金银制品也多为皇室贵族服务。常集中各地技术娴熟的艺人服役，官府金银作坊所制金银制品数量上非常可观，工艺技术也非常精湛。后来由于工匠制度的改革，民营作坊开始兴起，从而丰富了饰品的风格。唐中晚期，金银工匠在前期工艺的基础上又融合外来技术，创造了"吹灰沉铅冶银法""金银平脱法""火镀金法"等新工艺，并发展了销金、镀金、拍金、织金、戗金、嵌金、镂金等十多种金属工艺方法，从而丰富了细金工艺种类和饰品装饰风格。另外，由于设立专门从事金银器的官职与作坊，汉以来的金银丝工艺也在此时得到新的发展，出现丝线的立体造型。此时的冶银与织金工艺都得到了提高，呈现出高超的金银细线编制技术，且花丝装饰纹样丰富、细腻，呈现出雍容华贵的艺术风格（图3-4）。总之，唐代金属工艺水平得到明显提高，工艺正向完善、全面的方向发展。

宋代崇尚理学，生活中推崇顺天理和抑私欲的观念，对当时的社会文化造成了较大的影响。因而在此时的社会文化中形成了新的文化格局、审美取向、价值

图3-3 卧兽金权

图3-4 金筐宝钿团花纹金杯 陕西历史博物馆藏

观点，也影响到金银制品。此时的金银制品中以银制品为主，黄金常被视为奢侈材料，因而黄金制品比较少见。银与黄金相比价格相对低廉，且银质典雅，符合宋式美学特征，所以此时饰品为银多金少。由于理性的审美倾向，此时细金工艺整体上形成了简洁大方、清秀典雅的特征。在饰品装饰纹样上，题材多源于生活，多见花卉瓜果、飞禽走兽等，一般造型简练，多呈现写实的手法，带有较强的生活气息。宋代金银饰件在装饰风格上与唐代的雍容华贵不同，在纹饰构图上打破了以往团花的形式，纹饰的组合常以饰品的形体为依托进行构图，从而达到了纹饰与造型的统一。宋代比较注重工艺技术的研究，在工艺上继承了唐代的工艺方法并熟练运用，常用的有锤揲、掐丝、镂空、鎏金、焊接、珠粒等，同时又在这些工艺技术上发展出新的双层结构的"夹层"技术和高浮雕工艺，增强了饰品的厚重感。虽然在宋代理学的影响下，唐代盛行的工艺品常被视为奢侈品，但在此时花丝珠粒技术还是得到了发展。在河南洛阳出土的花丝金饰件就是典型，其中累丝蝶恋花耳饰比较有代表性（图3-5），饰品整体以花丝、珠粒、镶嵌工艺制成，工艺精致细腻，制作繁杂，为细工饰件的典范。

元代是由蒙古人建立的政权，文化上比较宽松，民族混居，此时佛教、道教、伊斯兰教并存。由于文化自由，各种文化在此阶段都得到了相应的发展，细金工艺也形成了自己的旨趣和发展方向。元代沿袭了唐宋时期的官府手工业体制，设立了银局，专门管理金银之工。此时的金银细工在制作技艺上有了提高，在对金属制品的处理上，常以多种工艺组合完成一件器物的制作，通常使用打胎、铸造、花丝、錾刻、镶嵌等工艺制作。其中在山西省大同市灵丘县曲回寺出土的飞天金饰（图3-6）比较典型，饰品整体为浮雕效果，裙带、云纹为金丝和金箔条制成，并錾刻有纹饰，整个形象动态优雅，线条感流畅。另外，元代的金银摆件及陈设品更多，这些金银制品讲究造型推陈出新，常以錾刻、浮雕、鎏金等多种工艺结合制成。其中在元代金属工艺中最具特色的当为高浮雕，其真实感和立体感是前期金属制品中难以看到的。由故宫收藏的元代朱碧山银槎（图3-7），采用高浮雕与阴刻技术的组合，构思新巧，具有极强的自然主义风格。此时也涌现出一批著名的传世艺人，他们以独到的见解制作着富有个性的金银制品，反映出金银细工的时代审美和特征。

图3-5 累丝蝶恋花耳饰 洛阳博物馆藏

图3-6 飞天金饰 灵丘县文物管理所藏

图3-7　朱碧山银槎　故宫博物院藏

图3-8　金翼善冠　明代

图3-9　累丝金凤簪　明代　江西省博物馆藏

明代，设有银作局，并将金银细工制作技艺细分为十三个工艺种类，如大器匠、镶嵌匠、累丝匠等，将古代的细金工艺发展到极致。银作局中集中了全国的能工巧匠，他们分工明确，实现专业化制作，将此时的工艺风格演绎出精密、纤巧、斑斓的特点。在此时最为典型的工艺为花丝镶嵌技艺，由于技艺的高超，花丝技艺的精美在这一阶段展现得淋漓尽致。最有代表性的是北京定陵出土的明万历皇帝的金翼善冠（图3-8），冠高24厘米，直径17.5厘米，主要由"前屋""后山""翅"三部分组成。金冠用518根金花丝编出均匀、细致的"灯笼空"花，通透如纱。明代花丝技艺的高超，还体现在步摇的盘绕形式及以丝线独立呈现，如在江西省南城县明益王朱佑槟夫妻合葬墓出土的一对累丝金凤簪（图3-9）就是比较经典的花丝作品。金凤簪通体由花丝盘绕而成，但在凤头、凤翅、凤尾的盘绕上采用了不同的方式，也形成了不同的纹理效果，整件饰品精巧繁复，代表了当时细金工艺水平。在装饰上，此时比较喜欢以亭台楼阁为图案原形进行饰品的制作，在工艺上常将花丝、錾刻、铸造等工艺结合运用。明代后宫嫔妃的冠饰上还常采用点翠工艺，常以花丝、焊接等工艺制胎，再在胎体上点上翠鸟的羽毛，这也是明代新出的一种工艺，其风格细腻、颜色鲜艳。

清代，经济繁荣、社会稳定，为金银制品的发展提供了良好的社会环境。清代金银细工是在继承传统、融合宗教以及外来文化的基础上发展起来的，金银制品留下了不少传世之作。金银细工是一种宫廷艺术，为皇室服务，由于清代皇室追求雍容华贵、富丽堂皇的工艺风格，此时的金银细工在技艺上表现出超高的水平。清代设立造办处，专业分工较细，有镶嵌、烧蓝、点翠、镀金、拔丝、錾作、包金等多个作坊，皇家的金银

饰品可谓精华之地。由于皇室审美的影响，清代
金银细工较之明代更加烦琐，并喜好金银工艺与
宝石镶嵌的结合，追求烦琐复杂的艺术风格。在
首饰中常为多种工艺的结合，如錾刻、累丝、镶
嵌、点翠等工艺的结合，银镀金嵌珠双龙点翠长
簪就是一件比较典型的饰品。（图3-10）。继宋、
元、明之后，清代的多种工艺综合运用已很发达，
出现了在金银物件上点烧透明珐琅、金掐丝珐琅、
金胎画珐琅等新工艺，为清代雍容富贵的金银制
品进一步添色。

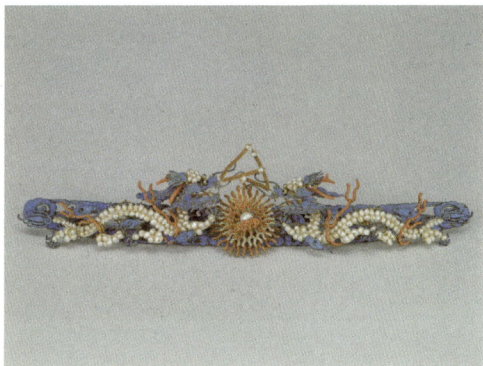

图3-10　银镀金嵌珠双龙点翠长簪　清代　故宫博物
院藏

　　纵观金银细工的发展，可见每一时代金属工艺与时代技术、社会环境、
审美意识等因素有着密切的关系，展现出当时的精神风貌。从金属工艺发
展过程可以看出，工艺的发展是继承性的发展，是在原有工艺的基础上结
合时代特征不断地完善工艺状态，其也是民族文化的发展。

二、工艺的种类

　　金银细工技艺从古至今是不断自我提高、自我完善的过程，在工艺的
发展中，从最初的锻打到后来的浇铸、镶嵌、花丝等复杂的工艺体系，其
中包含了民族的智慧和结晶，展现出独特的民族文化以及金银细工技艺的
表现力和生命力。

（一）锤揲

　　锤揲是古代技术术语，现代常称为"锤打"。主要利用贵金属材料的延
展性、可塑性，使材料变形和成形的处理方法。其对材料处理的方法主要
为锤击和挤压。
　　锤击工艺是金属中比较常见的一种工艺，主要于制作初期对材料进
行处理，常用于錾刻、钣金、焊接等工艺前的材料准备阶段。锤打工艺
主要用于金属材料的整平和变形处理。其程序一般为：首先，对剪切下
来的金属材料进行退火，退火后的金属料柔软性能较好，容易加工；其
次，根据金属材料的厚度选择相应大小的锤子进行锤打，锤打时应注意
敲打的力度和节奏，使材料正反两面均匀地受力而伸长变形；最后，连

图3-11 砧铁

续锤打挤压，并注意根据经验及时退火以便恢复金属的柔软度，直到金属形成预想规格的片材或线材。挤压的关键是掌握好锤子和砧铁的配合角度，使两者形成平行线从而使金属延伸变形（图3-11）。

锤打成型多以锤击的方式完成，工艺成型的基本形状有长方形、正方形、弧形等。

长方形、正方形的成型方法为：先截取金属材料进行退火并锤击平整，再将材料放入砧铁，并按十字形上下、左右敲击，使金属片四方均匀受力达到长方形或正方形。

弧形的成型方法为：先将截取好的金属材料退火并修平整，然后一边敲击金属一边旋转金属的角度，使金属材料成圆弧状，成型的关键在于旋转材料与锤子敲击的速度应保持一致。

锤揲工艺是金属工艺的基础，随着科学技术的发展，现代的锤揲技术被新的首饰加工设备所替代，如压片机、拉丝机、轧边机等，都是现代对材料进行成型处理的设备。

（二）抬压

抬压又称阳花抬压，是一种呈现浮雕效果的造型艺术。抬压是金银细工造型中的基础工艺，是利用贵金属材料具有良好的延展性和可塑性特点，使金属板面上凸起变形，呈高低起伏状，可打造成各种造型的图案或纹饰。

抬压根据工艺呈现风格，可分为单层抬压和多层抬压。单层抬压常采用浮雕处理方法，所抬压出的图案纹饰都在同一高度，纹饰的启位高度不会太高；多层抬压一般采用半圆雕的处理方法。金属板面所凸起的图案纹饰具有立体感，并分为高、中、低等多个层次，可从多方位观看。

抬压的工序一般为画稿、选材、拷贝图稿、敲击大形、上胶、细部刻画、脱胶、表面处理。

步骤一，画稿。根据设计主题及工艺方式绘制设计稿，设计稿的细节完善程度关系着作品精致度。

步骤二，选材。根据图稿选择材料的形状、厚度、尺寸，确保选择与材料匹配的规格和厚度。在裁切金属片时，一般要大于实际图案的尺寸，以防止抬压纹饰变形（图3-12）。

步骤三，拷贝图稿。将绘制好的设计稿以反向方式拷贝在裁切好的金属板上。在拷贝前，应注意对金属材料进行退火处理。

步骤四，敲击大形。在拷贝好图案的金属板上，用凸錾沿图稿的外轮廓线敲击，可根据需要把金属板放在胶板或沙袋上敲击，使金属板出现凹槽，凹槽的深度就是要抬压纹饰的高度。根据设计需要将纹饰抬压到适当的位置，初步形成图案花纹的大体形状（图3-13）。

步骤五，上胶。当抬压的纹饰的面积和高度达到设计需求后，将金属板带有纹饰凹槽的一面向上，并在凹陷槽内上胶，将其放置在已软化的平面胶板上，使凹槽中带有的胶体与胶板充分地黏合在一起，待凝固后使用。

步骤六，细部刻画。将灌好胶的金属板放好，使图案凸起面朝上，用各种錾子在凸起部位勾画出纹饰的结构和形状。在对纹饰进行细部刻画时，应注意从整体到局部的刻画程序，从而取得层次丰富、形态生动的画面。

图3-12　下料

图3-13　正面抬压

步骤七，脱胶。当抬压物件达到预设效果时，借助錾子等工具将胶体从金属件上取下，再将金属件放置在火上烤，直至残留的胶体完全脱落或燃烧。

步骤八，表面处理。对脱好胶的金属件进行清洗、抛光、修正等。

抬压工艺是纯手工制作，是艺人巧妙地运用锤子和錾子在金属板上刻画图案纹饰的一种工艺形式，只有娴熟的技艺才能更好地呈现纹饰变化，是心手合一的典范。随着现代技术的发展，这一古老的工艺技术不断与现代工艺结合，形成了新的工艺局面。

（三）钣金

钣金工艺，是主要用于贵金属器物成型的工艺。钣金主要运用金属材料的延展性和可塑性特点，经过不同锤子的锤打、推敲使金属板成为理想的器型。锤打、钣制贯穿于器物打制的整个过程，根据金属的延展性，使金属在"放"和"收"的交替间成型。钣金工艺的程序为绘制图稿、分解

图3-14 钣制

图3-15 钣制初形

图3-16 机凳

图3-17 錾1

部件、下料、画线钣制、锤打成型、细部处理、组装修正（图3-14、图3-15）。

步骤一，绘制图稿。根据设计主题绘制设计图，并完善细部结构及纹饰。

步骤二，分解部件。根据设计图，对器型的结构进行分解，如花瓶常分为口、颈、身、底几个部位，以便在钣金时按部位进行工艺实施。

步骤三，下料。根据分解的部件计算需要贵金属材料的厚度、面积，进行裁切。

步骤四，画线钣制。用针在金属面上画出各部件的外轮廓，根据外轮廓进行钣制。在此步骤中也可根据图稿放样，然后钣制。

步骤五，锤打成型。将金属退火后运用格式锤头以及铁砧、机凳等工具进行工艺制作（图3-16）。根据锤头及砧子的形状配合锤打，大多能将金属材料钣制成各种形状，如喇叭形、圆弧形、锥子形等。

步骤六，细部处理。对捶打好的器型部件进行修饰，有时结合花丝、抬压、錾刻、镂空等技艺呈现细节变化。

步骤七，组装修正。将器物的零部件按照结构组装在一起，并进行表面处理，完成最终效果。

（四）錾刻

錾刻是金银细工中常用的工艺，有时也称为"润色"工艺（图3-17、图3-18）。錾刻可分为阳花錾刻和阴花錾刻，其中在海派工艺中阴花錾刻也称清花錾刻。

阴花錾刻，是用錾子在金属板面上向下錾刻而成，錾刻出纹饰的高度要低于金属板面的高度。用于阴花錾刻的錾子常有批抢錾、线錾、一字錾等。运用抢錾制作的阴花，主要用硬度高和锋利的錾子在金属表面抢出花纹，经过抢花后在金属板上留有的痕迹就是纹饰的形态。在此工艺中，掌握刀痕的深浅、宽窄与手力的配合关系非常重要，关系着纹饰的流畅效果，需经过长期艺术实践才能掌握。由线錾制作的阴花，主要通过锤子敲打线錾在金属表面形成运动痕迹，形成花纹。在运用线錾时，应掌握好錾子移动的频率与锤子锤击的节奏相一致，这关系到线条刻画得是否流畅、平稳。因此，这一工艺实现的关键在于心手的协调度，需经过长期的训练才能熟练掌握。

图3-18　錾2

阳花錾刻，是用錾子在贵金属材料上錾出纹饰，其中纹饰周围的材料要低于纹饰的平面，产生浮雕的效果。根据阳花錾刻材料的厚薄，可分为厚料阳花錾刻和薄料阳花錾刻，两者在工艺方式上基本相同，区别在于：厚料阳花錾刻由于材料厚，起位线高，纹饰的塑造空间大，可以錾刻出层次丰富的纹饰；薄料的阳花錾刻，材料薄，起位线低，一般只适用单层纹饰结构。

錾刻工艺是通过锤子敲击錾子而塑造出各种图案，此工艺的关键一是锤子锤击的节奏，二是錾子的形状。纹饰塑造得流畅准确与否全靠锤击的节奏的规律性，纹饰錾刻得丰富多与錾子的类型有密切关联。在錾刻工艺中常用到的基本技巧有：

勾，指錾子在饰品表面勾勒出纹饰轮廓，是錾刻的基本方法。

靳，在勾勒好的纹饰框架中，使用各种錾子对各部分进行切削，使纹饰的线条及块面有层次感。

析，使饰品中的纹饰的框线清晰。

采，运用各种规格的平錾，将纹饰表面处理平整、光滑以及对边缘进行修饰。

点，用錾子在金属表面采用挑、敲、凿等方式錾出不同的点，达到明与暗、疏与密的对比。

锉和顿，用錾子表现出线条的转折变化关系。

开色，指对纹饰的细部刻画，常用花錾錾出各种肌理效果，如衣纹、鳞片、簇毛、叶茎等。

（五）镂空

镂空指在金属饰件中，根据设计需要对材料进行透雕或去除的工艺手

图3-19　镂空处理

图3-20　焊接加热

图3-21　点焊药

法，以获得饰件的轻盈感和灵动感。在金银细工中主要将镂空分为三种形式，为垂直镂空、横向镂空、多维镂空（图3-19）。类型多样的镂空技艺，使得饰件玲珑剔透。在现代技术中，镂空工艺也较为常用，一般采用垂直镂空的形式，用机器钻孔，再锯出纹饰，带有手工的痕迹，使纹饰有变化之美。有时也可运用高新技术，采用激光切割的方式制作镂空花纹，这一手段纹饰规整、标准，有工整之美。

（六）焊接

　　焊接是金属工艺中非常普遍的工艺形式，是首饰部件连接的基本工艺。焊接工艺的工整度关系着饰品的外观呈现，一般工序为金属表面的清洁、金属件的对接、涂硼砂、预热、点焊药、焊接、保温、冷却复原（图3-20、图3-21）。在此过程中，每一个步骤都很关键。金属表面的清洁度直接影响焊接时金属连接的效果。硼砂是催化剂，也称助焊剂，可帮助金属在达到一定温度时熔化，并在焊药的作用下快速连接。焊接时应注意，两块金属紧密接触，还要同时受热才能较好地完成焊接。保温指焊接完成时回火保持温度。冷却复原，指饰品由焊接时的高温状态冷却到原来的状态。焊接分为平面焊接和立体焊接，平面焊接指将焊接物平放在焊瓦或焊砖上进行焊接；立体焊接也称悬空焊接，指用镊子夹住金属件进行焊接。饰品中根据设计需要，在焊接的形式上有点与面、线与面、面与面的焊接方式。

（七）铸造

　　铸造工艺由于其工艺特点，能够批量生产，是首饰中运用最为普遍的一种工艺。铸造工艺比较悠久，主要经历了技术初期、青铜时代、铁器时代、多材料应用时代多个阶段。技术初期，约为新石器时代晚期，由于陶瓷材料的局限以及易碎的特点，人们开始寻找其他材料以补充陶瓷材料的缺点。在制陶技术高度发展的基础上，古人发现了"铜"这类新型材料并发现了与该材料相应的工艺，由此在中国历史上出现了辉煌的"青铜时代"，并使铸造技术走向成熟。古代制陶技术的发展为铸造技术提供了启示，主要表现在：其一，铸造技术中的泥范法是受到当时制陶技术选材的影响；其二，制陶技术中采用以硬质植物材料为内模，并在内外涂抹泥土的方法启发了青铜铸造采用内范和外范的工艺形式；其三，铸造时所使用的窑炉也得益于制陶炉窑的影响。约在夏朝时，铸造技术进入了"青铜时代"，奠定了我国文明史的基础，提高了当时人们的生活水平。此时的铸造主要用于礼器、兵器、农具以及生活用具。商周时期，铸造技术相对成熟，已改石范为陶范，青铜合金成分上由原来的铜、锡二元合金，发展出铜、锡、铅三元合金。此时铸造的种类丰富、纹饰相对细腻，种类上有兵器、乐器、农具、货币、鼎等，纹饰上常见饕餮、龙、凤、夔纹等。春秋战国时期，青铜铸造技术由鼎盛走向衰落，开始进入铁器的时代。此时出现了一批著名的铸造师，如干将、莫邪等，此时的青铜铸件比较精美，在纹饰和造型上都比较考究，如越王勾践剑，是工艺的典范。封建社会晚期，铸造技术发展至多材料应用时期，由于有色金属冶炼技术的发展，为社会提供了大量的金银制品。随着铸造技术的发展，出现了多种工艺方法，主要有石范法、泥范（陶范）法、失蜡法。石范法是人在软质石材上挖出简单的腔型，并在腔体上方留有注口，与另一块平石板相对，形成闭合式空腔，将熔炼好的金属液从注口倒入空腔内，冷却即可。泥范法也称陶范法，主要以泥为材料，经过自然干燥脱水制成范，其基本工序为制泥模、制外范、制内范、浇筑、修整。失蜡法是以蜡为材料塑造模型，这种材料制作方便、容易操作，铸造的金属件比较精细，是迄今一直在用的浇铸方法。古时的失蜡铸造法的工序为制蜡模、制内范、制外范、脱模、浇铸。随着技术的发展，现代铸造工艺在工艺方式上有所改进，铸造的金属件的质量明显提高。在金银细工中一般采用失蜡铸造法进行铸造，一般具有制作快捷、便利、细腻的特点（图3-22）。

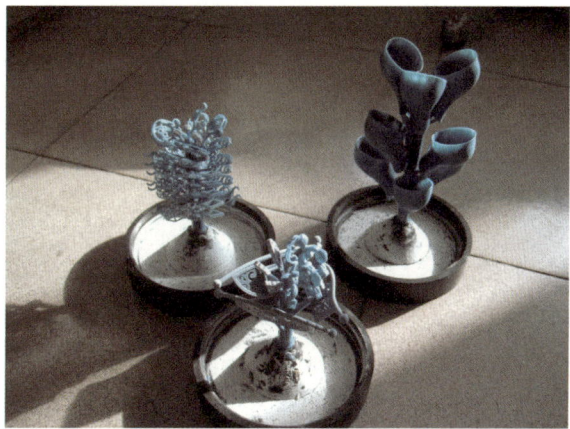

图3-22　蜡模

（八）镶嵌

镶嵌工艺通常为使金属材料与宝石材料结合的方式，是细工首饰中比较常用的工艺方法。在传统首饰中最常见的镶嵌方式为包镶和爪镶，随着技术的发展逐步扩展到钉镶、槽镶等多种。根据宝石的组合方式，一般可将镶嵌分为单颗镶、组合镶、群镶三种形式。单颗镶多适用于大颗粒宝石，组合镶适用于体积不宜过大的宝石，群镶则适用于小颗粒宝石。现代首饰中，宝石镶嵌的种类较多，根据金属材料及宝石的特点可选择爪镶、起钉镶、包镶、飞边镶、硬镶、槽镶等方式。

爪镶，是常见的镶嵌方式，适合个头大、透明性好的宝石。爪镶的基座由金属托和镶爪组成，将宝石很好地固定在宝石底座上（图3-23）。这类镶嵌适用于硬度高、有韧性的金属，金属过软容易造成宝石脱落。爪镶，又可根据镶爪的数量分为二爪镶、三爪镶、四爪镶、六爪镶等几种形式。爪镶的镶爪根据设计的需要可制作成各种形象，既可是具象形态，也可是几何形态，常见的镶爪有三角爪、椭圆爪、方爪、圆爪等。

包镶，指用金属边将宝石包裹在里面的镶嵌方法，适合个头大及半透明或不透明的宝石（图3-24）。制作时，在金属底上制作一个与宝石形状相符的"石碗"，将宝石放入"石碗"内，借助錾子进行压边镶嵌。

起钉镶，适合小尺寸的宝石镶嵌。在金属板上钻与宝石大小相符的小孔；再运用金属的延展性，将宝石放入小孔内，起钉镶嵌；固定宝石后修正镶爪及饰品的表面。根据钉数量，可分为二钉镶、三角钉镶、四方钉镶等（图3-25）。

槽镶，也称轨道镶，主要用于外形一致的宝石镶嵌。先用金属材料制作一个规则的槽体，在槽体的两侧用小号飞碟开位，两侧壁都要开槽，高

图3-23 爪镶

图3-24 包镶 真酷珠宝

图3-25 镶托

度需一致且需平直；清理槽体，将宝石逐个放入，调整好宝石距离；运用錾子、小锤等工具将整条轨道收紧，确保宝石牢固为止。

（九）鎏金

鎏金，是一种改变金属表面颜色的技术。在我国春秋战国时期，这一技术就被广泛应用，常为铜镀金或银镀金。

鎏金的工序为：将需要鎏金的金属饰件表面处理干净，尤其是油渍和污垢；将金箔或细小金片按照1∶7的比重与水银混合，将混合物放入坩埚中加热直至黄金碎片与水银完全溶解形成金汞合剂，并放入清水沉淀成金泥；将沉淀好的金泥涂抹在金属件的表面，再通过无烟火烘烤加速水银挥发，从而使金属表面形成一层金碧辉煌的金层。汞是有毒物质，鎏金工艺过程极不安全，因而逐渐被现代的电镀工艺所取代。

（十）累丝

累丝工艺，也称为"花丝工艺"，是金银细工技艺中比较有代表性的工艺。其历史悠久，早在商代就出现花丝工艺的萌芽，春秋战国时期的金银错工艺被视为花丝工艺的早期雏形。唐宋时期，花丝工艺发展至比较成熟，并应用于女性的发饰之上。由于工艺难度系数高、工艺精美，在当代被誉为"燕京八绝之首"，2008年这一传统技艺被列入国家级非物质文化遗产目录。之后，这项传统手工技艺逐渐被大众熟知，继而在现代首饰市场中占据了一定的市场份额，常被誉为"古法"首饰，成为精致首饰的典范。

花丝工艺主要是指对金银细线进行造型的方法，主要运用丝线的柔韧性将线排成不同的纹饰，如门洞丝、祥丝等。花丝的主要技法为编、织、掐、垒、填、攒。

编，指用金银丝线按照经纬结构编成纹饰，其中又分为平面编丝和立体编丝。平面编丝指编出的形态多为平面造型，常为小的饰件；立体编丝编出的饰品造型是立体的，可以三维视觉观看，如球体、花鸟造型等。主要程序为，准备金属丝，将金属丝线轧成需要的规格和形状，如圆丝、半圆丝、扁丝等；予准备好的金属丝线退火处理，使其变软；编织纹样，常见的纹样有席纹、小辫纹、方形纹、棱形纹、十字纹等。

织，主要是按照经纬线的原理，用单股丝线相互穿插织成不同的网状，如圆孔网、方孔网、扁圆网、圆角网等。各种网都比较灵活，可再加工，可压或拉成新的网片，也可连续穿丝或者隔行穿丝形成新的图案。

掐，指用镊子将金属丝线掐成各种纹饰。掐是花丝工艺中最常用的技法，掐出的图案比较丰富，常见的有回纹、云纹、梭纹、掐丝纹以及人物、动物、植物等具象形态。主要程序为：将金属丝线退火处理；根据所掐的纹饰尺寸计算丝线的长度，并剪切；将剪切好的丝线根据图稿用镊子掐出纹样，再将纹样粘在所要焊接的片材上，筛焊料进行焊接，使纹饰与金属片材牢固结合；将焊接好的纹样沿边锯下成为坯片。掐丝时需注意工具的准确使用方法，掐丝前丝线要平直，最好用镊子将细线理直，这样可使纹饰线条更流畅；掐丝时镊子要垂直向下，使镊子尖部与平板呈直角，这样掐出的纹样形态更准确、规整；掐丝时手的用力要均匀、适度，使纹样生动活泼。

垒，将上层以上金属丝线纹饰合制叠在一起，呈现立体效果。垒在制作上分为粘垒和焊垒。粘垒是指将掐好的纹饰按饰品结构特点层层粘接起来，再焊接成型；焊垒是指将掐好的纹饰一层层分别焊接。

填，又称"平填"，指将金属丝线照纹饰特征充填在纹样的轮廓线内。填技的丝线有麻花丝、圆丝、扁丝、方丝等，纹饰丰富，有水纹形、拱丝形、罗纹形等。基本程序为：根据纹饰需求准备所需形态的丝线，并退火处理，使其变软；根据纹饰外轮廓一圈一圈平填，也可提前将丝线圈好，再填入轮廓中；筛上焊料进行焊接。

攒，指将做好的花丝部件组装成型。攒主要有平攒、叠夹攒、部件攒三种方式，平攒指以平面的形式将单独纹样拼接在一起；叠夹攒指将单独的纹样一层一层地叠夹在一起，如鱼鳞、羽毛等；部件攒指将已制作好的单个部件攒在一起，如花卉中花与叶、茎的连接。在攒技运用时，一定要遵循纹饰结构特征进行连接，这样作品结构才能准确生动。

由于明清时期各地交流密切以及对外贸易的开展，花丝饰品开始出现在百姓的生活中。随着花丝制品的大量使用和技艺的传承，在不同的地理环境中形成了不同的工艺风格，经过时间的发展逐渐演变出南派花丝、西南少数民族花丝、北派花丝等。南派花丝，以成都银花丝最为典型。成都银花丝以高纯度的银为材料，无胎焊接成型。无胎成型主要指手工艺人根据纹饰图样直接制作纹饰外框，再在外框内填上相应的纹饰并结合垒丝、穿丝、搓丝焊接等技术成型。经过风格的演变，逐渐形成纤细秀丽的风格特点。西南少数民族花丝，主要以集中在云、贵地区的少数民族花丝工艺为代表。这些地区的花丝工艺主要以编、扭、掐、焊为主，在纹饰上常以本地所崇尚的吉祥纹样为主，如龙凤纹、蝴蝶纹、鱼纹等。在制作时，常根据纹饰结构选用不同规格的丝线完成，外框、内框、纹饰在丝线规格选择上都有一定的习惯规律，形成了细腻、淳朴的风格特征。北派花丝，主要是指以北京为代表的具有宫廷手工艺特征的花丝工艺。北京花丝技艺在融合各地技艺、文化的基础上形成独特的宫廷艺术风格，常以编、织、堆、垒等技艺制作，有时结合点翠、烧蓝等工艺完成饰品的装饰，因此呈现精美细腻、雍容华贵的艺术风格。

在现代首饰设计中，花丝技艺依然受到当代首饰艺术家的喜爱，常将传统工艺技法与现代造型方式结合，形成富有现代感的作品形式。如首饰艺术家李桑老师，长期研究花丝技艺的当代应用，并设计了多件系列作品。其作品《江南相思引》，将传统的掐、填、焊等技法运用到现代首饰艺术中，实现了传统工艺的现代设计转译，更好地诠释了传统工艺的意义（图3-26）。

图3-26 《江南相思引》 李桑

（十一）点翠

点翠工艺是金银细工中比较精细的工艺，主要在花丝镶嵌工艺技术上发展而来，明清时期比较兴盛。点翠的材料主要为贵金属材料和翠鸟的羽毛，是以金属为底胎，再在底胎上粘上翠鸟的羽毛（图3-27）。主要工序为绘稿、制胎、清洗、镀金、镶嵌羽毛、修整。

绘稿，根据创作意图，绘制饰品设计稿（图3-28）。

制胎，指运用精细的金属工艺制作饰件的底座。准备好金或银的片形和线形材料，片材的厚度一般为0.6～0.8毫米，细线直径常为0.2毫米，并将单股的金属丝搓成麻花丝；根据图形拆分制作部件；在金属片材上用针画出各部件纹饰的外轮廓，运用镊子等工具进行掐丝，将麻花丝固定在金属片上；运用焊接工艺将丝线与金属片焊接在一起，再借助锯弓将焊接好的纹饰锯下来，进行部件组装（图3-29）。

图3-27 点翠饰品

图3-28 设计稿

图3-29 制胎

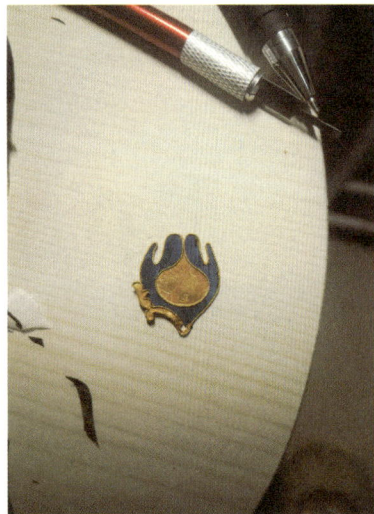

图3-30 镶嵌羽毛

图3-31 《再生》 王笑玥

清洗，将金属件清洗干净，并予修整、抛光处理。

镀金，对金属件表面进行镀金处理。由于翠鸟的羽毛为蓝色，常与金色搭配，底胎以黄金材料为佳，如果是银、铜等材料，常需进行镀金处理。

镶嵌羽毛，将翠鸟的羽毛按照纹饰形状剪切，并镶嵌于金属件上。点翠的羽毛以翠蓝色和雪青色为佳（图3-30）。

修整，对饰品进行整体修正（图3-31）。

点翠饰品，由于工艺精细、形态优美，加上翠鸟的羽毛光泽感好、色彩艳丽，并与金边相配，使这类饰品具有富丽堂皇、纤细精美的装饰效果。在现代生活中，点翠饰品依然受到欢迎，但出于对环境生态及动物保护的理念，点翠所用的羽毛已被其他羽毛所替代。

在现代首饰中，点翠技法一直被沿用，但在羽毛的选择上已替换成其他羽毛。点翠技艺常与当代的首饰造型结合，形成具有现代审美视觉的工艺作品。

（十二）粟纹法

粟纹法，常指金珠粒工艺，是以小颗粒金珠排列出花纹的工艺。这一工艺常以金、银为材料，有时结合花丝工艺制作。该工艺精致细腻，风格独特，受到贵族阶层的喜爱。粟纹法工艺复杂，常与其他金属工艺结合运用，其工艺程序具有相对稳定性，即使经过历史传承，在程序上还是遵守传统的工艺步骤，只是在工艺方法上有所改进。其主要的工艺程序为工艺准备、绘制图稿、石膏模型制作、金珠粒制作、酸洗、镀铜离子、珠粒规格归类、烘烤干燥、排珠、金属熔焊、酸洗完成。

工艺准备：工艺进行前的材料、工具准备，如镊子、银丝、耐火石膏、砂纸、胶液等。

绘制图稿：根据设计意向绘制设计图。

石膏模型制作：准备阳模，可以运用现成物或者油腻子、石膏等材料制作；在平板上准备好模具外框，并将外框的底部用黏性材料封住；在外框内放入表面涂有隔离剂的阳模；调好耐火石膏浆，并倒入制作好的模具内，静止固化；

将阴模从阳模中脱离，修正阴模并打磨平整，烘烤至合适的干度（图3-32）。

金珠粒制作：金珠粒制作是该工艺的重要一步，其中珠子的圆度是珠粒成型的关键。在现代的技术中，金珠粒的制作可以用两种方法完成。方法一，电炉制作。将银丝退火，并根据不同规格的轴棒制作跳环，剪下跳环分类盛放；磨制高温碳粉，并筛制，装入凹形耐火砖容器内，其厚度在0.6~0.7毫米；将跳环均匀地铺在碳粉上，跳环间的间隔在0.7毫米左右，再在跳环上撒一层薄薄的碳粉（图3-33）；待炉温为1000℃左右，将装有跳环的凹形耐火砖容器放入电炉内，计时8分钟左右取出，降温（图3-34），将珠粒与碳粉放入筛网中冲洗干净，过滤出金珠粒（图3-35）。方法二，火枪制作。将银丝退火，用剪钳根据经验均匀地剪切成细线，尽量使银质线段长度一致；用电钻在压炭上钻小洞，也可徒手钻洞，并放入银丝，用火枪将银丝烧成银球，以正圆为佳（图3-36）。在制珠的过程中，珠子直径的大小受银丝直径、跳环的轴棒直径以及剪切银丝长短的影响。银珠制作好后应将其及时放入水中，以便与空气隔离防止氧化。

酸洗：将制好的金珠放入酸溶液中酸洗，直至银珠呈纯白色；再用清水冲洗干净，并放入带有水的容器内保存。

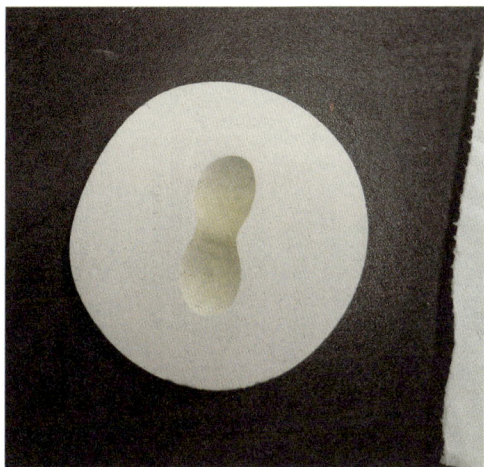

图3-32 石膏模

图3-33 制作跳环

图3-34 电炉烧制

图3-35 过滤的金珠粒

图3-36 手工制珠

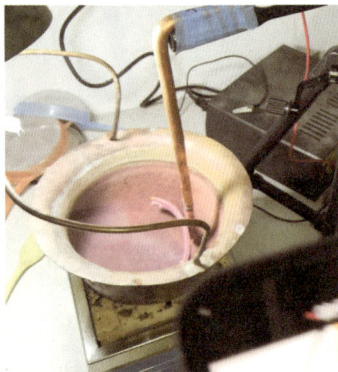

图3-37 电镀

图3-38 珠粒规格归类

图3-39 排珠

图3-40 熔珠

镀铜离子：镀铜离子指在金珠粒的表面形成一层铜离子，其方法有两种，一种是电镀，另一种是古法电镀。第一种，电镀。调试设备，检查正负极是否碰触，正极一端的夹子夹在提供铜离子的纯铜棒上，负极一端的夹子夹在盛有电镀浴的铜锅上；将正极一端的铜棒降落至锅内的电镀浴内，但不要碰触到锅壁及底；将调好的硫酸铜溶液倒入紫铜锅中，使电炉升温至约60℃时关掉，放入珠子；打开整流器电源，调整电压、电流，计时8~10分钟；关闭电源，将正极端上升，取出珠子冲洗干净即可（图3-37）。第二种，古法电镀。取同样比例的硫酸铜溶液置入玻璃杯中，在玻璃杯中放入一些铁钉；再在玻璃杯中倒入珠子，用棒子搅拌使珠子和铁钉充分触碰；取出珠子，完成电镀。

珠粒规格归类：将电镀好的珠子，借助不同规格的筛网，归类存放，并标识好尺寸（图3-38）。

烘烤干燥：将制好的石膏阴模型，放在电炉的一旁或上端，用余温烘烤干燥。

排珠：根据设计好的纹样进行排珠。按比例调制好胶水，胶水浓度不能过稠也不能过稀，将胶水盛入浅的容器内；将电镀好的金珠放入胶中，滚动后按照图形排放在石膏阴模内；待所有珠子排列好后，用放大镜检查珠子，确保每粒珠子相互间都有接触；进入烤箱烘烤数分钟，烤箱的温度在350℃左右（图3-39）。

金属熔焊：将排好珠子的模具从烤箱中取出，放入可调节的架高台上；先用软火由下端向上烘烤石膏模具；将火枪火焰调制中火熔焊珠子，熔焊时先从一端开始，至珠子呈亮白色后熔焊结束并收火（图3-40）。

酸洗完成：让熔焊后的珠粒饰件进行酸洗清洁，可与其他金属结合制作成作品。

三、传统工艺的特色

中华文化博大精深，金银细工是我国优秀的工艺种类，是中国文明史上的一颗明珠。金银细工经过历史的演绎，不仅形成了精美细腻的工艺品种，也形成了独具一格的工艺特色。

（一）技艺独特

　　传统金属工艺在工艺的传承和发展中，形成了丰富的工艺种类，也成就了独特的艺术。细工技艺是比较独特的技术方式，影响其形成的因素有很多，其中手工性和技术分化是技艺独特性形成的重要因素。金银细工是传统的手工艺术，其制作形式是艺人根据生产经验手工生产的。在工艺上人为主要因素，人在工艺学习运用中有着个人方法与习惯，包括工具使用、工艺倾向等，因此手工制品具有不可复制性。在实际生活中，不同的人具备不同的地理环境、工艺背景和文化素养，因而就早形成工艺派系的划分，形成不同的工艺风格，如从总体上看统一类别的工艺方式，宫廷工艺与民间工艺在工艺呈现上具有明显的不同。宫廷工艺从业者大多是行业中的翘楚，拥有娴熟的技艺并对工艺有着灵活的运用，再加上服务对象为达官贵人，因而在工艺上多呈精美纤巧、华贵富丽的特点。即使在同一派系中，同一工艺不同的人制作也会有风格上的差异。因而，手工性是造成传统技艺独特性的重要一面。另外，技艺的独特性还指技艺风格的多样性。在金属工艺发展中，工艺技术有由单一的工种逐渐发展成多种工艺类型，每一工艺种类都有自己独特的一面，具有相对的独立性。金银细工分类较多，每一种技艺都有相应的材料需求和工艺呈现方式，因而每一种工艺也具有独到的风格。如錾刻工艺，主要是对金属表面处理的一种工艺，前期所用的材料是片材，经过不同的錾子塑形在金属片或相应的饰件上呈现出栩栩如生的纹饰。錾刻工艺具有较好的表面装饰效果和极强的塑形能力，中国工艺美术大师沈国兴常用錾刻工艺制作作品，其所塑造的细腻纹饰、精美的浮雕画面具有较高的艺术境地（图3-41）。

图3-41 《八宝吉祥宝瓶》 沈国兴

　　传统金属工艺与现代工艺相比更具特色，由于工艺技术性以及艺人对工艺的制作精神，使整个工艺呈现机械制造难以达到的美。手工技艺特点主要表现在精、准、美等方面。"精"主要指工艺的精湛。正是由于精湛的技艺，才能将传统金属工艺纳入宫廷工艺之中，如在上海的金银细工中，多数的摆件所用金属都薄如蝉翼，纹饰雕刻细如发丝，有时需要借助放大设备材能看清。在传统工艺中，工艺的呈现一般比较烦琐，加上制作细致精巧更能体现出工艺的"精"（图3-42）。"准"主要指工艺塑造精准到位，其中包含形体的准确、纹饰结构到位、神态逼真等方面。

图3-42 仿古錾海水瑞兽纹金盘

图3-43　华龙塔

传统工艺的精准带有手工温度和匠人的巧思，是艺人经验的积累以及对技术的掌握尺度，依靠现代技术难以实现。作品《华龙塔》是手工制作的七层金属塔，每一层塔的形状都是一个正六面体，由六个面组成，在形体的塑造中每一个面都需相同，面与面形成的夹角都必须相等，才能形成稳固的塔体，可见工艺的精准度（图3-43）。"美"指的是工艺之美，其中包含工艺形式美和工艺塑造饰品形态的美。在传统的造物中，美是重要的因素，其中工艺美最为突出。传统技艺在制作中常采用复杂的程序完成工艺技法，如花丝中常有编、织、掐、垒、堆、填、攒、焊等技法，运用这些技法可以组成各式各样的纹饰，丰富繁杂的技艺方式将材料美、工艺美展现得淋漓尽致。另外，中国造物由于受到工艺文化、伦理道德等因素的影响，常追求内在美的品质。这一要求反映在器物的造型上，常表现为注重器物造型各项规则，比例协调统一、变化适度、动静相宜等，使传统饰品呈现优美的形态。

（二）技术的程式性与传承

传统金属工艺精美、典雅，其重要的原因在于工艺程序的复杂性和形式法则的独特性。古人的智慧在传统工艺中展现得一览无余，根据材料将工艺发展到极致，并将工艺方法总结提炼形成相对稳固的程序，这样既保证了工艺精准度又使工艺呈现次序性，也使工艺易于继承。程式性是传统工艺的一个鲜明特征，何为工艺的程式性。《新华字典》中，"程"常为"规矩"，"式"指事物外在的样子，有式样之意，有时指特定的规格。"程式"常作法式，包含规格和准则之意，也做特定的格式。《说文解字》中，许慎对"式"的解释为"法"，指规矩和法式，墨子认为"天下从事者，不可以无法仪"，即使是百工的从业者也"亦皆有法"。由此可见古人将"法"视为制作之理，并将其纳入工艺的范畴之中。工艺中的程式性是工艺本质的一部分，对工艺呈现起到关键性作用。在现代对程式性的理解多包含两个方面，一是指工艺进行中按照一定的流程进行，二是在工艺过程中包含的工艺方式和方法。传统工艺程式性是灵活的且有一定的规律可循，可根据实践的需要做出适当的调整。由于工艺的程式性，工艺技术在前期总结的基础上不断完善与发展，逐渐形成了现代精湛的技艺。每一种工艺都有各自的次序，即使简单的戒圈制作也要遵循会稿、打样、材料、退火、弯曲、修正、焊接、清洗等工艺次序，越过一步都很难做出精细的饰件。另外，工艺的程式性不仅体现在工艺程序上，还体现在工艺制作范式上。在传统金属工艺发展中，不仅发展和继承了工艺技法，也继承了工艺制作范式，主要体现在对工艺形式、饰品式样、纹饰运用方式等方面，工艺的发展还促进了文化的继承。在程式化的传统工艺中，既包含古人工艺智慧，也包含了传统的文化内涵。

　　传统金属工艺中含有丰富、复杂、烦琐的工艺知识，这类知识多为非描述性的知识，需要经过长期的工艺实践才可获得，因而工艺具有传承性。由于工艺技术具有程式性，其中程式性是一个整体的概念，是在对工艺知识总结、概括的基础上进行分步、分类整理，知识的整体性利于对知识的学习和掌握。以整体的概念理解工艺，使工艺步骤、程序更为清楚，利于工艺初学者掌握工艺知识。传统金属工艺中，由于工艺知识非书面的，在工艺的传承中主要采用言传身教的方式，一般分为师徒制与家族制。工艺的传承主要分为工具传承、工艺方法继承、工艺式样的习得，因而传统工艺经过历史的发展依然保持着稳固的风格。工艺的传承一般是从工具制作开始，由简入深，从简单的工艺练习，再进行复杂工艺的制作。师徒传授中，师父将长期的工作经验和工作方法传授给徒弟。在这一过程中徒弟不仅继承了工艺方式和方法，还继承了工艺思想和式样。如上海金银细工，在传承方式上采用师徒制，因而技艺的方法和特点较少受到外界的干扰，细金技术经过几代人的传承保持着纯正的风格，在式样和题材上也具有早期工艺的痕迹。如在题材上常与吉祥文化相连，多以佛像、龙、凤、牡丹、瓜果等为主（图3-44）。正是由于工艺的程式性，才使工艺具有习得性，也促进了工艺传承。工艺方式的传承，保证了工艺的独特性。

图3-44 《龙凤呈祥》 沈国兴

（三）工具的精致与继承

　　传统工艺的精致、独特与其所使用的工具有着密切的关系。俗话说

"工欲善其事，必先利其器"，工具的式样、类型决定了工艺式样，工艺风格的不同在很大程度上在于工具式样的差别。因而在工艺学习和发展中，对技艺的传承在很大程度上是对工具式样和实用方法的继承。传统金属工艺种类很多，每一种工艺都有各自的工具，并形成了不同的工艺风格。工艺的呈现效果在很大程度上受到工具式样、种类和精致程度的影响。传统金属工艺中使用的工具多是以师徒制的传承方式继承下来的，因而工具的式样具有相对的稳定性。在金银细工中，工具的式样种类比较多，每一种工艺都有自己独特的工具，按照用途进行归类主要分为捶打类、錾刻类、锉磨类、掐丝类、焊接类、抛光类、量具等。在工具的每一大类里面又包含较多的种类，如捶打类工具，是金属工艺成型工具，在钣金、抬压等工艺中都离不开这类工具的使用。然而根据成型的形态不同使用不同的锤子类型，因而锤子的种类丰富，一般有马掌锤、倒棱锤、小方锤、斩口锤、圆形木锤、平拱锤、胶木锤、重磅锤、大力锤等。马掌锤主要适用于金属表面整平工具，平拱锤有时也称"荷叶榔头"，多适用器物内侧的弧面造型。在传统金属工艺中，工具最具特色的应属錾刻类工具。錾子是錾刻类的主要工具，其形态、式样直接关系着饰件或器物的造型方式，錾刻纹饰的精美度和式样形式与錾子有直接关系。在錾刻工艺中，錾子又分为塑形錾和花錾，塑形錾主要对金属材料起到塑形作用，花錾则是对饰件表面纹饰处理的錾子。在花錾中，许多錾子都比较精细，其程度用肉眼难以看清，有时需借助放大设备进行观看，由此工具制造的纹饰也非常精美。錾子的形状、纹饰关系到饰件的具体造型，如在对龙、鱼动物鳞片处理时直接使用鳞錾，雕琢羽毛、发髻纹饰可用双线錾，装饰沙点纹饰肌理时可使用沙田錾，另外还有簇毛錾、单线錾、圆点錾、棕丝錾、印记錾等（图3-45）。由此可见，细工技艺的工艺特点与其所使用的工具有着密切的关系。

在金银细工中，工具是工艺运作之本，精湛的技艺离不开精细的工具，因而工艺的进行必然是对工具的继承。传统金属工艺中，工具都是经过代代相传继承下来，工具式样和种类有的保持着原有的功能和样式，有的则是根据艺人在生产实践中发明创造出的新形式，细工工具在传承中具有一定的灵活性。在现代生产中，工具的继承主要为两种形式。一种是直接购买，根据老一辈工具式样进行机械化生产，如

图3-45 簇毛錾

镊子、锤子等个人制作比较困难的多采用购买的
形式；另一种是手工制作，这类工具多是机械难
以复制的或难以达到手工的精致度，其中花錾就
是一类。花錾的制作多采用手工的方式，一般
采用捶打与锉磨、錾刻、钢模复制等方法。捶
打和磨制主要运用锤子、砂轮、锯等工具塑造
錾子的外形，使其达到理想的形态，再结合其
他工作制作錾子的细节。錾刻指用硬度较高的
錾子在新的錾子头部錾出纹饰，如沙地纹就是
由"一字"錾成十字交叉的方式錾出的纹饰
（图3-46）。钢模复制与錾刻方法相似，都是在外
力的强压下，将模具中的纹饰复刻至处理好的錾
头上。在金银细工中，工具的传承至关重要，关
系着工艺的风格和精细程度，在继承中应注意到

图3-46　工具制作

錾子细节的处理，尤其是靠艺人心口相传的工具制作方法，以免丢失工具
使用要领。

（四）工艺文化价值

中国人把艺人对工艺的心思称为"匠心"，并把对巧妙心思的运用称
为"匠心独运"。传统金属工艺是传统工艺的重要组成部分，与其他类型的
传统工艺一样秉承着传统工艺精神和一般的造物法则。在传统金属工艺中，
蕴含着中华民族博大的工艺思想，贯彻着传统文化和哲学的基本精神。文
化是民族发展的根本，是民族的精神，造物也是一种文化行为。在传统的
金属工艺中，从工艺选样、选材、制作等过程中都含有丰富的文化理念，
其中首饰饰品是文化的物化形式之一，是传统文化的具体体现。在传统造
物过程中，根据当时的生产方式、技术手段、经济制度及社会组织管理等
系列因素，形成工艺造型的法则。在传统的价值观念中，自然与人是一体
的，崇尚和谐统一的自然宇宙观。

在和谐思想的影响下，传统金属工艺造物时讲究"易"的法则。易在
古代造物中首先体现在《论语·雍也》中："质胜文则野，文胜质则史。文
质彬彬，然后君子。"逐渐形成了"文质彬彬"的思想观，"质"主要为质
朴、朴实的内容，"文"指的是造物中的装饰，强调工艺实现中内容与形式
的统一，功能与装饰的统一。在这种思想的影响下，要求人们的生活方式、

造物活动以及人的关系等方面，都秉承着"文质彬彬"的价值取向。古代"易"的造物法则，还体现在与人相宜的层面。与人相宜的工艺原则反映出"重己役物"，强调以人为本的造物思想。这一思想主要体现在对饰物的织造和使用方面，古人造物时比较注重器物的尺度，器物的制作与人相宜，因而也因人而异，在工艺实施之前对各要素进行综合，以满足人的各种需求。另外，造物活动中的"易"还体现在工艺制作之法上，其中又包含选材之法、制作之法等多种规则。如选材上，选材以法是古人在工艺实施之前对材料性能的研究，并强调对材料运用时注重"审曲面势、各随其宜"的法则。在造物中要求选材时，应考虑到各种因素，不仅有时令的考虑，还考虑到材料本身的物性，体现了古人对材料客观属性的尊重，也反映出工艺与具体的技术、材料间的关系。如在金属工艺中，黄金比较软如果不顾及其自身的属性，将其与铂金等硬质材料采用相同的工艺方法用作爪镶等，首饰制作将无法实现工艺特色。选材以法，重视材料的性能以及所使用的工艺方式，根据材料属性、纹理处理不同的结构，由此在玉石雕刻中也就有了"巧色"之说。

在中国传统哲学观中，自然与人是和谐的整体，一切自然和文化现象都以"道"为本，都遵循宇宙生命运转的一般规律。在这种观念下传统工艺造物时遵守"道体器用"观点，规范着传统的工艺思想的本体观。"形而上者谓之道，形而下者谓之器。"作为宇宙生命运转的一般规律的"道"是无形的，却可以通过有形的形式将其表现出来；"器"就是道的具体表现形式，也就有了"道体器用"的主张。在古代首饰中，首饰的色彩、尺寸、形式、材质、数量等因素的使用都是"道"的综合体现。对于传统朴素的宇宙观还体现在造物中"合以求良"，在中国早期工艺典籍《考工记》中载："天有时，地有气，材有美，工有巧。合此四者，然后可以为良。"主要是指工艺创造应考虑到时间节气、空间地理、材料属性、工艺技术四项因素，只有将各种银珠合理地运用才能创造出优良的产品。在传统造物观中追求"合以求良"，那么在审美观上则追寻"合而为良"。中国造物讲究器物呈现的"尽善尽美""形神兼备""巧而得体，精而合宜"，注重人与物、用与美、文与质、心与手、形与神等因素的相互关系，强调造物的高度和谐，从而使器物具有外在形式和内在精神的统一、实用与审美的统一、装饰与文化的统一。金银细工首饰在外观、形式、功能、文化等因素的运用上都达到了和谐统一，从而也展现独特的工艺文化特征。中国传统造物由于受到"和谐""中庸"思想的影响，在工艺制作中以整体和谐观对待事物。如在古代帝王冕冠的造型中，就严格遵循了自然与人和谐统一的造物观，延板造型中采用前圆后方的式样，对应中国天圆地方的观念（图3-47）。冕板前后的旒是由五彩丝线穿五彩玉珠制成，以朱、白、苍、黄、玄的顺序排列，展现古代"五时观"。"五时"观在服饰中的应用，体现了"天人感应"和"天人合一"的思想，强调人与自然的和谐。

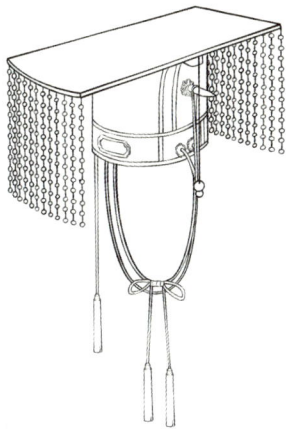

　　传统工艺是古人智慧的结晶，不是一般的手工制造物，在其中含有中国特有的工艺文化和思想精神。工艺美术是在独特的地理环境中形成的，折射出地域的文化属性、生活方式、精神信仰等关系，以不同的方式诠释着人与物的关系，也形成了独特的工艺文化。

第二节
现代首饰技术

　　20世纪80年代，随着改革开放的深入，中国首饰行业得到迅速的发展，首饰制造业也得到较快的发展，尤其以珠江三角洲地区比较突出。随着现代信息技术的进步，首饰制造开始由手工劳动转变为手工技艺与机械化生产相结合的模式。机械化的生产方式能够有效地缩短工期、降低成本，因而规模化、机械化生产是当代首饰加工的重要特征，也促使在传统工艺技艺生产的基础上引进多项现代技术。

　　现阶段随着信息技术的快速发展，艺术、科技、生活三者之间的联系更为密切，技术的发展给人们的生活带来舒适的生活方式，也带来艺术表现手法。现代技术对首饰的影响非常广泛，其中包含设计之初的策略制定以及后期设计生产、销售等环节，其中在工艺制作中比较突出。依托现代技术在首饰制造业中，首饰多以产品的形式存在，在制作上呈批量化、标准化和复制性的特点，呈现出高效、经济的生产流程。

一、首饰技术种类

　　现代首饰工艺中，首饰制作不断与时代高新技术融合，将新的技术成果应用于首饰制造中。与传统制作不同的是现代表现技术在一定程度上也促进了首饰制造的发展，在此从首饰表现技术和首饰制作技术两方面来阐述现代首饰工艺种类。

（一）首饰表现技术

首饰表现是首饰制作的基础，尤其是在现代首饰制作成为一种产业设计师与工艺师进行分离的情况下，首饰表现显得尤为重要。在传统工艺方式中，匠人是设计者和制作者，在制作之前可能不存在图稿，即使有图稿的存在也多为平面图，需要匠人根据个人经验掌握从图稿到实物转化的尺度。在现代首饰制造业中，首饰表现成为重要的一部分，通过绘制设计稿需将首饰的各种细节交代清晰，才能更好地进行工艺实现。然而现代表现科学技术的应用为设计表现增添了真实感和准确度。在现代首饰表现技术中多以计算机软件运用为主，其中计算机软件又包含平面和立体的绘图方式。

计算机二维绘图软件中以Photoshop和Procreate为主，以相对平面的方式呈现图形效果。近年来，由于平板电脑携带方便，常以Procreate绘图工具为主。Photoshop（简称PS）是常见的图片处理软件，应用非常广泛，可应用于各类图品的处理。其主要是对以像素构成的数字图片的处理，可用于简单的首饰绘图和首饰效果的渲染（图3-48）。这款软件具有较多的编修和绘图工具，有着丰富的图片处理功能，可以对形态进行合成、复制、拉伸变形、投影等，可以进行细节的处理，使绘制的首饰效果具有色彩感、透视感、立体感。PS软件在首饰表现中比较常用，主要用于绘制初稿和对设计稿的修复、矫正等。Procreate是一款运行在平板电脑上的软件，其操作简单易于掌握，可以进行素描、填色、设计等艺术创作，效果突出，常用于首饰绘图，深受设计师们喜爱。Procreate软件操作系统简单易学，实现手、脑、机的结合使用，可以手绘的形式直接在屏幕上作画，使用灵活、方便，能够随时、随地发挥创意灵感。软件具备连续自动保存步骤的功能和填色、描绘等艺术表现功能，使设计效果突出，有利于饰品中金属、宝石质感的呈现，由于绘画路径的保存，可以反复推敲首饰形态。作品《花语一合》就是采用该软件绘制而成的，其表现效果如手绘的铅笔稿，可以在画布上擦拭调整，有手绘的痕迹（图3-49）。

图3-48 渲染效果图

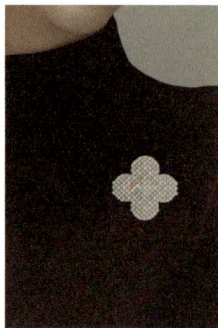

现阶段首饰中3D建模软件的应用也比较频繁，一是，由于这类软件所呈现的是立体效果，具有真实的实物状态，可更直接地观看修改设计稿；二是，这类软件可以直接与首饰制作行业相结合，运用数字3D打印技术输出首饰状态，可直接用于首饰生产。在现代首饰创作中基于三维建模软件的类型比较丰富，当前应用于首饰当中的有JewelCAD、Rhino、ZBrush等，这类软件所呈现的效果图一般具有逼真、清晰的特点，能

图3-49 《花语—合》

从各个角度观看饰品形态。JewelCAD是珠宝首饰创作的专业软件，其功能比较丰富，多是根据首饰造型需求进行的设计，并有与珠宝首饰相关各类材料包以及各种工艺所需要的素材，能更呈现黄金、白银等种类的金属色彩，也有各种琢型、种类的宝石材料库，也有适合镶嵌工艺的多类型镶托，如辊道镶、闷镶、包镶等。这一软件操作比较简单，容易掌握，又因是针对珠宝首饰设计的专业软件，因而在业界比较受欢迎。Rhino、ZBrush等3D造型软件应用广泛，可用于三维动画造型，也可用于工业设计，亦能用于首饰造型。这类软件拥有强大的功能和直观的工艺流程，能进行三维结构的观看，并能输出高精的模型，受到年轻一代首饰设计师的喜爱（图3-50）。首饰设计中Rhino运用得比较普遍，其是一款功能强大的高级建模软件，之所以被广泛应用一是它对电脑性能要求不高，不需要搭配昂贵的显卡；二是其搭配GH参数化建模插件，可以快速地构建各种优美曲面造型，其操作方法简单和可视化的界面深受设计师的欢迎。在Rhino软件中装入珠宝渲染插件，如TechGems、VRay，是一款比较专业的珠宝首饰三维绘图软件。由于其具有较好的包容性和建模功能，可以建造出较好的3D效果图，并能处理好宝石的石位、计算出金属的重量，能够经过文件格式的转换将三维设计图形进行输出呈蜡、树脂等材料的模型，更能结合传统的铸造原理铸造成贵金属饰品。出于对制造技术的对接，计算机三维造型软件的应用越来越广泛，且流行于现代首饰设计中。

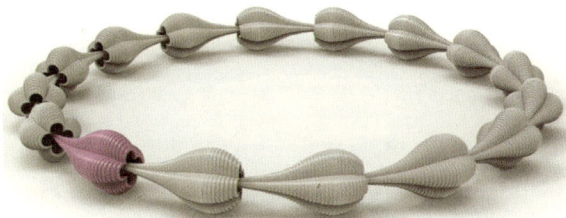

图3-50 《润语》 田伟玲

（二）首饰制作技术

1. 起版、铸造技术

在工艺范畴中铸造技术是传统的工艺形式，在此之所以将其纳入现代首饰工艺体系，主要有以下两方面的原因。一是，起版铸造工艺具有较强的生命力，与现代技术融合度较好，常与现代技术结合运用形成机械化生产的特点；二是，起版铸造工艺在工艺内容、工艺方式上都有更新，是现代首饰制造业生产的主要工艺形式。起版铸造工艺在工艺程序上要比其他现代工艺复杂，依据现代首饰制造的发展主要的一般工序为：绘制设计稿、起版、压制橡胶模、开模、制蜡模、种蜡树、称重、灌石膏、熔模、浇铸、修整。在起版铸造的工艺中，每一道工序中都有其工艺要点，且各种工序之间都有其连贯性，因为对这一工艺的运用应掌握好工艺原理和要点。在工艺原理理解的基础上，也可以根据工艺的原有形式对多种工艺方式进行探索，以取得视觉呈现的丰富性和创造性。起版铸造工艺基于自身的工艺原理，与其他工艺相比其最重要的工艺价值主要体现在形态的呈现、材料转化、复制性等特点。因而起版铸造工艺具有自身的规律性，如何掌握、运用工艺方式，并能对其进行创新。设计师还应及时感知时代设计信息，关注时代设计问题，才能更好地运用这些工艺解决问题，探索传统工艺创新点。

（1）绘制设计稿

绘制首饰效果图是对工艺的前期准备，根据设计理念和工艺方式创造适合此种工艺的艺术形式，是设计制作的第一步。在此应注意的是，起版铸造是由模具成型，一般以容易制作的蜡为材料制作模型铸造出金属件，因而在工艺实施时蜡模应具有一定的空间，不易过细，否则难以实现完整的铸造。因而在对此种工艺设计稿的绘制中，应注意工艺的实现条件。

（2）起版

起版是铸造工艺的首道工序。在现代生产技术下，起版的类型有很多，主要分为金工起版、蜡材起版、计算机三维造型起版、实物模型版等。起版是非常重要的一步，关系着后续的工艺效果，因而要求工艺师在起版时应根据手绘图稿按照1：1的比例关系制作成金属、蜡的模板，并要严格、忠实地还原设计稿的全貌，并以此制作出细腻的作品。起版是工艺的开始，起版工艺制作的效果关系到作品的效果（图3-51～图3-53）。在此对各类起版方式进行逐一的介绍。

图3-51 《斗舞》设计稿

图3-52 《斗舞》蜡版

图3-53 《斗舞》成品效果 高兴

①金工起版

金工起版，主要是指根据设计稿以金属工艺的方式进行起版，常用银、铜等硬质金属材料结合锯、锉、焊等工艺进行起版。在行业内，被制作的第一个金属样模常被称为"第一位老先生"（图3-54）。首饰制作中起金属版具有其他起版方式所不具备的特点，主要表现在金属起版在工艺方式上成型容易，工艺制作也比较细腻、纹饰清晰；金属模具有较好的稳定性，并多用于压制胶模，因而具有较强的复制性特征，适合于批量化的生产，可节约劳动成本、降低产品价格；金属起版可以采用手工起版和3D建模打印起版的方式进行。在金工起版前要领会工艺要领、工艺步骤和工艺精神，以便工艺应用和创新。

金工起版的流程主要有以下环节。

选材：根据设计稿，选择金属材料的类型，在材料的选择上一般以粗些的线形材料为主，或者是厚些的片形材料。应注意的是金属的材质需具备一定的硬度，一般为黄铜或S925银、铝等。

下料：主要是计算所需金属的尺寸，并裁切好部件。根据设计稿的难易程度可进行部件的拆分，来分别制作金属模，并计算好所用金属的长度、宽度，根据所需尺寸裁切金属材料；如果金属模造型简单，可以进行整体制作，可整体计算所需金属材料的尺寸，并进行裁切（图3-55）。

摆件焊接：将裁切好的金属材料按照设计稿弯曲成形，并将部件摆好焊接成型（图3-56）。在焊接成型时，有的式样相对复杂，可将制作好的部件摆放在胶泥上整理造型，并以石膏固定翻模，再进行焊接。在对金属焊接时应注意焊接一条长形水线，主要用于压膜后注蜡、浇铸的通道。水线的形状一般为圆柱状，长度一般为15毫米、直径为3毫米，以便蜡液、金属

图3-54 金属版

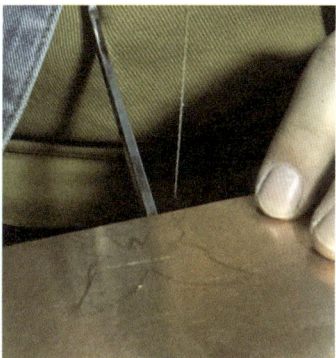

图3-55 下料

图3-56 摆件焊接

图3-57 焊接水线

图3-58 金属件

图3-59 块蜡

图3-60 片蜡

液顺利地注入模具中（图3-57、图3-58）。

检查：检查焊接好的金属，查看是否焊接牢固，必要时应进行补焊。

修整：对焊接好的金属模修整打磨处理干净，以便压制胶模。

②蜡模起版

主要指设计师根据设计稿的特点按照1∶1的比例制作成蜡质材料的模型，要求与起金属版一样都要忠实、客观地反映样稿全貌。失蜡铸造是传统的工艺形式，也是现代行业中比较常用的首饰工艺。由于技术的进步以及机械化生产方式，铸造出的金属件更细腻、精致，因而即使是起金属版最后也要转换成蜡模的形式进行铸造。根据设计需要，起蜡板与起金属版相比有几处优势。一是，蜡材相比金属材料易于操作且容易成型，更易于塑造体块特征，不易造成材料的浪费且相对环保；二是，蜡纸柔软雕刻出的纹饰比较清晰细腻，且容易修改，并能手工雕刻成型，也可3D建模成型，或对自然物翻模成型，形式比较灵活；三是，蜡材的种类较多，分为软蜡和硬蜡。其中，硬蜡又有块蜡、戒指蜡、手镯蜡、镶口蜡等，软蜡有片蜡、蜡棒等（图3-59、图3-60）。在工艺制作中，可以根据不同设计需求选择不同种类的蜡材，使用比较方便。

起蜡版在首饰制作中是单独的工艺种类，常称为雕蜡工艺，与金属工艺不同因而有专门的工艺方法、工具和材料。硬蜡主要为戒指蜡、蜡块等，质地稍硬有一定的脆性，硬而不黏，适用于雕刻、切割、修锉、钻磨等，并适合宝石拖的镶嵌，但易于断裂。软蜡主要为片蜡和蜡棒（或条），质地柔软容易塑形，适合揉捏、挫展、弯曲等的方式。首饰雕蜡中工具种类也比较完备，一般有雕刻刀、扩蜡棒、锉、融蜡机、台机及各种钻头、卡尺、圆规等。首饰雕刻刀的刀头有各种类型，主要用于雕刻不同的形状和位置。扩蜡棒主要用于戒指蜡戒圈扩圈。蜡锉一般用于雕刻蜡的大型，有时也会用于细节的处理。融蜡机用于将蜡在熔化时链接在一起，尤其是在种蜡树时必须用到此设备。菠萝钻主要用于纹饰之外多余蜡的去除处理。

失蜡铸造是传统的工艺形式，蜡版制作是传统工艺的延续，对工艺的学习和掌握有利于继承优秀文化和思想，利于民族精神的传递。对工艺学习时，应掌握工艺要工艺步骤，领会工艺精神，理解工艺原理，则可以达到对工艺的创新应用。

在此以戒指蜡模起版为例，介绍蜡模起版的主要流程。

选材：根据设计稿，选择适合的类型的蜡材料。蜡的种类根据设计稿的具体内容而定，如戒指为戒蜡、吊坠常为块蜡（图3-61）。

图3-61　戒指蜡

下料：根据设计稿用卡尺测量饰品的尺寸，计算出所需蜡材的长、宽、高，根据尺寸在蜡材上画线，并分割蜡块，用锉刀把表面修整平整。此处需要注意的是，在计算蜡料时，蜡的尺寸大小要比设计稿实际尺寸稍大些，留出工艺误差（图3-62、图3-63）。

确定戒圈尺寸：确定戒指内圈大小、戒指的厚度及台面的宽度，并用针在蜡棒上做标记；用扩蜡棒扩戒指的内圈，并用半圆锉的半圆面在内圈以打圈的方式锉掉多余部分，锉时应均匀受力，直到内圈的直径修正到设计稿的尺寸为止；根据戒指的厚度和台面的宽度，用锉修正蜡模的外形，使其达到需要的尺寸。此处需要注意的是，在对戒指内圈修正时应及时利用戒指棒测量蜡模尺寸，以防尺寸过大（图3-64）。

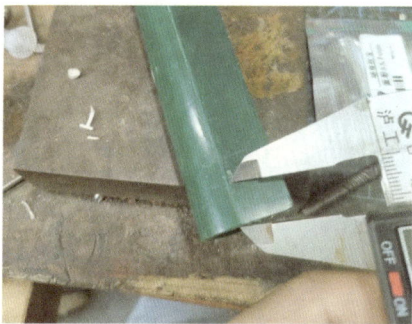

图3-62　测量

确定戒指的大型：绘制戒指大形于蜡材上，将拷贝纸贴在戒指蜡上对戒指定型；图稿戒圈、戒面应与确定好的蜡模戒圈的大小、位置相吻合；用针在图稿上沿戒指、戒面外轮廓扎出小孔，再去除图稿，蜡模会留有小孔；根据设计稿的外形，将蜡模上的点连接成线，形成了饰品部件外形。

修整基本形体：根据戒指的大形，确定戒指宽度的基本形体的变化，用锉刀锉掉多余的蜡（图3-65、图3-66）。修形时应从大的形体入手，再到细部刻画，直至戒指的基本形体准确。在修形时可能会用到球针打形。

刻画细节：将形态修整平顺，用针或尖刀在戒指蜡

图3-63　下料

模上刻画出图稿中的细节，再用相应工具进行刻画。细节处理时，纹饰的尺寸、造型严格按照画稿的1：1的比例再现（图3-67）。

组合、细部修整：根据饰品结构将部件进行组合，并修整细部（图3-68、图3-69）。细节特点可采用适合的工具（如菠萝钻、刻刀等）进行细节刻画，将细节的基本形体修正完整后再用锉刀、刻刀进行精修。细部处理时要轻、要慢，掌握形体的准确性。

宝石底座制作：如果戒指为镶嵌类型在基本形体处理好后，以同样的方式制作宝石底座，并焊接在戒指上，进行细部修正（图3-70、图3-71）。

与原稿对比：将蜡模与设计稿进行对比，调整细节并修整。

图3-64 测量戒指内圈尺寸

图3-65 修整形体

图3-66 戒面形体修整

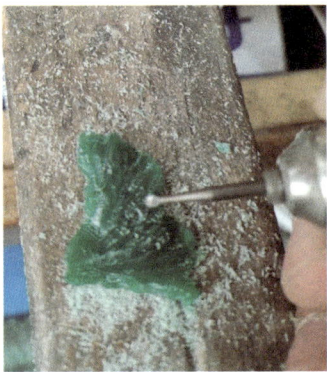
图3-67 刻画细部

图3-68 组合

图3-69 修整

图3-70 蜡模完成

图3-71 制作宝石座

③三维计算机起版

计算机起版是当代对数字技术的应用，也是时代
发展的趋势。在现代首饰生产行业中，运用现代技术，
通过三维计算机软件进行建模，并结合3D打印技术，
打印出蜡模再进行铸造（图3-72）。在数字化起版中
一般多是打印蜡模，再结合传统的浇铸工艺进行铸造，
较少直接打印贵金属材料。由于多种原因，市面上数
字化起版与传统的起版方式相比拥有自己的特点和优

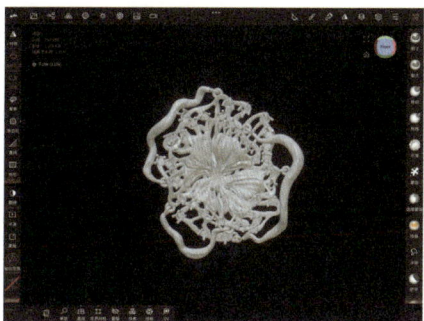

图3-72　计算机建模图

势，一方面，在于通过三维电脑起版，可以通过渲染
软件对图形进行直观化观看与修改，并能测量出饰品的尺寸和所需材料的
重量，确保预算的准确性；另一方面，电脑起版可以有效地弥补设计师手
工制作的不足，并能为设计畅想提供实现空间，还能降低传统起版工艺方
式中对时间和材料的消耗，从而达到快速、准确的制作效果，节约了时间
和成本。

三维计算机起版在当代首饰创作中也经常得到运用。在现代高校或首
饰工作室中经常用到，数字技术常能达到手工制作所难达到的对空间、图
形的复杂处理，因而数字技术为艺术创作带来了广阔的空间，在现代首饰
艺术行业中较为流行。在艺术创作中设计师可以根据个人风格，结合数字
化起版的特点完成作品的创作。

在现代设计中用于3D起版的软件一般有JewelCAD、Rhino、ZBrush、
Nomad Sculpt等，有时多个软件结合使用。在作品《异乡人》的部件的造
型中，就使用ZBrush、Nomad Sculpt两种软件，具体的步骤如下：

首先使用ZBrush软件，根据设计稿使用裁切工具裁切出饰品部件的形
状，并使用肌理笔刷绘制出上面起伏的肌理（图3-73）。

再使用Nomad Sculpt软件的圆管工具，拉出长短不一的圆管，再使用
黏土笔刷根据设计图绘制出符合其大小形态的结构柱（图3-74）。

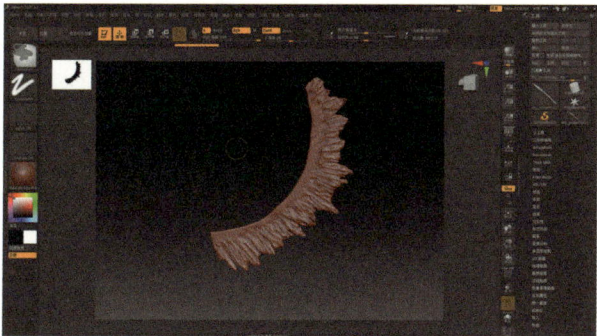

图3-73　ZBrush软件造型

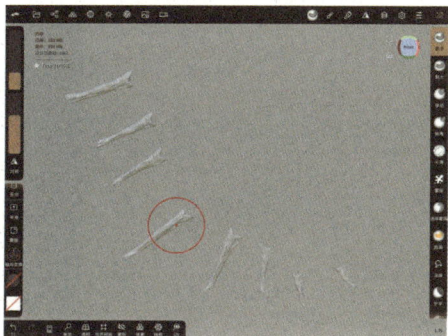

图3-74　管状模型制作图

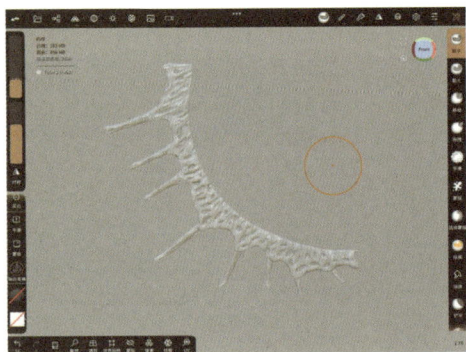

图3-75　模型润色处理

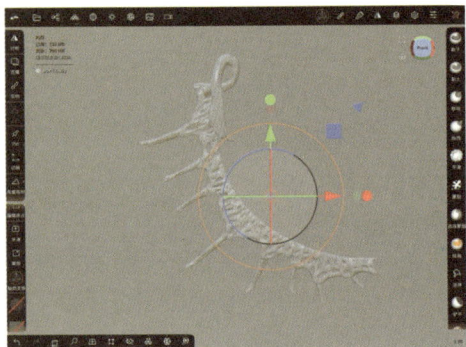

图3-76　模型组合

图3-77　润色打磨1

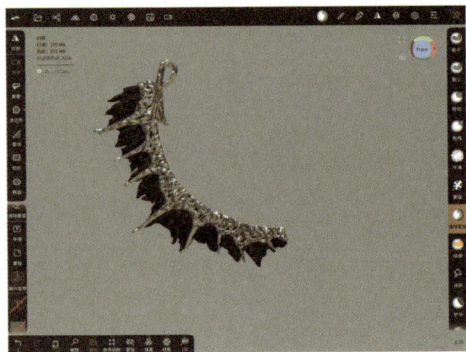

图3-78　润色打磨2

将使用ZBrush软件制作的第一幅图导入Nomad Sculpt软件中，并将两部分图形合并在一起，形成如图中形状，再用笔刷绘制上面的肌理，待形态处理完毕后，使用平滑笔刷对模型边缘处进行润色（图3-75）。

使用圆管工具拉出链接处的形态后，用套索工具对链接处形状进行调整，使用黏土笔刷进行形态绘制。绘制完毕与上一步模型进行体素合并（图3-76）。

最后使用轴向变化工具中的镜像功能，对模型进行复制反转后，制作出饰品背面的形态，并将前后两个模型进行合并；再使用平滑笔刷对两个模型合并连接处进行润色打磨处理（图3-77、图3-78）；最后根据设计调整作品的尺寸，可以进行3D蜡模输出，再结合铸造工艺制作金属件（图3-79）。

④实物模型起版

起版铸造工艺是根据模、腔的原理实现工艺制作，其中首饰中的常见的熔模型为蜡质材料，因而常采用失蜡的方式，在石膏腔内留有蜡模熔掉后的空腔，再进行浇铸铸造。此处的熔模材料主要是指首饰起版中种在蜡树上的材料，用于模、腔工作原理，经高温的烘焙后，能熔掉在石膏体内形成空腔的材料。根据平时工艺实验，运用这一工作原理，将模型材料进行替换，完成铸造工艺完整过程。因而在面对传统工艺时，应以实际问题为切入点，准确地理解铸造工艺原理，掌握起版熔模材料的专属

图3-79　《异乡人》　霍朝政

性特征，可具备以创新思维方式对熔模材料综合运用的能力。

主要的工艺流程如下。

选材：根据熔模铸造工艺特点，选择熔模材料，此处的熔模材料应具有一定的体积，并为可燃材料且能在高温情况下蒸发（图3-80、图3-81）。

材料处理：选定材料后对材料进行处理，使其能够较好地完成后续工艺。

种植蜡树：将处理好的材料，按照起版铸造工艺步骤种植在蜡树上。

融金浇铸：按照起版铸造工艺的政策工艺流程，浇铸出金属材料饰件（图3-82）。

需要注意的是，对于新的工艺方式的探索带有一定的不稳定性和偶然性，应该结合实践经验掌握工艺要领。此种工艺方式虽然带有一定的不稳定性，但根据经验和工艺程序的准确运用能够较好地达到预期效果。此种工艺方法的探索带有明显的工艺特征，一是，由可燃材料直接制作模型进行熔模铸造，可以很好地复制材料的外貌特征，增添了艺术语言；二是，有利于将可控材料、易塑造的材料，转化成可佩戴、喜欢的材料形式，材料转化也是此门工艺价值所在。

（3）压制橡胶模

压制胶模是针对起金属版工艺程序而言。一般用于批量化生产时需要进行金工起版，再进行压制橡胶模，注蜡形成批量的蜡模进行浇铸（图3-83）。压制橡胶模，是对金工起版后的后续工序，是使金属模转换成蜡模的工艺。在这一工艺中需要特殊的设备、工具和材料，一般有压膜机、铝框、胶片等。其中铝框的类型比较丰富，有单框、双框、四框，在框的尺寸、厚度上也有多种类型，可以根据金属模版的具体情况选择合适的铝框（图3-84）。用于压膜的材料主要为生胶片，在首饰中常用的胶片多为进口胶片，常用的品牌为CASTALDO。CASTALDO牌生胶片包含两种，一种是含纯树脂橡胶较少的白牌胶片，这种胶片价格相对便宜，但此种生胶片硫化后较硬，适合普

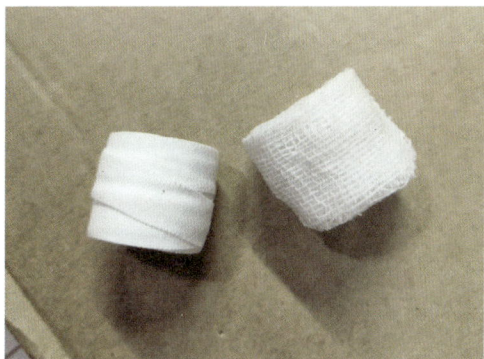

图3-80　纤维材料

图3-81　植物材料

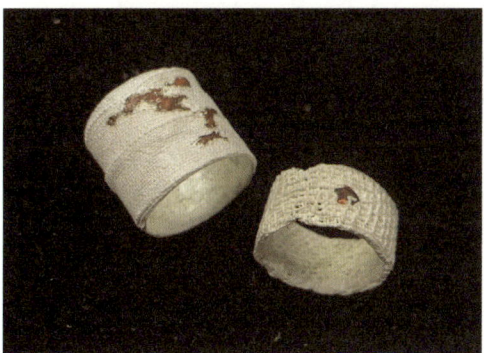

图3-82　《渗》张旭

图3-83 蜡模

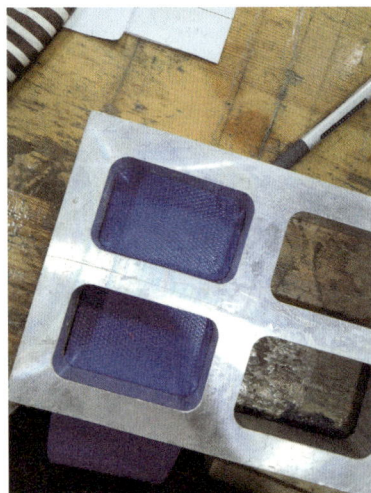

图3-84 铝框

通模版的压制；另一种是含天然树脂橡胶较多的金牌胶片，可用于凹陷明显难以加工的模版压模，这种胶片具有良好的性质，且开模时容易保留细节，并容易取出蜡模。

压膜工艺的一般工序如下。

打磨模型：压制胶模前一定将金属模型打磨光滑，并清洗干净，最好使用超声波清洗机清洗、烘干备用。有非常精细的模版可以先电镀后压膜，以保证模版的干净和胶模的完美。

选框：根据模版的尺寸和压制的数量选择合适的铝框（图3-85）。

铺胶片：根据选定的铝框内径裁剪生胶片，胶片的布衬可以放在铝框的底层和顶层，夹在中间的胶片布衬要去掉，胶片另一面的蓝色保护塑料薄膜必须全部去掉。根据铝框的高度计算所需胶片的片数，将一半数量的胶片铺于铝框内，并按压结实，再放入金属模版，使其位于铝框的中间位置，并让水口伸到胶片边缘。在放置金属模版时，可根据模版的复杂程度在纹饰的细小空隙中填入胶片碎料将空隙填满，并在水口端头部放上金属注蜡嘴（图3-86）。待一切处理好后在上面铺上胶片，用胶片将整个铝框塞满，一般胶模要高出铝框2~3毫米。

压膜：将铺好胶片的铝框放置在压膜机上，并固定好位置使压膜机的两块加热板与铝框结合紧密。将温度设定在152℃左右进行压膜（图3-87）。压膜的时间一般根据胶片

图3-85 选框

图3-86 铺胶片

图3-87 压膜

的数量而定，一片胶片的硫化时间一般为7分钟，如果铝框内有4片胶片，硫化的时间一般为28分钟左右。压膜时应注意，需要提前预热压膜机，并在硫化两三分钟后需要再次慢慢旋转压膜机把手压紧胶模。

开胶模：待胶模压好冷却后取出胶模。开胶模时常用手术刀进行，一般根据模版的形状、大小来确定开模的方式。现在最常用的是直线或四角定位的方法进行切割，有时也用曲线的方法切割。开模前先将注蜡嘴取下，并将胶模外部多余的胶去除。运用台钳、手术刀等工具开模，一般从胶模的角端下刀，切至水口处；再沿模版的水口，一刀一刀逐渐向两侧进行开模。靠近金属模版时应非常小心，不要将细微之处切断，最好沿着金属版的中间线进行分割（图3-88）。开模时注意刀锋的走向变化，使两片胶模表面形成相互吻合的起伏关系，增加两片胶模闭合时的摩擦力，防止错位（图3-89）。

注蜡：开模后，取出金属件，在胶模内形成空腔，注入蜡液，冷却后形成蜡模，并修正细节（图3-90）。注蜡时注意胶模上下隔有一平板，并将胶模对好不要错位。另外，修正蜡模时，蜡模上的水口要保留好，以便后续种蜡树时需要。

（4）种蜡树

植蜡树是非常重要的一步，关系着浇铸是否成功。种蜡树也是关键的一步，无论是起金属版还是蜡版以及数字起版都需要种蜡树的环节，来完成最后的浇铸工序。种蜡树主要是指将制好的蜡模有序地焊接到圆柱状的蜡棍上，使外形为树状。

种蜡树的主要工序如下。

检查蜡模：修正好蜡模，并检查好蜡模上的水口线（图3-91）。

种蜡树：运用融蜡机将圆柱状的蜡棍垂直地焊接在橡胶底座上，并检查是否牢固。将蜡模水口的一端焊接在圆柱状蜡棍上，使蜡模与蜡棍成45度夹角，确保金属液的顺利流通（图3-92）。种蜡树时应注意将造型复杂细腻的模型放在蜡树的顶部，造型简洁的蜡模放在蜡树的底部，且种蜡树时常从底部往上种。

图3-88　开胶模

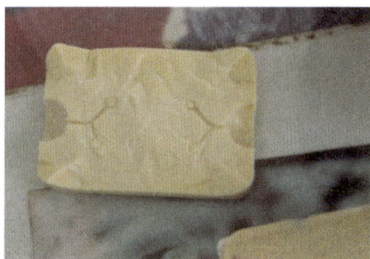

图3-89　胶模

图3-90　注蜡

图3-91　修正蜡模

图3-92　蜡树

称重：种蜡树之前对橡胶底座进行称重，种完后再次称重，计算出蜡的重量，并按照蜡与金属的比例准备铸造金属材料。

（5）灌石膏

灌石膏主要是使石膏液包裹蜡材，凝固后形成石膏体，再进行熔模铸造。在灌石膏中应注意石膏液的调配比例，过稠、过稀都不能精确地铸造出金属件。在此步中应严格、准确地按照相关步骤要点进行。

灌石膏的主要步骤如下。

图3-93 钢桶

图3-94 石膏液

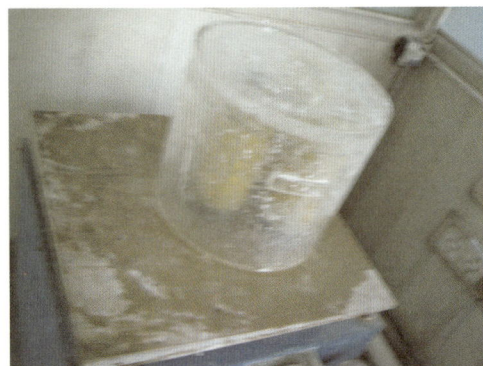

图3-95 抽真空

准备钢桶：根据蜡树的尺寸选取钢桶，并将钢桶的四周用纸、胶带等材料封闭。再将钢桶与种有蜡树的橡胶底座扣紧，使蜡树的四周与钢桶保持一定的空隙。需要注意的是钢桶的顶管要高于蜡树的顶部2厘米以上，以确保顶部石膏的厚度（图3-93）。

配比石膏液：待封闭好钢桶后，进行石膏液的配比。一般1000克的石膏粉需要400毫升的水，按照比例配好石膏液，搅拌均匀，并放入抽真空中抽掉液体内的泡沫（图3-94、图3-95）。

浇灌石膏：将处理好的石膏液沿钢桶内壁缓缓倒入钢桶内，再进行抽真空处理。并将钢桶放置安全位置，待石膏凝固后放入熔蜡炉内，进行脱蜡。

（6）焙烧石膏

焙烧石膏的目的在于将石膏中的蜡模融掉，在石膏体内形成留有模型的空腔，并进行浇铸。经过焙烧可提高石膏的硬度，并具有一定的温度可使金属液顺利地流入石膏内的空腔中，完成铸造。其主要步骤为待石膏液凝固后，将钢桶下的橡胶底座取下。将钢桶内石膏开口的一端向下，放入预热好的电炉内，设置电炉的温度曲线。焙烧石膏的时间在6～12小时，主要与钢桶的大小、石膏的品质有关。焙烧石膏钢桶一般分为三个阶段，主要为干燥、脱蜡、浇铸，每个阶段都要严格控制好温度，否则将影响浇铸饰件的质量。在通常情况下，焙烧直径为8厘米、高为10厘米的石膏桶需要7～8小时。一般将电炉预热到200℃放入钢桶，钢桶下留有炉内支架，以便蜡液流出烧尽。在200℃处恒温1小时，再升到400℃并保持1小时，这一阶段基本可将蜡脱尽。然后将炉温升至600℃，并保持1小时，再升温到800℃焙烧1小时，这一阶段为干燥温区。再将温度降到500～600℃，保持2小时，这个时段称为浇铸保温区。最后将温度降低到合适浇铸的温度，一般在480～540℃，根据铸件的情况而定，保持1小时铸造（图3-96）。

（7）浇铸

浇铸为起版铸造的最后一步，是将金属液浇灌石膏空腔内，形成金属件。浇铸工艺的进行也要严格按照一定的程序来完成，首先根据称重计算金属的数量，并进行融金。将钢桶从电炉取出放入抽真空机中进行抽真空处理。将熔化好的金属液倒入钢桶内完成铸造（图3-97）。待稍微冷却后将钢桶取出，放入盛有水的桶中，并用夹子上下晃动钢桶，进行炸石膏处理，获得金属件（图3-98）。

（8）修整

将铸造好的金属件清洗干净，取出上面残留的石膏。用工具将饰件从金属环上取下，并对金属坯进行修正，去除杂质，进行细节处理，完成铸造。

起版铸造在现代首饰制作中经常使用，有时会结合其他工艺进行制作，有时也会对饰件的部件进行铸造再进行后续的加工处理。在现代首饰中起版铸造技术常与宝石镶嵌工艺结合使用，镶嵌的金属件一般是由铸造工艺制作而成的，待铸造后进行修正、抛光细节处理，再进行宝石镶嵌，形成精美的饰品。

2.3D打印技术

随着时代的进步，计算机技术应用的普及和发展，3D打印技术作为一种新的快速成型技术越来越受到关注。该技术起源于20世纪末期，由3D Systems创始人查克·赫尔（Chuck Hull）发明的光

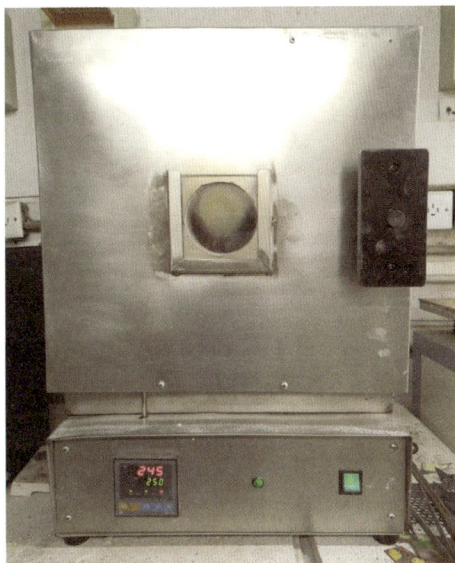
图3-96 烘焙石膏

图3-97 浇铸

图3-98 浇铸成型

固化打印技术（SLA）发展而来。数字技术的出现和运用推动了工业化和信息化发展，也提高了生产效率和行业创新能力。该技术应用得比较广泛，在工业制造、建筑、医疗行业、航空航天等领域都有涉及，其改善了人们的生活方式。近年来，3D打印技术广泛应用于首饰行业并得到快速发展。目前首饰制造业、行业工作室、高校学生都在运用这一技术进行设计制作，并将这一技术与传统铸造方式进行结合完成首饰的制作，为首饰设计的个性化和智能化提供了技术支持。

3D打印技术是一种快速成型技术，是一种以数字模型文件为基础，运用粉末状金属或塑料、蜡等可黏合材料，通过逐层打印的方式来构造物体的技术。3D打印技术的工作原理，利用3D打印采用分层、叠加，主要是通过逐层增加材料来实现对三维事物的生成，也称为增材制造。想要运用3D打印技术，需先建立数字模型文件，可以根据设计稿在电脑软件中转化为三维图形，也可以运用计算机三维软件直接进行三维空间的建模。

首饰中3D打印技术的一般流程如下。

第一步，绘制设计稿，稿件为手稿的需要转化成三维模型数字文件。

第二步，将电脑链接3D打印设备，3D打印将建立的3D模型分割成一层一层的薄片，软件完成分割程序后，打印机开始喷墨打印。在打印时，每一层都由两步完成，先需要成型的区域喷洒一层特殊胶水，然后再在胶水处喷洒一层均匀的粉末，粉末与胶水相遇会迅速固化黏结，以此来完成逐层打印，从而完成实体模型（图3-99）。

第三步，当3D打印完成后，需要对打印的模型进行后续处理，如固化处理、剥离、修正等。如果是打印的蜡材，还要结合传统的工艺方式进行材料转换；如果是打印的零部件，需要运用后续金属工艺进行完整形态的组合制作。

首饰中3D打印技术应用比较广泛，可以通过打印制作精致的宝石镶爪，也可以通过打印部件与传统金属工艺结合。通过新技术的运用可以更快、更便捷地实现首饰制作，也能以数字技术实现手工技艺难以达到的工艺程度。通过先进技术的运用，可以实现对多种材料的运用。在首饰行业中一般采用对蜡材的打印，再结合铸造的基本工序制作，蜡材相对精致，铸造出的金属件也比较精细。首饰打印中常用的蜡材一般为蓝蜡和紫蜡，都是高精度的蜡材，有着较好的柔韧性。这种蜡模

图3-99　3D打印模型

在后续铸造中能快速熔化，不残留杂质，能够铸造出精美的饰品。随着首饰定制成为一种时尚，个性化的首饰需求越来越强烈，3D技术的运用为制造行业和个性化首饰定制提供了技术支持。数字打印技术与传统工艺相比有着自身的优势，因而近几年在首饰行业中发展迅速。但这种技术也存在着局限，其在使用的材料上多为蜡、树脂等材料，运用这些材料打印出的首饰还需要后续加工，如进行种蜡树、浇灌石膏、浇铸、打磨等。

3. 激光加工技术

近年来除了3D打印技术外，激光加工技术也常用到首饰制作之中。随着科学技术的进步，自美国科学家西奥多·哈罗德·梅曼（Theodore Harold Ted Maiman）研制出的红宝石激光器以来，激光技术得到了快速的发展，并广泛应用于各行各业。激光加工技术引入珠宝首饰行业中，提高了生产速度和精度，并因其方便性而受到欢迎。激光加工技术在首饰中的运用主要以激光点焊、激光切割等形式呈现。

激光点焊往往由激光点焊机来完成。激光点焊机一般能够焊接首饰中所用的多种金属材料，如金、银、铂、钛及其合金，主要用于首饰精细部位的链接和制作，同时适用于其他行业精密部件的焊接，如钟表游丝、电池镍带等。激光点焊机主要由激光器、激光电源、冷却机、导光及调焦、双目体视显微观察几部分构成，其结构紧凑，体积小。激光点焊机操作简单，易于掌握与激光束同轴指示光和高清晰的体视显微镜，使得工件定位容易，不需要特殊的夹具。激光功率、脉冲频率、脉宽和波形均可通过控制面板预置和更改，并且电源采用抽屉式结构，操作方便。激光焊接的工作原理是运用高能量的激光脉冲对材料进行微小区域内的局部加热，激光所辐射的能量通过热传导向材料的内部扩散完成焊接。激光焊接主要针对薄壁材料及精密零件的焊接，其具有速度快、低废品率、焊接轻度高的特点，与传统的焊接方式相比主要有以下几个特点。第一，激光焊接速度快、强度高、变形小，焊接后无须后续清理和矫正。由于激光焊接不需要传统焊接点焊药、硼砂等程序，故焊接后相对整洁。另外，焊接方式为局部加热整，形体不易变形。第二，适合对精密部件的处理，并能保证质量。由于激光束聚集后光斑较小，能精确地定位，影响区域小，因而适合精密工件的焊接并能极大地提高焊接质量。第三，污染少，并能节省材料。激光焊接不需要焊料和溶剂从而降低焊接时对环境的污染，另外，激光焊接能将金属的厚度降低到0.1毫米，从而降低了饰品中金属的含量，可以节约成本、降低价格。在首饰行业中，常用到的激光焊接机功率低，且具有较大的安全性、紧凑、易于移动的结构特点，焊接易于掌握，因而在现代首饰制作中常用到这一设备。

激光技术在首饰中运用的范围较广，有时还会用于对金属材料的切割。激光切割主要用激光切割机来完成，其工作原理是利用经聚焦的高功率密度激光束照射工件，使被照射的材料迅速熔化、汽化、烧蚀或达到燃点，同时借助与光束同轴的高速气流吹去熔融物质，从而实现将工件割开。随着光束与工件位置的变化，使材料形成细小的切缝，从而达到切割的目的。这种方式与传统金属切割不同，在切割时以激光束代替了传统的机械刀具，因而具有精度高、速度快、切口平滑的特点，且在造型上不受图案的限制，节省了材料、降低了成本。除激光切割外，激光技术还用在对首饰的打标、雕刻等工艺上以及对砖石的切割技术上。

4. 电镀技术

电镀技术主要是针对金属首饰颜色的技术。在现代首饰市场上，为了改变金属首饰托架本色，常采用电镀技术。如有些首饰是用银或者铜来制作，为了增加作品的效果使其表面看起来更像黄金的颜色，可以使用这一技术改变金属原有的色彩，使首饰作品看起来更加美观，也对金属表面起到一定的保护作用。首饰中的电镀一般分为本色电镀和异色电镀。本色电镀是指在金属表面镀上一层与原有金属颜色基本相同的颜色，如18K金首饰镀18K的金，22K金首饰镀22K的金。异色电镀是指电镀的颜色及成分与首饰原本金属的颜色和成分不同，如18K金首饰镀24K黄金或电镀白色的铑，这类饰品常兼有铜、银等材料。在首饰中电镀有多种，如镀金、镀铂、镀银、镀铑等。在电镀技术中根据电镀药水的不同，可结合恰当的电镀方法，完成对不同金属色的电镀。主要利用阴阳离子的吸附作用，使电镀液中的金属阳离子吸附在阴极的金属表面。需要注意的是电镀使用的水应为无杂质的蒸馏水。

在对金属首饰电镀之前必须进行电镀前的清洁处理，因为首饰的表面可能有残留的油污或焊接时的氧化物，电镀前必须将这些污物和氧化物处理干净，才能确保电镀出的镀层颜色正、均匀、牢固。此外，在电镀前还应尽量保持金属表面光滑度，以免电镀时出现脱皮、鼓泡、麻点、花斑等不良现象。因而在电镀前应做到对电镀金属件的清晰处理，一般有以下步骤：

第一，精心打磨金属件的表面，使其表面光滑，消除粗糙感；

第二，将金属表面的油污清洗干净；

第三，将焊接时所残留的灰或者氧化物清除干净。

对于金属件表面油污的处理可采用多种方式，可采用有机溶剂除油法去除油分。主要利用煤油、汽油、四氯化碳等有机溶剂将金属表面的油脂溶解的物理特性，去除金属表面的油污。还可运用化学除油法清除油脂，主要运用将首饰金属件置于碱性溶液中清洗，并运用皂化作用、乳化作用把金属表面污物清除干净，其中氢氧化钠、碳酸钠、磷酸三钠等是很好的除油剂。也可采用手工去油法清洁金属表面，一般为手工刷洗方法除油，常用瓦灰或去污粉洗刷。对于首饰金属表面的氧化物常用酸洗的方法，运用无机酸的侵蚀和溶解作用，清除金属表面的氧化物。

5. 抛光、喷砂技术

随着技术的进步，首饰表面处理工艺比较多，形成了不同的表面处理效果。在现代首饰技术中最常用的是抛光技术，与传统的抛光工艺相比现代机械的抛光更为便捷、明亮。抛光是首饰工艺的最后一道工序，主要用于金属表面的清洁光亮，增强饰品金属光泽。在现代首饰制作中主要采用磁力抛光机和布轮抛光机进行抛光。磁力抛光机主要采用不断变化的磁场力拖动极细的不锈钢针磨材，并产生快速旋转运动，从而达到去除金属表面的毛刺、灰尘等杂质，起到抛光的效果。磁力抛光可以对造型复杂、带有凹陷结构的首饰有较好的抛光效果。布轮抛光是一种精细的抛光，可以极大地提高金属首饰表面的光洁度和亮度。布轮抛光是将布轮、毛刷等安装在抛光机的马达转轴上，马达的高速运转带动了布轮的运转，使金属表面与布轮产生摩擦，从而达到精细抛光的效果。

喷砂工艺也是金属表面效果的处理工艺之一，与抛光技术不同，这种工艺主要是在金属表面形成细小的砂点肌理。喷砂技术主要运用压缩空气的压力，将砂粒高速喷射在首饰的表面上，从而使金属表面产生砂点肌理。在喷砂工艺中，金属表面的磨砂肌理的粗细，取决于砂粒的大小，粗砂喷出的磨砂面较粗，细砂喷出的效果较细腻。

在现代首饰制作中，还有很多现代技术运用到首饰中，如冲压工艺、电铸工艺、压链工艺等，都是当代首饰中经常用到的工艺。现代技术的运用极大地提高了首饰产品生产效率，实现了首饰工艺的多样化，为首饰行业的发展起到了巨大的推动作用。

二、首饰技术特色

现代首饰加工技术是在现代科学技术发展的基础上，对传统工艺的补充。与传统工艺相比，较现代首饰工艺有着各自的特点，适合着当代的生活，并为当代设计提供着技术需求。

（一）技术与创意

现代首饰技术呈现多样、精确的造型方式，给首饰带来了更多创意的可能性，为首饰设计提供了广泛的实现空间。技术的发展给首饰设计带来更多创意，完全可以将工业领域以及其他领域的技术应用于现代首饰创作之中，基于工艺创作的理念对首饰发展带来新的意义。

现代技术的发展开启了新的首饰类型。艺术家将思想注入作品的同时，也探讨了新技术的应用方式，通过创意不断地扩展对首饰工艺的认知。艺术家运用新的技术手段不断研究个人艺术风格，并展现其对某一领域的主动探索和研究，在独特的工艺技术下形成了个人艺术语言，也形成了独特的艺术风貌。高新技术的发展越来越丰富，对于现代技术的运用是广泛的，不仅是制作技术，也可是以声、光、电等类型的技术方式来探讨首饰艺术的表现空间以及相应的首饰类型。

现代工艺技术在一定程度上丰富了首饰的造型。工艺技术主要是对材料的处理方式，新的技术应用势必会引起首饰造型结构的变化，从而丰富首饰的形态。在现代技术的催生下，首饰在造型语言上类型比较多。如首饰艺术家斯坦利·莱奇津（Stanley Lechtzin），曾经探索并应用现代工业技术对在首饰艺术中的应用。他主要探索电铸工艺与首饰制作的结合，采用电铸金属、矿物以及塑料相结合的工艺，创作了形式独特、体态轻盈的首饰作品。电铸技术主要是运用芯模，并在上面形成电沉积，然后分离制作出的金属饰件。其工作原理与电镀相似，不同的是电镀层要与电镀的实物紧密结合以达到增亮、提色、保护的作用，而电铸时电铸层要与芯模分离，且厚度大于电镀层。因而在此工作原理下，电铸技术的运用使首饰呈现出难以手工制作的复杂形态，能够精确地复制和展现芯模的肌理特征以及纹饰变化，从而制作出造型复杂、形态精准的首饰作品，扩展了首饰表达语言（图3-100）。另外，对于技术与造型的关系还体现在当下数字技术的应用。在现代首饰设计中，三维计算机软件的应用已成为首饰发展中不可或缺的因素，计算机造型结合3D打印技术，可以有效地实现对首饰三维空间的塑造，也使材料表达的方式呈现多样化。在此技术的应用下，有时坚硬的金属材料可以展现出柔软的一面，厚重的金属质感也能给人以轻薄之感。数字技术的应用也为首饰增加了丰富的造型空间，实现以手工制作难以达到的复杂程度和精准程度。在现代首饰艺术中，有些艺术家运用三维建模、数字雕刻、快速成型等技术，创作出错综复杂、千变万化的首饰形态。英国首饰艺术家大卫·哥温德（David Goodwin），运用数字技术创作出结构复杂、线条错综的首饰作品，作品中主要运用线条的排列构建首饰结构，呈现出精致、时尚、现代的首饰特征（图3-101）。线条的一致性以及排列的次序性难以用手工制作实现，用数字技术却能够轻而易举地完成，因而数字技术为艺术创作带来了无限的可能性。

现代首饰工艺中，无论是传统工艺还是现代技术的应用，都是设计与成型实现的工具和途径。在传统工艺的技术上运用现代技术无疑为首饰创作提供了更大的空间，为创意的实现提供了更多的可能性。

图3-100 斯坦利·莱奇津设计的胸针

（二）技术与效益

随着现代技术的发展，首饰设计无论是从设计进程还是在加工制作方面都受到当下技术水平的影响。首饰设计中对现代技术的应用范围比较广，不仅有工艺制作技术还有现代信息技术，都从不同角度对首饰行业产生着影响。与传统工艺相比，现代技术的应用最明显的特征是，缩短了生产周期、降低了成本、提高了经济效益。

图3-101 大卫·哥温德设计的胸针

现代工艺技术的运用，加快了首饰设计进程。首饰设计行业对于产品的生产一般经历调研、设计、打样、生产、销售等几个环节。现代工艺技术的应用加快了首饰打样及生产的进度，缩短了工艺周期。在传统的工艺方式中，从设计到打样都要手工制作完成，其中手工制作还需要对材料、工具进行准备，在这个过程中需要2~3天时间，工艺复杂些的需要更长的时间。手工制作还存在一定的不稳定或者不可控的因素，有时需要返工，导致工艺时间延长。然而在现代工艺中，现代技术解决了手工技术难以解决的问题，能准确高效地完成对样稿的制作以及实现机械化生产。比如，在现代首饰制造业中运用较多的是起版铸造工艺，在此工艺程序中采用软件建模和3D打印设备进行打印蜡模显得更为便捷、快速。与传统工艺方式相比，现代数字技术的应用一方面缩短了人工制作蜡模的时间，加快了生产工艺时间；另一方面数字技术的运用，能以高新的技术准确地构建复杂的首饰形态，从而节约了人工劳动成本。在传统的珠宝首饰制作方法上，不仅需要较长的制作时间，在纹饰造型、饰品空间塑造上也受到一定的限制。

现代生产技术的运用使生产变得快速、准确，从而减少了材料浪费。现代首饰生产技术最显著的特点是生产快、准确性强。将工艺制造与当代先进技术进行结合，可有效地实现精准的生产。在焊接工艺中，引进激光焊接技术，一方面可以将物件准确地焊接在精密的区域范围内，另一方面焊接中不需要焊药、熔焊剂以及焊接熔的燃油等材料的使用，从而节约制作成本。另外，与传统的焊接方式相比，激光点焊成功率要高于手工焊接，尤其是对精细之处的焊接，手工操作难度系数较大容易焊坏金属件，造成重复性的工作。手工焊接对焊接材料要求的厚度高于激光焊接，因而手工制作中势必所需材料占比较大，造成不必要的材料浪费。如在现代制作技术中，采用激光切割的方式完成相应的工艺步骤，可有效地促进工艺进程，节约材料。前面已经讲到激光切割有效地代替传统的机械刀进行切割，主要运用激光束完成对金属的分割，其工艺操作精准、简单、快捷。现代技术可以更快、更准确地完成制作工作，增加了工艺效率；现代切割技术可以精准定位，并准确完成，节省传统工艺中锯锉后的打磨工序，从而节省了材料以及节约了成本。因而在现代技术中，快速、便捷、准确成为其工艺的主要特征，结合此工艺方式进行生产无疑是提高了经济效益。

第三节
工艺应用现状

在现代首饰创作中，工艺是首饰实现的必要因素，因而工艺性是首饰的最基础特征。在当代首饰生产中，由于信息技术的高速发展，首饰中对工艺的运用有传统工艺技术的部分也有现代高科技的应用部分。在当下生产环境、经济模式、审美方式、市场需求等因素的影响下，仅靠传统手工生产已无法满足当代生活的基本需求。新技术与传统工艺的结合，是当前首饰制作中常见的工艺形式，这一方式可以较好地弥补工艺间的不足。现代技术生产使作品带有明显的机械感，有时会失去工艺的温度，与传统工艺的结合运用可以有效的缓解机械生产的僵硬感，使作品具有手艺的温度；同时现代技术的应用在一定程度上可缓解手工的压力，能有效地节约制作的成本以及协助完成高难度的工艺方式。在现代首饰设计中，传统工艺与现代技术融合的方式是多样的，根据艺人的经验、当代审美、技术条件等因素的影响呈现不同的方式。其中在传统工艺应用中，由于受到当代审美习惯、技术方式以及思想文化的影响也呈现出新的形式。

一、传统工艺创新应用

传统工艺是人类智慧的结晶，承载着人类发展的文明与工匠精神，是人类重要的物质财富和精神财富，因而对传统工艺应用与传承有着重要的当代价值。然而传统工艺是基于传统文化和审美的基础上发展而来的，在当下基于传统技法的首饰式样和形式已与当代的需求出现分离，在对传统工艺进行应用时应结合时代因素进行新的探索，以适应当下需求和技艺传承。

（一）传统工艺新的应用方式

在现代首饰设计中，传统工艺新的应用方式的探索还表现在对传统技法应用方式的尝试，以及与新形式、新工艺的结合。传统技术常以改变工艺的方式来探索技艺与时代设计的关系。传统技艺在传承方式上常采用师徒制或家族制，因而在工艺方式及工艺程序上多为程式化，从而形成了工艺制作的模式化与固定化。因而在此生产模式下，饰品的式样和类型也出现了程式化的特点，这显然不能满足当下的多元化消费需求，传统工艺在应用时应结合现代审美特征，将现代因素融入工艺呈现方式中，实现传统工艺与当代生活的融入。在花丝工艺中，根据工具与传承方式的影响，对于纹饰的整理几乎都存在着一种模式。如在贵州花丝中对于凤形吊坠制作有着固定的模式，眼睛的大小、羽毛的式样、形体的尺寸以及结构层数都有固定模式，因而制作出的形态也千篇一律（图3-102）。雷同的式样及重复性的产品类型不能满足当前个性化的消费需求，也不利于工艺技术的传承。传统技艺新的应用方式成为对工艺继承的一个方向，在对传统工艺的应用时可以打破传统工艺方式、工艺式样的限制，从而达到新体验，如作品《润物》艺术家就是采用传统花丝技艺制作而成，但艺术家在对传统技法应用时将现代造型方式和技法进行恰当的结合，使作

图 3-102　凤纹饰品

图 3-103　《润物》　田伟玲

图 3-104　《蜕变》系列　郭新

品既呈现出现代饰品的魅力，也呈现出传统工艺的精美感（图 3-103）。首饰艺术家郭新对传统技艺的运用有自己理解，她常将新工艺和新材料融入传统技艺当中，在思想上突破了工艺界限，将其看作设计实现的媒介，用于主题创作中。作品《蜕变》系列采用了花丝技艺、玻璃工艺结合的工艺，在工艺的应用上采用以主题相关羽毛结构的排列，形成了简洁、清新、现代的造型结构，并与玻璃材料结合使用，更能凸显出作品的时尚感（图 3-104）。

（二）传统工艺原理下的新探索

在现代首饰创作中，对传统工艺新的应用方式探索还体现在对工艺原理下的新呈现。每一种传统工艺的制作都有其内在需要遵守的工作原理，这种原理具有相对的稳定性和独特性，因而才使得工艺技术具有多样性和传承性。在对传统工艺应用方式进行探索时，可以运用工艺的工作原理进行创新，以获取新的艺术形式来满足多元化消费需求。在工艺制作中，运用发散性的思维对工作原理进行思考、总结，从而分析工艺操作的本质规律，并运用这一规律进行新的视觉呈现。如在铸造工艺中，主要运用了"模""腔"的关系来完成铸造，在这一原理下发展出石范法、陶范法及失蜡铸法等多种方式。在现代首饰工艺中，对铸造工艺的模、腔也有新的探索。传统铸造中用使用的模型为蜡模，主要由于蜡材易于在高温情况下熔化，并能在包裹的石膏空间内形成空腔。运用这一原理，将传统的蜡模换成符合条件的其他材料作为模型，增添了铸造效果。如作品《井》系列，正是对铸造工艺的工作原理以及对熔模材料属性掌握的基础上进行的创作，作品运用纱布材料制作模型进行浇铸，从而形成了带有纱布肌理的金属件，形成了独特的艺术效果（图 3-105）。在浇铸工艺中可以将金属液倒入石膏的空腔中，理解为"容器"与"溶液"的关系，其中空腔为容器、金属液为溶液，以此完成金属件的铸造。在传统的铸造方式中，石膏空腔都为封闭式。在工艺原理的理解下，将封闭式空腔改为开放式空腔，改造铸造时腔体环境，来促进技术的扩展。作品《百态人生》，正是运用了"容器"与"溶液"的关系进行的创作。在创作中运用竹签制作的空间为铸造腔体，将熔炼好的金属液倒入竹签形成的空腔内，就形成了带有竹签肌理的金属形态。运用这类铸造方式所铸造出来的金属饰件带有一定的随机性和灵活性，丰富了工艺的运用方式也增添了首饰的形式语言（图3-106）。

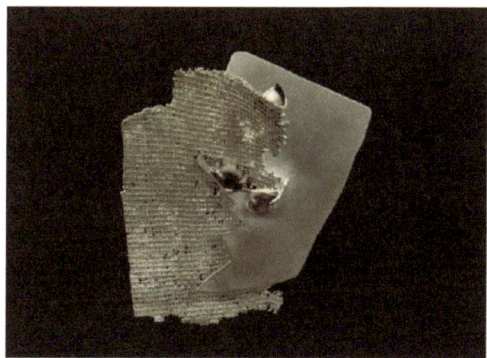

图3-105 《井》系列 方柬梦

二、传统工艺与新技术融合

工艺技术是首饰呈现的必要手段，工艺技术方式是首饰呈现的方法，在现代首饰中对于工艺方式的选择多是根据首饰形态而定的。在首饰制作中传统工艺的运用不可或缺，现代技术水平又能展现出一定的优势，因而常将传统工艺与现代技术结合运用。工艺技术是材料、形式实现的基础，为首饰艺术发展提供了广阔的空间。

图3-106 《百态人生》 薛根群

在现代首饰设计中，随着首饰多元化以及新的设计理念的运用，首饰材料逐渐丰富，新材料的融入势必会带来新技术。新设计观念的融入，使艺术家不仅从视觉方面探讨首饰形式，还从听觉、嗅觉、触感等方面探讨首饰方向，因而对于声音、气味等处理的技术手段也被用于与首饰之中。另外，在首饰制作中现代技术在一定的程度上呈现出快而精的特点，因而常用于首饰加工业中。前面已经讲到在现代首饰制造业中最常用的是起版铸造工艺，是很好的现代技术与传统工艺方式结合运用的案例。在模型制造中，常以压膜制蜡技术实现首饰的批量化生产。另外，在模型制作中还可以运用三维计算机建模和3D数字技术，再结合传统的铸造工序实现首饰制作。

在现代首饰设计中，首饰风格呈现多样化，现代技术与传统工艺给首饰带来不同的风格形式。现代技术常呈现出简洁、标准的首饰形态，带有极强的现代感；而传统工艺带有手工温度，能呈现出现代技术所难以传达的情感。在现代首饰行业中，为了满足首饰的多样化需求，在制作工艺上常采用传统工艺与现代技术结合使用。

思考与讨论

一、名词解释

锤揲　抬压　钣金　镂空　镶嵌　鎏金　累丝工艺　点翠工艺

二、思考题

1.简述中国传统首饰工艺演变过程。

2.简述传统首饰工艺特色。

3.试述现代首饰工艺的艺术特色。

参考文献

[1] 李芽，陈诗宇，董进，等. 中国古代首饰史 [M]. 南京：江苏凤凰文艺出版社，2020.

[2] 杨之水. 中国古代金银首饰 [M]. 北京：故宫出版社，2014.

[3] 张盛康，余世安. 老凤祥金银细工制作技艺 [M]. 上海：上海文化出版社，2012.

[4] 郭新. 珠宝首饰设计 [M]. 上海：上海人民出版社，2021.

[5] 田伟玲. 上海金银细工·张心一 [M]. 深圳：海天出版社，2017.

[6] 刘骁. 首饰艺术设计与制作 [M]. 北京：中国轻工业出版社，2020.

[7] 郑静，邬烈炎. 现代首饰艺术 [M]. 南京：江苏美术出版社，2002.

[8] 《上海二轻工业志》编委会编. 上海二轻工业志·工艺美术篇 [M]. 上海：上海社会科学院出版社，1996.

[9] 王春云. 金银首饰鉴赏 [M]. 广州：广东旅游出版社，1996.

[10] 休·泰特. 7000年珠宝史 [M]. 朱怡芳译. 北京：中国友谊出版公司，2021.

[11] 刘道荣，丛桂新，王玉民. 珠宝首饰镶嵌学 [M]. 武汉：中国地质大学出版社，2011.

[12] 杭海. 妆匣遗珍 [M]. 北京：生活·读书·新知三联书店，2005.

[13] 王昶，袁军平. 贵金属制作工艺 [M]. 北京：化学工业出版社，2021.

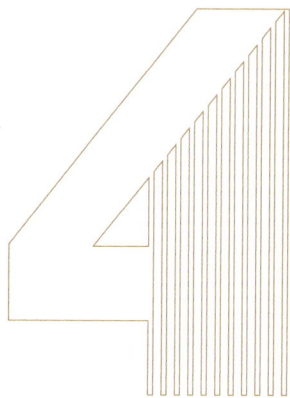

首饰与设计

第四章

第一节
首饰设计概述

　　首饰自古有之，随着人类的发展而发展。对于首饰概念的理解有着悠久的发展过程，因而对于首饰设计相关概念的出现也有着自己的规律。在中国，首饰设计是20世纪90年代末在经济迅速发展下产生的一个专业方向。随着社会的发展，首饰与人的关系也越来越密切，也发展出多种类型的首饰。在此，对首饰设计及相关的要素进行论述。

一、设计的基本概念

　　首饰设计属于设计的范畴，虽然设计的概念出现较晚但设计行为一直有之。设计一词是与英文中的"Design"对译的词语，现在广为应用。在工业革命之后，由于社会分工的细化及职业设计师出现使得设计概念传播。对于设计的起源学界有不同的态度，广义观点认为设计是源于原始先民第一次制作石器，在此情况下技术诞生了从而文化也就诞生了，逐渐诞生了设计。狭义的观点认为设计始于工业设计之后。对于设计行为的起源学界各抒起见，如果将设计活动理解为人类有目的、针对未来生活实施的有创造性的活动，那么对设计概念的理解比较宽泛。在中国古代，设计常被称为"造物""开物"，设计师也就成了"开物师"，主要是指先民在数千年的造物活动中对器物的制作规律进行的系统思考，在古籍《考工记》《天工开物》等著作中有详细的介绍。在民国时期，设计常以"图案"一词代之，这一名称作为专业词汇使用是在20世纪初由日本引进而来，其含义与中国传统意义上的"图案"概念不同，主要源于英文中的"Design"。陈之佛先生曾在《图案构成法》中提道："图案在英语中叫'design'。design的译意是'设计'或'意匠'。"❶袁熙旸先生曾提道："'设计'一词在20世纪30年代，一些从事相关行业教育的学者开始将其当作名词使用，其意义在当时与图案、工艺美术等并无很大的区别。"❷因而"图案"一词在民国时期具

---

❶　陈之佛.图案构成法[M].上海：上海开明书店，1937：5.
❷　袁熙旸.中国现代设计教育发展历程研究[M].南京：东南大学出版社，2014：17.

有设计的词义，在当时主要包含两层含义，一是作为动词，有设想和计划之意；二是作为名词具有方案、图案的意思。

在中国，对于"设计"词汇的运用和含义，不同的时期有不同的理解。在古籍《说文解字》中载："设施陈也，从言从殳。殳，使人也。""计，会也。筭（算）也。从言从十。"1915年出版的《中华大字典》中对于"设计"的解释有"使人、计谋"的意思。❶在《辞海》中对"设计"的一个解释更为贴近今天意思，多指艺术设计，"造型艺术术语。广义上指一切造型活动的构思计划、实施方案。"在艺术专业范围内，"设计"一词在艺术范围内的理解多指艺术设计，具有丰富的含义。阿切尔（Archer）在《设计者运用的系统方法》曾指出，设计是一种针对目标的问题求解活动；马切特在《创造性工作中的思维控制》中强调，设计设计是在特定情形下向真正的总体需求提供的最佳答案；李斯维克在《工程设计中心简介》中指出，设计是一种创造性活动——创造前所未有的，新颖有益的东西。中国著名艺术家柳冠中在《设计方法论》中曾指出："工业设计是工业时代一切设计活动（人为事物、事务等）的观念、方法、评价思路，是重组知识结构、重组资源，满足人类社会健康、合理的可持续生存需求。"从学界对于设计含义的理解，可将"设计"词语从两个方面进行理解，"设计"作为动词词性指的是设计行为，常指设计师根据客户需求进行的创造性活动，强调设计过程；"设计"作为名词词性，是指设计活动而产生的产物，强调的是结果。因而设计是为建造有意义的秩序进行的有意识的思考，是一种创造性的活动，既要以客观事实为依据，又要突破常规限制进行大胆的想象，可知设计活动也是科学与艺术的统一。在一般情况下，设计具有普遍性的特征，是人的思维活动，带有明确的目的性，并具有超前性指向未来，是创造性、求新的活动，也是一种适应性的选择。

首饰设计属于设计的一部分，设计中的本质属性也适用于首饰。首饰设计是以首饰为对象的造物活动，也带有一定的目的性、指向未来、创造性及求新性的思维活动，具有一定的适应性。与其他设计不同，它是建立在一定的物质、技术基础上的设计，涉及材料、工艺、思想等因素的有机统一，是设计思维从观念到物化的过程。

❶ 吴芝瑛. 中华大字典[M]. 申集. 上海：中华书局1915：157.

二、设计要素

　　首饰是依据一定的规律进行造物的活动，在从观念到物化的过程中需思考多种因素，如精湛的技艺、巧思的构造以及本土文化风俗等，都有可能成为首饰设计的构成因素。在一般的情况下，可以将设计要素理解为为设计准备的基本单位，是与设计行为发生关系的各种成分。在当代全球化和当代性的设计环境下，科学技术信息以惊人的速度向前发展，各行各业的设计开始出现不同层次的跨界与交融，各国的设计都在以本土文化为根基，积极寻求设计创新，因而当代首饰设计要素非常丰富，不仅具有当代设计的一般特征，还具有首饰实现所需材料、工艺等基本条件。

　　当下，首饰设计师会运用多种方式呈现出各种各样的珠宝首饰，有的趋于自然清新，有的内涵深厚，有的个性突出，这些或许都是对设计要素的不同运用所呈现的结果。无论是出于何种目的以及想要表达何种观念，都有一些重要的因素以及一些凝聚着个性化的设计元素在综合完善过程中需要考虑。首饰中的设计要素比较多，如形态、材料、工艺、色彩、功能、情感等，都是进行首饰设计时需要考虑的元素，为首饰设计的提升和完善提供了重要的保障。

（一）材料与工艺

　　首饰是以材料为物质基础进行创作，因而材料是首饰的重要设计元素。中国古代《考工记》中，就强调"才美工巧"的重要性。在现代首饰设计中，材料要素也是首饰设计表达的重要因素。在创造中，通常运用材料的自然属性来传达设计理念。在现代首饰设计中，材料的使用非常广泛，能够实现首饰的造型、提高首饰的价值和质量都是好的材料。首饰材料具有较强的包容性，既有流传下来的常用材料，也有一些新型材料。传统材料一般指价格较高的黄金、白银、铂金及宝石等类材料，新型材料一般含有塑料、纸张、丝带等以前不常用的材料。材料是首饰呈现的关键，材料自身又包含形态、色彩、情感、质地肌理等元素，不同的材料拥有不同的自然属性以及情感因素，在对材料运用时应遵循材料使用的客观规律，还应对材料进行大胆的尝试，勇于打破人们对材料的传统认知范畴，让首饰设计活跃起来。在具体的设计中，可尝试贵重材料与其他材料结合、改变现有材料一般视觉特点、增加材料的价值等方法对材料进行探索与尝试。如图所示，作品是对材料呈现方式的探讨，探索材料的方法以此与儿时记忆建立联系。作品使用的主要为蛋壳材料，经过工艺的处理，从视觉上给人以具有陶瓷肌理和特性的视感（图4-1）。因而在首饰创作中，任何材料都有其精妙之处，找到其适合之处并运用好能够影响其固有的价值。对于这类材料的基本属性以及适用方法在第二章中已经介绍，在此不再赘述。

图4-1 《21天》系列 陈传印

　　首饰需要材料进行物化，更需要工艺对材料处理呈现，工艺是针对材料的处理方法，因而工艺技术也是首饰的必备要素之一。在当下首饰设计中，所使用的工艺如同现代首饰材料一样丰富，从而也造就了丰富的首饰类型。每一种工艺都是对材料的一种处理方式，也可以理解为在掌握材料属性的基础上对材料的工艺方法，因而工艺的不同也就构成了不同的首饰形态和风格。在现代首饰设计中，工艺技术的种类较多，有传统的金属工艺，有在传统技术的水平上衍变而来的新的工艺方法，有现代技术手段，也有对纤维、木材等其他材料进行处理的工艺方法，总之工艺要素的丰富为首饰设计带来了新的思路。如作品《期许》采用的是常用的起版、镶嵌工艺制作而成，作品呈现出整体的精致优雅感觉，形成了珠宝首饰所独有的特点（图4-2）。作品《21克—中国翼》则采用起版铸造工艺制作而成，作品带有强烈的雕塑感，体现出起版工艺的特点，更好地展示了"一只有着佛的头部和鱼的身体的翅膀，翅膀的末端逐渐变成水和破山石，从有形到无形，从精致到破碎。"工艺是首饰实现的必要途径，工艺方式的选择关系着首饰呈现的丰富以及对材料的运用方式（图4-3）。在对工艺运用时，应注意工艺技术的精准度，另外还应注意时代高新技术对首饰的影响，新旧技术的结合使用也是现代首饰中常见的工艺方法。设计师并不是全能的，对于首饰技术的掌握也是有限的，如果相对从工艺要素的

图4-2 《期许》（局部） 张莉

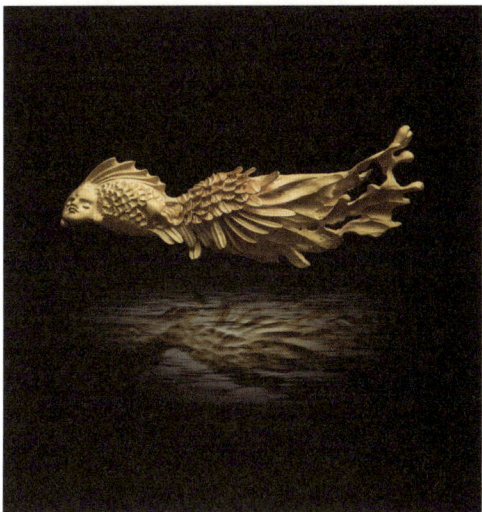

图4-3 《21克—中国翼》 章藻藻

角度进行设计创新，应对工艺方法进行收集与研究，革新工艺方法会给设计带来不一样的新鲜感。英国首饰艺术家吉尔·加洛韦·怀特黑德（Gill Galloway Whitehead），常运用对金属丝线的处理技术和平面绘画表达形式结合创作出富有表现力的首饰。她热衷于细金属丝的实验，并运用金属丝不同密度展现纹饰的色调和纹理变化特点，用于表达作者对视觉灵感的记忆、城市和林地漫步以及东北部沿海景观之间的互动（图4-4）。另外，关于现代首饰工艺的种类及相关的应用方式，在本书第三章做了详细的叙述，可结合前面内容理解工艺要素。

（二）造型与装饰

首饰是一门综合性的艺术表现，涉及材料、工艺、功能、造型、装饰等要素，首饰的呈现是对各要素的综合运用。造型与装饰要素一样重要，关系着首饰整体功能的阐述、审美构建、情感传达等，是首饰重要的构成元素。造型的选定在首饰设计中承担着珠宝首饰的绝大部分的视觉焦点，形态使用得当，可以有效地展现一件作品所要表达的情感。在造型艺术中，点、线、面、体是造型的基本元素。点是造型艺术中的常见元素，此处的点不同于几何学意义上的点，其整体形态的大小、具体形状不影响它在整体造型空间中成为相对小的视点。在造型元素中的点类型多样，其形状可以是花卉形、动物形、几何形、宝石外形等，在整体空间中形成点的视觉效果。在珠宝首饰中，点还常以珍珠、宝石以及小的金属件构成，在对点元素运用时应注意大小、虚实、疏密关系的变化规律（图4-5）。线也是常见的造型元素，在首饰造型中一般起到对形体的支撑作用。设计中线的类型较多，有直线、曲线、粗线、细线等，不同类型的线条会带有不同的心理感受，顺滑平行线条会有舒缓、幽静之美，旋转、波浪线条会有飘动、婉转之感。线条的排列组合方式较多，可根据设计按照一定的节奏、次序对其进行处理运用。面和体也是首饰造型中的常用元素，从立体形态的角度来看，面的不同造型可构成不同的

图4-4 吉尔·加洛韦·怀特黑德设计的胸针

图4-5 鎏金花卉纹嵌宝石带扣 明代 上海闵行博物馆藏

空间结构，从而形成了体块关系。首饰中，点、线、面、体常综合使用，这些造型元素的不同组织关系给人带来不同的视觉和心理感受，从而也形成了不同程度的空间感、重量感、立体感、节奏感，形成了丰富的首饰形态。首饰造型非常丰富，在造型中往往会思考一些细节的处理，来提升设计水平。首饰设计到首饰形态的转化，一般是二维到三维的转化过程，在此过程中应该遵循一定的造型方式。不过在造型中，首饰应注重功能性的特征。生活中的首饰多是立体形态，其造型的塑造多是以人体结构为准则进行，从而起到佩戴舒适的作用。正因如此，首饰在种类上一般有项饰、胸针、戒指等，都是依照人体结构进行的造型方式。在设计中首饰的结构常根据身体结构的不同而采用不同的形态，项饰多为环形结构、戒指多为孔洞式结构、耳饰多为钩状式以便于佩戴（图4-6）。首饰造型最重要的特点是物与人体的适用性，因而首饰的体量大小、结构方式需符合肌体特征。此外，在首饰造型中还常采用模仿与再现、抽象与表现的造型方式。以苏格拉底为代表的哲人认为艺术是对自然的模仿，并有艺术家常认为艺术来之自然。在现代的首饰造型中自然形态比重大，自然界中的一切事物和现象都给艺术家创作带来灵感，植物、动物、自然风景都成为首饰造型的依据。对自然形态的运用多取之自然物的美，也取于自然形态所蕴含的美好寓意，尤其在中式审美下自然形态的运用更为广泛，花卉、瓜果、瑞兽等都为首饰表达的主题（图4-7）。20世纪时现代抽象艺术主张分析和抽象表现，是对西方模拟自然艺术的反叛，反对客观地描摹自然物象。在这类艺术思潮的影响下，首饰造型开始出现了抽象的形态，常以基本的视觉语言和形式要素构成非具象的造型，如首饰中的几何形态。几何形态首饰，人为组织的痕迹比较明显，常以简化、概括的几何、抽象的形态展现，给人以理性、次序、冷静之感。

装饰艺术是人类历史上最早的艺术形态，在人们的生产劳作中逐渐产生了装饰艺术。在首饰的各项功能中，装饰功能是首饰的最基本功能。对于首饰的佩戴都是以审美为前提，形成装饰与被装饰的关系，这种关系建立在功用、审美、形式相统一的基础上。苏珊·朗格（Susan Langer）曾指出装饰并不是指单纯的审美，也不是纯粹的

图4-6　摩羯形金耳环　辽代　内蒙古文物考古研究所藏

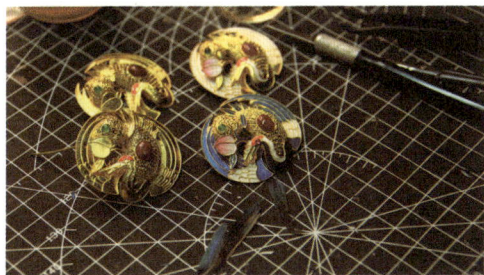

图4-7　鹤纹首饰

装饰物。首饰中的装饰是适宜的，与功能、寓意、形式等多种因素相呼应，是对各种信息的综合运用。首饰中装饰要素的运用应符合人类审美的基本要素，具备视觉的基本规律，才能更好地展现首饰的整体造型。因而在造型和装饰要素的运用中，应遵循现代美学规律和法则，如对称与均衡、对比与协调等。装饰是首饰艺术的基本语言，通过规律的装饰形式，艺术的视觉原理被呈现出来。对称与均衡是首饰中常用的形式法则。在造型艺术中，对称是指造型元素的有规律的重复，在形态、结构、体量以及排列上的相等或相当，形成对应关系。均衡，指平衡，在视觉上形成协调、统一。平衡的方法较多，可采用形体结构的上下、左右、垂直、水平协调，在视觉上也可通过对设计元素多少、疏密、大小关系的调和达到视觉、心理的均衡。对比与协调，也是首饰造型中常遵守的形式法则。对比，指两个或两个以上的元素调和在一起，以达到视觉的冲击，首饰中对比方式较多，有大小对比、肌理对比、空间对比、虚实对比、动静对比、色彩对比等，可起到突出主题的作用。在对比的同时应注意比较的次序和尺度，既要突出主题又要注意整体基调，处理好对比与协调的关系，在整体中寻求对比，在对比中力求协调。在对比中无论是对材料、色彩、纹饰等元素的比较，都应兼顾各要素的综合运用，否则会造成无次序感。统一与多样，主要指将各个要素和谐组织起来。设计中的统一性，指多个要素或是单个要素的多个形态按照一定的方式有机组织起来，形成和谐有序的整体。多样性，指在和谐统一的状态下有恰当的对比，如粗与细、柔与刚、点与面等。通过适宜的对比，可以打破原有元素的单调与乏味，给饰品带来活力。在首饰中对于现代造型的美学规律和法则还有很多，如重复与节奏、简约与复杂等，都是首饰造型应注意的准则。

（三）情感与功能

长久以来，首饰表达着人们的情感，是物与人之间联系的媒介，是有意味的形式。首饰是情感的符号，以自身的特点传递着佩戴者的身份、地位、纪念意义等信息，给予佩戴者情感寄托。自古以来，首饰都作为载体传递着各种情感，并以佩戴的形式展现出来。首饰设计不仅具有相应的装饰性、审美性，还具有一定的思想性和主题性，具备必要的精神要素。首饰情感因素由于受到所处社会环境的影响，与社会意识形态、经济形式、科学技术、文化艺术等因素有着密切的联系。因而首饰的情感要素包含的范围比较广泛，总体来看包含群体情感，也含有个人情感，一般有道德观念、政治伦理、民俗习性、个人情感等。首饰的情感性在中国表现得尤为突出，传统工艺思想重视造物在思想情感中的教育感化作用，强调物用的感官愉快与审美情感的联系。传统首饰常含有特定的寓意，并借助于形制、尺寸、体量、色彩以及纹饰等喻示伦理道德观念。在首饰中在继承传统首饰表达方式的基础上又与当代设计手段进行结合，主要采取寓意、色彩、符号、谐音、造型等艺术表达方式，将首饰与情感连接起来。首饰情感的表现方式比较多，常采用寓意式纹样的演绎、色彩中生活习性、符号式的情感表达等方式。寓意式的造型手法是我国首饰艺术常用的情感表达方式，常用自然事物的生理和形态特征进行借物喻志，将包含的吉祥意义寄托于相应的纹饰或造型中，反映了我国"图必有意，意必吉祥"的造型特点。在首饰中有丰富的纹饰体系，他们以各自的特征来诠释中国文化。中国纹饰丰富，都被赋予吉祥的意义，如代表子孙延绵的葫芦豆荚纹、生命繁衍的鱼纹和蛙纹、象征多子多福的石榴纹等。现代首饰作品《香火龙舞》，借用汝城香火龙的符号，结合现代首饰工艺将龙演化成极具现代感的审美形象，传达出风调雨顺、五谷丰登的主题（图4-8）。

首饰中情感的表达还体现在对色彩的运用。色彩是首饰设计中的重要构成元素，能够给人带来不同的心理与生理感受，从而给首饰带来不同的情感特征。色彩本身含有明度、色相、饱和度等因素，首饰中的对于色彩情感的讨论应与具体材料特点和设计情境相联系。在常规的审美中，宝石材料和贵金属材料拥有鲜明的色泽，并具有闪烁、鲜亮、通透的特点，常被赋予美好的寓意与情感，受到人们的喜爱（图4-9）。也有一些暗色的颜色，容易让人产生特殊的情感，如在哀悼首饰中，常使用黑色材料进行表达，给人以沉重的情感。首饰色彩情感还与地域文化及习俗习性有着密切的联系。我国比较注重民俗活动，一年的始末都有不同的节日值得纪念，另外，结婚、生子等庆典活动也都构成了民族情感的一部分，首饰设计中也抽取相应的元素与此应景产生共鸣。如春节时分，我们沉浸在中国特有的红的庆典中，首饰色彩中也常追求喜庆的颜色以示应景。另外，在现代婚姻中，常以钻石的通透与无瑕象征着爱情的忠贞与永恒，传统审美中则常以金色饰件与传统礼服相配展示，纹饰、材料、色彩中的吉祥寓意与婚姻美好幸福进行有机融合（图4-10）。

图4-8 《香火龙舞》 朱欢

图4-9 白玉"寿"字嵌宝石金簪 明代 闵行博物馆藏

图4-10　黄金产品首饰

图4-11　《乡恋·雨》吴二强

标号是情感的表达，主要运用图形符号将物体的寓意、内涵进行归纳提炼，形成具有稳固的意义表达符号。云纹、雷纹、柿蒂纹、龙凤纹都是人们根据自然事物的特点提取的具有一定意义的符号，代表着独特的意义。在现代首饰中对于情感的表达更为丰富，既有对一般情感的阐述与表达，也有对当代思想的批判与反思。当代首饰艺术家以不同的形式、符号传达着对社会的认识，以不同的角度来传达独特的情感。有些艺术家由于长期客居他乡，常以家乡建筑、事物演化出独特的艺术符号，以此传达出对家乡的思念之情（图4-11）。在实际的首饰设计中，对情感因素的表达，应与首饰的功能性、审美性、艺术性、材料性等因素结合考虑，结合大众文化、社会风尚、现代技术等多重因素进行设计。

在某种程度首饰的情感性与功能性有着内在联系，情感的类型和表达方式与功能的倾向有着明确的关系。首饰中有较多的功能因素，如财富、保值、身份、地位等象征的功能。在现代首饰设计中，一件好的作品也应该具备其价值体系，具有一个整体的想法，功能是首饰中不可或缺的因素。在功能要素的运用和开发时应放到具体的设计语境中进行分析综合运用。首饰的功能看似比较简单，可以理解为装饰意义、纪念的饰品，但如果从创意角度将功能看作挑战性开发视觉，并不是那么容易。如果从功能角度开发首饰的产品，会带有各种各样的可能性。结合具体的功能，首饰在形式、材料、类型上都有着各自的表达方式，如宝石材料、贵金属材料的运用，其就有一定的保值功能。为了达到合理、有序、特定的功能需求，设计时应选择合理的结构、材料，以对各要素的综合运用。

第二节
首饰设计思维

本章的开篇谈到设计是创造性的活动，首饰设计离不开创意思维的运用，对于首饰设计而言创造性思维的开发显得比较重要。人们常把"智慧"比喻为"人类最美丽的花朵"，正是人类拥有了智慧，进行了有意义的活动，才具备了改善生活的能力。而人类的智慧是人思维的集中体现，人的思维能力高低反映了智慧能力的程度。在一定意义上讲，思维是人脑对客观事物的概括和间接反映，是为了某种目的而进行的有意识的探索，也是反映事物的本质和事物间规律性的联系。在字面上"思"有思考、想和动脑筋之意；"维"有保持、联系或连结之意，思维则有按照一定的联系、方向或顺序去思考。通过思维活动，人们可以认识与我们没有直接联系的种种事物，可以将感性认识上升到理性认识，可以扩展认识的广度和深度。首饰设计涉及工艺、材料、情感、审美等各种因素，是科学与艺术的统一，也是科学思维与艺术思维的统一。

首饰设计的意义在于不断创新，适应现代生活方式，以及对未来生活的引领。因而需要运用创新的思维模式、现存的知识来突破常规，实现新的价值和创造新饰物。首饰设计是建立在物质材料和工艺技术基础之上的创造，首饰艺术的开展需要对相应的功能、形式、工艺、材料、思想等方面的开发和运用，但无论出于对哪个方面的开发都离不开创造性思维。

一、思维类型

首饰设计是一项活动的综合体，涉及材料、工艺、技术、艺术等领域，尤其在当前学科交叉背景下，其研究的范围更为广泛，因而在此过程中需要运用多种思维。首饰作品的呈现需要掌握工艺规律的理性思维，也需要形式展现的形象思维，更需要产品整体功能呈现的逻辑思维，因而基于工艺设计的首饰设计所包含的思维类型比较丰富，一般有以下几种。

（一）逻辑思维

逻辑思维也称抽象思维，指以概念、判断、推理的方式抽象地从某一方面认识客观世界而进行的思维。逻辑思维注重理性，与设计中强调科学分析是同源的。设计中的逻辑思维贯穿于整个设计过程，从设计选题到灵感延伸以及设计生成都需要对知识的归纳与总结，需要逻辑思维能力。逻辑思维有助于将感性认识提高到理性认知，有助于分析事物间的本质规律和联系，利于新设计观点的生成。

（二）系统思维

　　系统思维指从多个角度、沿多个方向或从多个层面进行的思维，一般是将原则性和灵活性有机组合的思维方式。设计中系统思维的运用非常普遍，系统思维有助于分析问题时从整体观及全局观的角度出发，把整体放在第一位，使一个系统呈现出最佳态势。当前首饰设计正面临着复杂的设计环境，受政治、经济、技术、审美、文化等多方面因素的影响，因此需要系统思维将设计的着眼点放在全局上，对各个要素进行综合运用以便形成结果的最优化。设计中系统思维有助于设计方案的整体统筹、优化设计过程，呈现最佳设计成果。

（三）形象思维

　　形象思维主要借助于外部形象从整体上的综合反映和认识客观世界而进行的思维，是以具体的图像为思维内容的思维形态。在设计中，常将特定的形态与设计主题进行关联以表达设计观点，常以模仿、想象、组合的方法对形态进行提取运用。设计中常采用模仿的思维方法，多是对自然形态进行直接的模拟，通常是对现实中形象的直观印象（图4-12）。优美的自然形态可以给设计带来灵感，因而首饰创作常取材于自然，将自然之美转化为首饰之美。联想法常以直观形象为基础，将其外在的形态与内在特质的相似性进行关联，并对直观形象进行联想，如老鼠与鼠标的联想。在联想法运用时，还常以事物的内在品质与人们的普遍认识进行关联产生联系，如竹子挺拔常与君子之风相连，有高洁之意。在首饰中常以竹子为题材，借用竹子的具体形象进行借物言志，将现实之竹与理想之竹关联，传达出中国文化中"傲骨不傲气"的人文精神，如作品《风骨》正是如此（图4-13）。组合法主要采用同物组合、异物组合、重组组合的方式，将相同或不同物态有机组合起来，形成视觉整体。形象思维的运用关系着设计作品的呈现方式以及是否探寻到有意味的形式，对作品质量起到关键作用，也是对设计师

图4-12　自然形态首饰　吕纪凯

图4-13　《风骨》吴二强

审美水平及表现能力的判断依据。

（四）发散思维

发散思维指大脑在运转时呈现出一种扩散状态的思维模式，也称放射思维、求异思维。发散思维多呈发散状，以转换思考角度以及多角度分析来摆脱传统思维定势，是创造性思维的基础和核心，发散能力的高低直接决定创造能力。在首饰设计中，发散思维常用于创意的构思阶段和形体呈现阶段，有助于捕捉好的创意点实现新的设计观点。基于首饰创作特点，发散思维运用的形式一般有材料发散、技术发散、形态发散、结构发散、功能发散、因果发散等，其中以材料、形态、功能、结构发散最为常用。形态是每一门造型艺术都需考虑的因素，形态塑造关系着设计师的造型能力和审美能力，因而形态发散在首饰设计中比较重要。对形态的发散主要以某一事物的形态，包含形状、色彩、肌理为发散点，展现运用形态的各种方式和可能性，从而达到对理想形态的探寻（图4-14）。材料是首饰实现的物质基础，对材料的运用角度和方法关系着创意灵感的开发。首饰中对材料发散，主要以某种材料为基点，可从用途、结构、工艺等方面探索对材料应用的各种可能性（图4-15）。在造型艺术中，材料的运用比较关键，设计形态的呈现多是根据材料的呈现方式而定，对材料的发散关系着设计创新应用程度。功能发散也是设计创意开发的方向，是以首饰的功能为发散点，探索首饰实现功能的各种可能性，多以原功能为起点设想各种功能方式的思考。首饰设计中对发散思维运用的效果的判断，主要取决于思维发散的流畅性、灵活性、原创性及衍生性，并以思维散发的速度、数量、新颖度等因素来判断发散的质量。设计中还可以借助思维导图、头脑风暴等工具扩散思维，来寻找好的创意点。

图4-14　形态发散练习

图4-15　材料发散练习

（五）直观行为思维

直观行为思维又称动作思维，指通过直接的设计实验或模型制作进行的思维。设计是过程性的活动，从设计思想的建立到设计呈现是过程性的劳动，在此过程中由于材料多样性和工艺的复杂性需要不断的实验和调整，制作多种小样和模型才能找准最终的形态。因此，在此过程中直观行为思维显得比较重要。如英国银器家大卫·克拉克（D J Clark），在课程训练时常通过实际物件的操作以及模型的制作，让学生更深刻地体会到功能与形式的关系（图4-16）。通过直观行为思维的运用，可以更真实地感受材料、主题、形态的关系，更清晰地明确设计思路发展方向。

（六）逆向思维

逆向思维主要是对正向思维而论的，是对正常观点反其道而行之的思维模式，在思维运动时不受常规的限制，让思维向对立面的方向进行思考来获取新的认知。逆向思维适用于首饰设计的各个阶段，是比较灵活的思维方式，可有效地防止思维固化，更易于设计者产生灵感。如图4-17所示，对于作画常规的思维就是手拿笔进行实施，如果作画环境、工具、条件发生变化，要求非手、非笔，会是何种现象。图片中的作画环境就是采用了逆向思维的方式进行设置的，异于常态，非直接手持式作画，因而也产生了非常态的作画效果。从中可以看出逆向思维可以开阔视觉，激发创意。

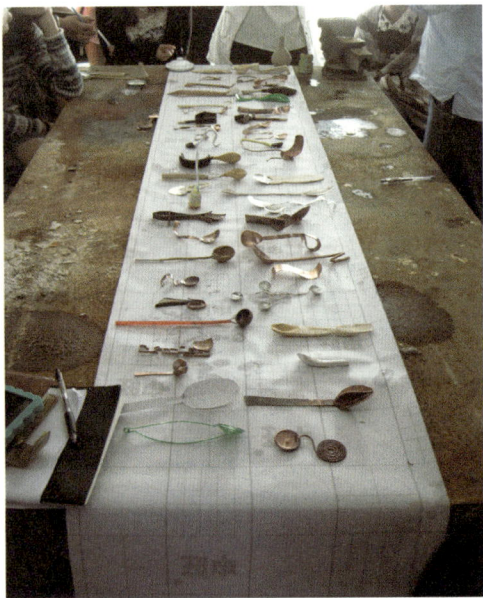

图4-16　勺子模型

（七）联想思维

联想思维多指由此想到彼，并能发现它们间共同或相似规律的思维方式。在首饰设计中想象力比知识更重要，联想思维具有一定的目的性和方向性，从一定思考对象出发有目的、有方向地想到其他事物。另外，联想思维还具有想象性和概括性的特点，从整体上掌握形象，不关注细节如何，每一项的联想并不是某个物体的具体形象，而是带有事物特征的概括形象。设计中联想的方式很多，相似联想是常见的联想方式，如根据事物的形状、功能、结构、性质的相似性联想到另

图4-17　逆向思维训练

一事物。接近联想，指根据事物间在时间、空间等方面的彼此接近而进行的联想，进而产生新的想法的思维模式，如以鱼联想到大海、飞机联想到蓝天等。对比联想，指通过事物间的反差而产生的思维方式，一般由一个事物联想到与其外部或内部属性相反的事物。因果联想，指由一个事物联想到与其有因果关系的其他事物。

（八）灵感思维

灵感思维，指在直觉经验下进行的快速的、顿悟性的思维。顿悟、下意识的、非自觉性是灵感思维的特点，这种思维方式不需要论证思考的过程。灵感的获得并不是冥想而来，是建立在长期的思考与修炼的基础上，是靠努力所获。画家列宾（Repin）曾说过："灵感是对艰苦劳动的奖赏"，"灵感是一位客人，他不爱拜访懒惰者"灵感并非心血来潮或灵机一动的产物，而是经过长期的努力所得，是创新探索的过程。

首饰设计中运用到的思维方式较多且不固定，在不同的设计阶段需要不同的思维方式，常以多种思维方式的综合运用来处理设计问题。在实践中，设计活动的实施来自多种思维方式，常见有感性思维与理性思维、科学思维与艺术思维的统一。

二、创造性思维及训练方法

（一）创造性思维

首饰设计是创造性的活动，设计的本质在于创造，而创造力的产生与发挥，则必须依赖于创造性思维的发散与收敛，设计活动开展需要创造性思维。因此，创造性思维是首饰设计的核心。创造性思维是人类大脑所特有的属性，人类的开创性活动都源于创造性思维的运用，可以说创造性思维开创了人类文明。

创造性思维是具有开创性的思维活动，其思维的结果带有明显的新颖性和独特性。从逻辑上讲，创造性思维是思维主体运用已有的思维形式与新的思维形式进行组合的思维活动，并反映出事物本质属性的内在与外在的有机联系。从生理学的角度分析，创造性的思维活动是人脑进行的复杂生理现象，是大脑皮层在原有事物刺激下留下的痕迹和暂时神经联系回路的重新筛選、组合、搭配和链接，从而产生新的回路联系的过程。因而日常设计中，创造性思维主要以感知、联想、逻辑、推理等能力为基础开创新的认知，其实质表现为"选择""突破""重新建构"三者关系的统一。首饰设计实践多以事实为根据，并经过主动性和创新性的思维活动，探索事物间的本质联系和规律，深化认知并开拓新的认知。创造性的思维有别于一般思维，在遇到问题时能够多角度、多层次、由表及里、举一反三地归纳问题、分析问题和解决问题。另外，一般思维常运用现存的知识或已有的经验进行思考的一种思维方式，是一种将现有知识或使用现有的设计方案、程序进行重复的思维，具有守旧、稳固的特点。而创造性思维则与之相反，其思维具有独立性、灵活性、敏捷性、前沿性、深刻性、求异性、可行性等特征。独立性，指创造性的思维活动不受外界及现有规律的干扰，有着独立的思考，由此才能易于突破常规，开创新的认知。灵活性、敏捷性，是创造性思维的重要特征，正因为思维的灵敏才能在设计创作中及时感知时代信息和需求，掌握设计发展方向，并以灵活的思维活动结合超前的意识来解决时代问题，从而达到设计创新的本质。前沿性，指对改造的事物应具有率先性，是前所未有的，走在时代的前列，具有对知识的探索性和未来性。深刻性，指在事物认知上的深刻性，能够透过现象认识事物发展的本质，并根据本质规律推测潜在的问题。求异性，指创造性思维活动不同于常规思维，具有尽可能多、尽可能新和独创性的特点。可行性，指的是可实践或能够实现。创造性思维在首饰设计中非常重要，可以运用其对设计要素的多个方式探讨，如在传统金属工艺方面，可以以全新的思维方式介入传统的工艺形式之中，打破原有的固定工艺程序和方式，以独特的、全新的认知方式来看待工艺方法从而实现创新。作品《幻》，作者运用了现代的造型方式与花丝工艺进行结合，展现出现代时尚的饰品样貌（图4-18）。

创造性思维是一种能够产生新颖创意的思维结果，其思维形式应具有多样性。单一的思维形式产生创造性思维的概率比较小，因而，经常形成创造性思维的思维形式有直观行为思维、联想思维、灵感思维、发散思维等。这类思维在受到激发时，容易提高设计师的创新能力，从而形成创新思维形式。在设计中，创造性思维非常重要，但也不是单独完成设计任务，其中设计中常以逻辑思维、形象思维和创造性思维三大思维为主。科学技术是以逻辑思维为主，艺术造型以形象思维为主，而创造性思维是设计的关键。

图4-18 《幻》张莉

（二）训练方法

思维方式是人在长期实践的基础上形成的，是可变的，具有可开发性。创造性思维是思维的一种类型，对于首饰设计非常重要，也可以通过用一些工具进行训练而获得。思维训练主要采用一定的方法改善思维方式，提高认知能力、问题分析能力从而提高思维水平。创造性思维是在生活实践中逐步建立起来的，是以过往经验和认知积累为基础的，具有开放性，敢于想象、勇于思考是建立有效思维方式的基础。首饰设计包含的要素比较多，但一般以材料、工艺、形式、思想等要素为主，以凸显首饰的特征及功能，有着手工技艺与高新技术生产的特点，因而针对首饰设计的创造性思维的开发应与首饰设计所具有的特征进行结合，探寻思维开发的有效方法。

1. 训练程序

当前学界对于创造性思维的开发程序观点众多，虽然创造性思维开发的方式各有不同，但有共同遵循的原则可以遵守。一般有以下几个方面。

（1）多维思考

多维思考指围绕一个问题要进行多种思考方式，从中选出最优的方案。设计中针对设计问题如只有一个解决方案，很难创新，应以多维角度进行思考。

（2）强化思维

强化思维指首饰设计实践中给出大量的实例和练习来实验，并进行相应的创造性的工艺、材料、技法训练。强化思维对于创造力的开发非常重要，根据相应的案例与主题，制定相关数量的联系，从各个角度进行创造力的开发，给出超于日常的解决方案。例如，对于木头这一材料的处理能给出多少解决方式，对此学生可尝试从体、线、面的组合方式探索木材的呈现效果，以给出选择的多种可能性（图4-19）。量化训练能够带来质的突变，能够有效地探索问题解决方式。强化思维训练不仅适用于形态的寻找和材料的处理，还适用于工艺实验方面。在长期的工艺制作中，由于工艺原理的掌握和理解，可根据工艺特点对工艺方法进行多方式呈现以达到对工艺的创新应用与理解。如在起版铸造工艺中，讲过浇铸原理的掌握和理解，可根据实验突破对封闭式空间的浇铸，可将融模腔体实验为开

图4-19　木材料强化思维训练

图4-20　铸造工艺实验小样

放式空腔，从而突破传统的铸造工艺形态所带来的现实，实现了工艺方式的创新（图4-20）。

（3）问题意识

训练学生应该具备问题意识，并清晰地掌握如何提出相关问题以及如何发现问题，能够敏锐地捕捉当前设计形式，探寻问题的解决方案。

（4）评估分析

评估分析指预测一个想法的结果，并根据结构评价这一想法的质量。

（5）奖励机制

奖励机制指对于好的想法和解决办法给予一定的奖励，从而体会到创意的价值，以起到鼓舞作用。

（6）解绑与自由

解绑与自由指给学生创造一个自由、轻松的环境，能够使其自由言论、构思，给思想松绑。

在创造力的开发过程中，观察力的培养非常重要，观察是认识事物的基础，观察可将认识从表面提炼到本质规律，可在设计中产生新的观点。观察力培养时也讲究方法，应多角度、多方位地认识事物，以便给予全面和准确的信息。在设计中注意力、想象力依然重要，注意力可有助于观察事物的细节，从细节中提出问题，并深化认知。想象力能让人的思维活跃，能够产生多种奇思妙想，从而启发创意，可以说没有想象就没有创造。创造力的培养需要多种思维综合运用，不仅有观察力、想象力还应有分析能力和设计表达能力等多方因素的开发。设计过程性的活动，在这一活动中所面临的问题多是复杂的，因而需要对各要素进行综合运用，需要多种思维活动参与。

2. 训练工具与方法

创造性思维对设计非常重要，因而从事设计实践需要对创造性思维进行开发，设计思维训练工具众多，如情境地图、用户访谈、功能分析、设计清单、渔网模型等。设计门类众多，每一门设计所涉及的因素各有不同，都有各自的侧重点，因而对思维类型的运用也有所不同。首饰设计是基于材料、技艺的应用实践，其中包含对功能、情感、生活等因素的研究，因而其所运用的思维方式主要集中在对材料、形式、文化观点、技术等方面的运用。好的设计主要从一个好的问题开始，定义设计问题是获得创意的最佳途径，好问题的提取可以通过思维导图、定义功能、头脑风暴、类比隐喻、设计访谈等工具获得。

（1）思维导图

思维导图工具在首饰艺术创作中运用比较普遍，是一种思维调研的方法，以图表的形式表示主题思路思维散发的相互关系。在实际设计中，思维导图常有两种作用，一是整理思维，根据思维运动的痕迹将思路发展的状态以导图的形式表示出来，从而可以清晰地了解思考的路径（图4-21）；二是发散思维，以一个主题点或思想点，将与其有联系的各个方面展现出来，有助于创意生成，发散思维常用于设计创意开发阶段（图4-22）。这种思维模式主要通过调动全脑思维的活跃度来代替线型思维，在此过程中将与主题、观点相连的所有信息集中起来，如观念、文化、形态、词汇物品等，从中找出问题线索。其工作方式为，将设计主题设为核心，围绕核心问题向各个方向发散，并给出多路径的解决方案。在各个解决方案中都有一条思维散发的主干线，每条主干线上又有数条分支，主要用于陈述方案的基本情况，如优劣势等，之后再进行问题研究与分析并提出相应的解决办法。在此基础上，需要对某条解决思路进行细化，还需再次绘制思维导图，重新评估设计方案。思维导图是较好的思维扩散工具，可以通过想象无限地扩展思维。另外，思维导图从视觉的角度更为直观，一方面可将思维运动的轨迹直观化、视觉化，有助于问题的剖析；另一方面，图式化的呈现方式有助于设计师快捷、便利地捕捉信息点，能有效地实现创意概念的生成。此工具常用于设计确立初期，主要用于设计思路的扩散；有时也用于对设计相关各类信息收集后的整理和分析；有时也适用作品视觉形态的探索阶段，收集与主题相关的信息，并以某种关系为链接点进行整理分析。例如"母与子"相关主题首饰设计，在设计初期运用思维导图扩散思维，找到对母与子主题表达的方向，并通过联想与扩散找到问题点和相应的解决方案，再根据主题点探索相应的形式（图4-23）。

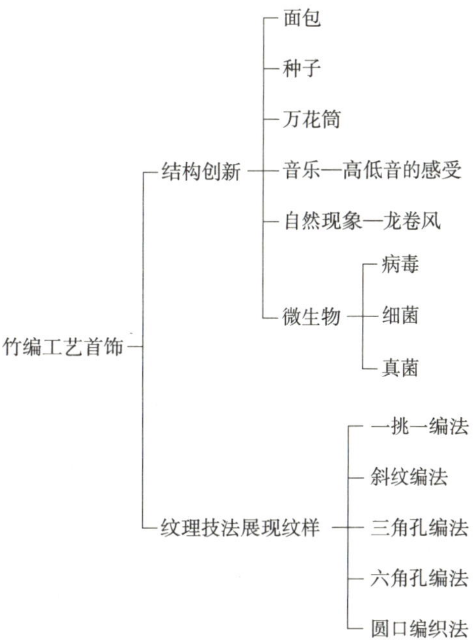

图4-21　思维导图1

图4-22　思维导图2

（2）头脑风暴

头脑风暴创始人是美国创意之父亚历克斯·奥斯本（Alex Faickney Osborn），是激发大脑产生创意的有效工具。这种开发创意的方式比较适合工作小组集体工作，在进行这项活动时，参与者应遵守一定的规则。在这一活动中，参与者围绕讨论的主题话题进行发言，畅所欲言，无论提出多么荒诞无稽的观点，其他成员也不得制止、批评，从而有助于产生新的认知。头脑风暴的实施主要从定义设计问题开始，拟定讨论问题，并宣布相应的时间与规则，找到活动的主持人；围绕问题进行思维散发与讨论，并记录过程信息，成员归纳讨论；列出创意清单，并进行分类整理归纳、分析；选出最优方案再进行下一环节。设计中，头脑风暴适用于设计的各个阶段，但侧重于设计问题确立后的思维发散阶段，通过随心所欲的想象，突破功能、材料、形式等因素的限制，从而产生对设计的新的思考和认知，也就产生了创意。另外，在设计形态的造型中，也可运用头脑风暴工具激发创意打破常规的造型方式，再结合设计主题及其他要素探索新的首饰形式。设计形态的确立是过程性的活动，在探寻的过程中可以结合这一工具进行扩展思维，探索有意味的形式。例如，在对"两端"的话题探讨时，将三名学生分成一组，并将一张纸折叠成三份，第一名学生在第一份上以两点为开端任意地绘画，在作画完毕时遮盖自己的画并留给后面的同学两个起点，以此方式待所有学生作画完成后，画纸呈现出异于平常思维的作画形态，给设计形态的寻找提供启示（图4-24）。在设计中，对于头脑风暴工具的开展方式并不是固定的，如在金属器皿造型设计时，艺术家可以根据现有学生人数进行分组，并规定一定的时间内收集能收集到的现有器皿，并进行结构分割、重组，形成新的器皿形态，从实验的过程中可对器皿的功能、形态产生全新的认识（图4-25）。

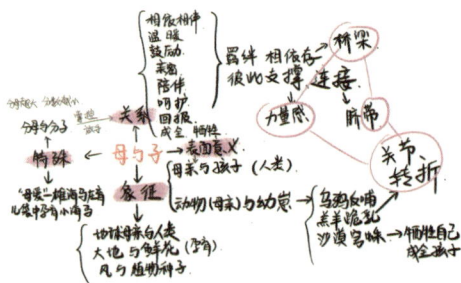

图4-23 "母与子"思维导图

图4-24 图形训练

图4-25 器型造型训练

（3）定义功能

首饰拥有多种功能，装饰、财富、纪念、保

值等都是首饰常见的功能，对功能的分析是首饰创意的一个方向。定义功能，指对首饰功能作用的分析，在时代社会背景下根据社会需求列出功能清单，在此基础上扩展社会需求的新的功能。此工具常适用于创意产生的初始阶段，主要用于对首饰产品新功能的开发，以达到设计创新的目的。定义首饰功能时，设计师常将设计概念通过功能的形式描述出来，并忽略其他因素的限制，将基本功能进一步深化，建立全新的功能体系。定义功能，可以有效地激发设计师进行思考，避免提出简单的问题及方案，有助于创意的实现。在设计中，定义功能工具使用的一般程序为：尽可能全面地描述首饰所具备的现有功能，如审美、装饰、技艺传承、文化传递等，可能多地探索当前功能形式；列出功能清单，可以借助图标、导图的形式呈现所有的功能形式；分类整理所列出的复杂功能，可以根据功能作用的主次整理，也可根据原始功能和新型功能的类型进行整理；系统地整理功能体系，补充遗漏功能，并分析整理各功能之间的关系，包括主功能与子功能、子功能与子功能等，并从中推测具有前景的可开发的功能形式来获取创意。在定义功能时，应对首饰现有功能进行批判性反思，使其功能不再局限于审美、保值、纪念等形式，尽可能多地拥有更多身份和可能性。比利时艺术家利斯贝特·布舍的较多作品中，都有明确的功能倾向，如作品《糖块项链》（Sugar Necklace）（图4-26），首饰中的糖块在艺术表达的同时，还可以正常使用。

图4-26 《糖块项链》 利斯贝特·布舍

（4）设计访谈

设计访谈是首饰创意思维开发的众多工具之一。其实施的主要形式为设计师与被访谈者针对设计中的某个问题进行充分的交流与讨论，被访谈者应是涉及这一设计问题领域的相关人员，如用户、企业、专家等。通过访谈与交流，可以获取有关设计问题的有效信息，有助于提高认知和创作思路。此工具一般用于创意的开发初期，通过访谈的形式了解产品设计的相关现状及问题，促进对设计概念的深入思考，从中获取新的设计观点和解决路径。设计访谈的实施需遵守一定的程序，一般为：制定访谈指南以及与研究问题相关的内容清单；根据研究问题及所涉及的领域选定访谈对象，并将访谈内容提前告知被访谈者，进行相关沟通；实施访谈，记录访谈过程及内容，可采取文字、录音、录像、拍照等方式记录，访谈的整个过程应控制在一个半小时左右；梳理访谈内容，从内容中发现重要信息引发创意。设计访谈根据访谈内容可分为目标群体需求访谈和深度访谈。目标群体的需求访谈多是对首饰产品信息的调研，了解用户的需求与产品的满足度，找出设计概念的关键信息。深度访谈多是一对一或直接访问，访谈对象应是此类问题领域的相关学者、专家，通过深度约谈与对设计问题的厘清及深度认识，促进对问题本质规律的思考，从而促进创意的产生。

除上述的几类工具外，在设计中还有类比隐喻、拼贴画等多种，在实际创作中可根据实际的情况对工具进行综合运用。首饰设计是一个复杂的过程，在此过程中对各类思维的运用是灵活的，随着项目的进行可不断调整设计方法和方式。

第三节
首饰设计方法

首饰设计是创造性的活动，在活动中可以总结出设计的方法，以便更好地探寻设计。"方法"一词在中国最早出现于《墨子·天志》："中吾矩者，谓之方，不中吾矩者，谓之不方。是以方与不方，皆可得而知之，此其何故？则方法明也。"在西方，"方法"源自古希腊语，由"沿着"和"道路"两个词组成，意指沿着道路运行或接近某物的途径。因而可以看出方法是人的行为法则，是处理和判定事物方向的标准，也是探索事物的工具，是在主体方面的某个手段。因而，方法与目的、任务相连是具有指向性的，先有目的再有实现目的的路径；方法与理论相联系，是理论、观念的外化及具体化；方法与设计实践相联系，是在理论指导下实践的路径和方式。也可以说，方法就是为了达到某种目的所运用的手段、工作程式以及可以被人们总结出来的规律性的东西。不同的学科门类有着不同的方法，首饰设计在实践过程中以找到满足功能要求的最优方案为目的，其中如何寻找的问题就是首饰设计方法，而且设计探寻的路径不同，设计的方法也就不同，方法不止一个。

首饰设计是一项复杂的设计实践活动，是系统设计体系的再现。如何解决设计问题，这是一项复杂的工作，这一过程包含众多设计内容，每一项内容都非常重要。在对首饰设计方法的探索实践中，既要遵循设计的一般原则，又要符合首饰设计需求以及社会需求的适宜功能。正因如此，首饰设计是一个复杂的过程，在此过程中不仅需要考虑材料应用、技术形式、造型因素，还需要顾及首饰情感因素以及生存环境和艺术审美等。情感性是首饰的独特属性，首饰中的情感指人内心深处的需求，是对外表达的渴望，是形式、内涵美的需求。在设计时应顾及各种因素，一般有以下几个方面：一是功能性需求，首饰具有多种功能设计时，应兼顾审美、装饰、文化等要素以适应当代生活方式，并以方便、安全、宜人的原则呈现设计作品，还要兼顾首饰的物理、心理、社会功能的需要；二是创造性要求，首饰设计作品应具有好的创意，无论从工艺应用角度还是从文化精神的当代表达，都应具有一定的社会新的价值；三是审美性要求，首饰设计属于艺术创作范围，首饰形态、内在寓意应具备当代审美需求以及民众对美的诉求；四是适应性要求，指首饰在功能、形式、审美、理念等方面适应当代生活需求，是首饰作品适合当代生活方式、技术传承、文化承载、环境意识等相关诉求，实现设计本质意义。

一、产品设计策略

首饰产品是最贴近生活的首饰类型，也是直接服务于生活的类型，在设计中应给予重视。在现代生活中，消费的多样化造就产品类型的多样化，同时需要设计的多样与创新。在设计中，应注意产品的设计元素、造型风格、文化特点、技术特色等因素的应用，以满足人们的首饰文化、价值、内涵等方面的需求。

（一）产品与品牌

市场上首饰品牌众多，首饰产品多归类于不同的品牌，它们以独特形式塑造着品牌形象。一般意义上，品牌是一个名称、名词、设计或符号，或者是它们的组合，其目的是识别某个销售者或某群销售者的产品或服务，并使之同竞争对手的产品和劳务区别开来。简单地讲，品牌是指消费者对产品及产品系列的认知度，也是人们对一个企业及其产品、售后服务、文化价值的评价和信任。品牌是独特的，它们以产品的形式展现品牌价值和文化，而产品是依据品牌理念而开发的，因而品牌是一种产品综合品质的体现和代表。当人联想到一个品牌时，会与时尚、文化、价值联想到一起，企业在创造品牌时不断地培育文化，创造形象，提高产品开发优势、产品质量以及文化创新价值，创造市场价值。产品是品牌的重要载体，通过产品的形式呈现品牌的理念和品牌定位。品牌是企业参与市场竞争有效支撑，不同的品牌都有各自的定位及消费群体，它们又通过产品传达自己的理念，因而品牌与产品是紧密相连的。市场上有众多品牌，针对消费能力而言，主要分为高端珠宝首饰品牌、大众首饰品牌、时尚首饰品牌。从品牌的主体内容又可以分为首饰企业品牌和独立设计师品牌，如卡地亚（Cartier）、宝格丽（BVLGARI）、周大福、梦金园等属于首饰企业品牌。每一个品牌都有鲜明的个性、明确的定位、独特的风格，来赢得消费者的信任，如卡地亚首饰常以猎豹、珠宝为元素打造系列产品以赢得消费者的喜爱。可见，品牌的宣传是通过产品的核心要素来传达品牌精神。在产品设计中，象征着品牌的核心价值要素贯穿产品开发的全过程，因此，不同的品牌会产生不同的产品类型。在一定的程度上，品牌成就了产品，品牌的精神、定位、价值观念是产品执行的宗旨。因而，在对首饰商品进行设计时，应根据设计品牌的需求及相关的主题目标展开设计，探索产品特色取得市场优势。

（二）设计要点

首饰产品设计是针对消费者的设计，同时也是企业策划获取经济效益的活动，因而在设计时既要顾及消费者的需求，又要易于设计实现，同时还要取得经济价值。产品设计时有普遍的规律可循，可使商品获得更高的社会意义。

1. 高效的生产与流通

首饰产品的生产与流通应具有高效性，这对作为产品的首饰而言至关重要。首饰的流通与传播才能实现产品首饰的价值，为生活提供服务，从而实现产品的意义。在产品设计中应紧扣市场需求，创造有效产品。商业首饰在含义表达上比较提炼、明确，在形体塑造上具有一定的直接性和易于理解且符合大量生产的工艺特征。商品首饰一般都具有批量化生产的特点，一方面可以满足人们对首饰产品的需求量，另一方面可以节约成本、降低价格，使更多的人都能实现购买。在国内，不少品牌推出主打款式或系列款，如生肖系列产品，具有庞大的消费群体，针对这类产品应具备批量化的生产需求。因此，设计时应结合生产工艺方式和造型特征呈现设计方案，实现高效、快捷的生产和流通。在追求高效生产与流通的首饰品类时，还应注意产品的趣味性表达，以满足对首饰本质功能的需求。另外，市场信息是产品设计的主要依据，可根据消费群体及购买能力和方式，增添产品类型，设计师可以根据款式置换不同设计元素，如一款多色等方法丰富产品的单品形式，形成具有价格梯度的产品类型。

2. 形态合理性

形态是首饰的主要因素，对形态的设计是首饰设计的主要策略。形态是产品给消费者的第一印象，消费者只需短暂的几秒就可以从视觉形态上判断出其是否是自己喜欢的类型，之后才会了解其材质、寓意、价格等信息。因此，对于商品首饰而言，形态的推敲是最为重要的因素，只有好的首饰的形态才有可能使其中蕴含的情感、故事传达给消费者。每一款产品的开发方式都有所不同，但都遵循着从整体到局部、从抽象到具体的过程，包括产品形态的塑造。产品形态探寻也是一个从宏观到微观、从抽象到具体的过程，逐步明晰产品要素。形态研究时，应从品牌愿景、品牌形象给予宏观的指导；根据开发定位精准坐标首饰类型，明确开发方向，如卡通符号、生肖文化、传统技艺等；再确定系列设计的主题、风格、视觉呈现方向，建立视觉设计规则；进一步明确产品设计的形态、材料、功能、结构、颜色（图4-27）。

图4-27 《缘与美》
莲花钻石系列产品

产品首饰形态塑造时一般有两种任务方式：一是有明确的造型元素，如对牛的生肖设计；二是从主题入手，给予抽象的概念，如七夕节、贺新春。对此，设计元素的提取方式也不尽相同。对于具有明确视觉元素界定元素的提取，设计师可以运用发散的思维方式结合消费群体定位，从整体、特征提取、引申三个方向扩展空间。例如，对生肖牛视觉元素进行探寻时，可从牛的整体形象提出，也可以抽出牛的特征从局部提出，还可以延伸与牛相关的视觉元素进行整理。在抽象元素提取时，应尽可能地运用思维工具中的扩散思维，收集与之相关的素材，提取视觉元素。根据设计主题筛选元素含义是否明确；形态特征是否典型，是否具有可识别性；并评估元素的可开发性，规避产品的雷同；调整、细化形态。形态探寻是过程性的结果，是复杂的过程，也是不断构思、绘稿、调整、模型制作等过程。此过程也是概念对比转化过程，经过不断的调整与尝试，推敲主题、形式、功能、审美之间的关系，直到达到适宜的形态。形态塑造时应注意形式美的规律，如对称、节奏、对比、虚实等，还应体现形态的适宜性，展现出形式结构符合材料、工艺及佩戴的适应性。设计造型的方法较多，其中"师法自然"不失为一个好方法。自然是万物之源，自然中的一切都有各自的规律和结构方式，呈现出自然之美，为设计提供了丰富的素材。在观察研究的基础之上，发现自然构造美的规律，并从自然中汲取营养，实现对设计文化的诠释。总之，设计形态的寻找是过程性的结果，以具体

图4-28 形态寻找

的视觉形式不断挖掘、诠释主题观点，并通过创意来演绎首饰的时尚之美、经典之美、传承之美（图4-28）。

3. 具备创新的观念，反映时代价值

产品是面向市场、面向生活的商品，其使用寿命与生活的节奏一致。当前社会发展日新月异，首饰产品也要不断创新，跟上甚至超过时代的脚步。产品的更替是生活方式变迁和需求变化的反映，产品的构建方式和构建理念应随时代变化不断更新，反映时代价值。创新是设计的使命，既是对适应生活节奏的必然之举，也是产品精神的体现。尤其是在信息技术和设计思潮的变革下，文化的多元、快速融合，造就首饰与文化、科技、影视等因素的碰撞，因而首饰产品应在艺术理念、审美方式、材料应用、技术开发等方面探索新因子，满足多样化的需求。创新需要开阔视野，扩展思路，以敏锐的目光发现时代需求，探知问题根源，掌握核心解决方式。对于首饰产品的创新，不同的品牌有着不同的角度，主要从外观、功能、结构、技术等方面展开。在现代产品中，技术是一个重要的突破口，如首饰品牌"缘与美"潜心钻石镶嵌工艺的创新研发，发明专利"莲花钻石"。莲花钻石由多粒钻石与贵金属基座镶嵌组合而成，基座部分由贵金属制成，底面呈锥形，构成钻石亭部结构特征；上有外观呈莲花状镶嵌槽，切磨好的数粒圆钻镶嵌其中，构成钻石冠部结构特征（图4-29、图4-30）。此技术不仅有单颗大粒钻石璀璨闪烁的光芒，整体外观也具备单颗钻石的完整形态，且售价远低于同克拉数的单粒钻石，满足了消费者对大尺寸钻石的需求（图4-31、图4-32）。另外，新的形态是产品更新的首要问题，应结合群体审美、流行趋势探索针对目标群体的造型方式。当然，外在形式的创新还要兼顾内在精神的表达，做到形神兼备。当前首饰产品与信息技术、IP文化、生活起居等因素关系密切，新功能、新结构的产品类型急需开发，以实现融合背

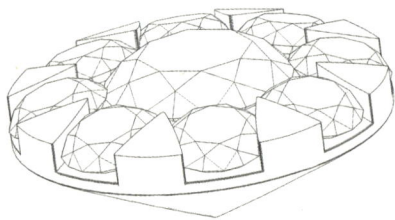

图4-29 莲花钻石——结构图

图4-30 莲花钻石——顶视图

图4-31 莲花钻石——产品1

图4-32 莲花钻石——产品2

景下的设计交互。首饰与其他领域的互动，带动了理念、功能、机构、形式等系列的变化，促进了首饰的多元化。总之，首饰产品需要与时俱进，以新时代的新功能、新观念、新生活方式为依据，融合现代设计要素，展现时代精神和时代风貌。

（三）设计程序

设计是一个复杂的过程，是一项有计划、有目的的求解过程，因而是整体实施方案以适宜的方式实现设计目标。虽然设计具有复制性，但也有一定的程序可以遵守，促进设计进程顺利进行。相关学者曾提出设计程序的三阶段，为分析、创造和制作。科学合理的设计程序，可有效安排设计进程，推动设计顺利完成。首饰设计产品类型众多，根据实现的目的、技术手段，有多种实现路径。在具体的设计实践中，设计的过程在顺序、结构、内容上并不固定，这一过程是错综复杂、相互交织的，具有一定的可变性，因而应根据实际情况制定设计程序。但设计也有普遍的规律和一般程序可以遵守，主要程序如下。

1. 确立目标

根据企业设置的产品开发类型或者目标需求，确定产品研发的方向。项目目标是设计探讨的方向，是设计探讨、思考以及资料收集的基础。

当代首饰产品涉及的范围比较广泛，地域文化、生肖设计、新技术运用等都可是目标范围，不同的目标范围有着不同的研发方式。与传统首饰相比，现代首饰更具多样化，传统首饰强调材料、工艺和造型本身，因而造就了首饰的装饰性、美观性及保值性。现代首饰则将关注点转移到人与物的关系上，以人的主观角度出发，探讨首饰的形式、审美及功能。在人与物的关系的设计中，设计师更多考虑人的感受，体现设计本质即以问题为导向的设计。设计关注点逐渐转移到当代生活需求，满足多样化的需要，首饰承载的功能越来越丰富。随着首饰与时代生活的联系越发密切，首饰设计的视野也越来越宽泛，设计常以观念、功能、审美、技术融合创新，展现出消费者需求驱动系统，充分体现了对设计本质的思考以及团队协同创新设计的方式。在此背景下，首饰设计的目标方向比较多样，既有传统延续的材料、工艺、文化等方面的探索，也有现代对新技术、新观念、新功能以及社会环境问题的研究。在设计实施前，应明确产品开发的目标范围。

2. 调研分析

调研是设计进行的基础，是对相关资料的收集以及对设计现状的勘察，是设计前期的重要活动。通过调研，可以有效地了解同类产品的设计现状、需求状态、发展方向等相关信息，明确市面上有什么，需要做什么和不做什么，规避产品的雷同寻找差异化，利于探寻创意点和设计问题的解决。

（1）调研范围

设计调研范围应根据实际情况而定，一般情况下，主要对象有竞争产品、同类产品、消费群体等，主要涉及对产品的风格、主题、元素、价格、品质、工艺、销售等相关信息进行调研。针对目标内容，还应从宏观的角度了解设计的基本信息，主要有机会与挑战、优势与劣势、产品定位、目标受众、开发模式、材料工艺、设计管理、销售渠道、营销推广等方面。

数据采集是调研的主要形式，调研数据应尽可能清晰、全面。数据采集应包含设计环境，其中含有自然环境、社会文化环境、政治环境、经济环境等；需求关系数据采集，包含需求总量、消费结构、消费群体、消费行为、消费心理等方面的内容；产品类型数据，主要包括产品品牌、产品定位、产品形式、材料技术、现存问题等；销售渠道包含销售状态、促销手段、产品价值、流行状态等。数据采集应真实可靠，为后期设计推进提供依据。

（2）调研方式

市场调研的方式较多，根据实际情况选择合适的类型，常见的调研方式有资料收集、田野调查、设计实验、询问访谈、问卷调查等。

①资料收集。通过大量的资料积累，可以获取全面、有效的信息，利于对设计问题的求解。资料收集中分为一手资料和二手资料。其中，一手资料为原始资料，常为直接获取的资料，可通过实地考察、拍摄、访谈等形式获得，一般具有真实性、准确性、直接性的特征；二手资料为间接资料，常为收集的资料（展览、报道、自媒体）、文献资料、研究报告等。

②田野调查。根据设计问题，进行实地与现场的调查，是直接观察法的实践与应用。

③设计实验。是针对首饰产品形态、材料、工艺间的呈现方式的探索，通过实验观察工艺、材料的扩展方式，促进首饰在物本层面上的创新。

④询问访谈。是对设计现状及设计问题的直接探索方式，主要分为目标群体访谈和深度访谈两种形式。通过访谈，可以了解当前设计现状，以及相关领域专家对设计问题的认识思路和建议，有助于给出建设性的信息和制订设计方案。

⑤问卷调查。就设计问题进行针对性的调研，通过制定详细周密的问卷，被调查者据此进行回答，获取资料信息。问卷调查依据其载体形式，

可分为纸质问卷调查和网络问卷调查。通常情况下采用网络问卷，即不用专门雇佣工作人员进行分发，分析与统计结果也比较便利（图4-33）。在对问卷调查设计时，一般包含以下信息。

问卷标题。常为调研的目的，内容需简单明了，让被调查者清晰地认识到是什么样的调研。

封面信。指问卷说明，常用于介绍调研组织者、目的、意义以及谢意。

指导语。如何正确地填答问卷和完成调查工作，起到说明指引的作用。

调研内容。根据调研目标要解决的问题制定相应的内容，如设计式样、喜好、材料类型、风格类型、产品价格等。

其他资料。一般有调研日期、调研人姓名、审核人员等，被调研人姓名、单位、年龄等。

调研的方法较多，通常情况下常将多种方式综合运用。资料收集时，应注意信息的全面性和真实性，调研后应及时对材料进行整理与归纳，并核实资料的可靠性。

（3）现状分析

通过对调研资料信息的综合分析与探索，了解设计现状和发现设计问

布艺首饰市场调查问卷

您好，我们是山东工艺美术学院研究生处工艺美术方向设计方法课程的调研小组，感谢您百忙之中填写我们对首饰市场的问卷调查，您的填写对我们的课题研究十分重要！请您结合自身在下列选项中，我们将万分感谢！

1. 您的性别?
A. 男　　　　　　B. 女
2. 您的年龄?
A. 21–30 岁　　B. 31–40 岁　　C. 41–50 岁　　D. 51–60 岁
E. 60 岁以上
3. 您的职业?
A. 学生　　　　B. 上班族　　　C. 退体人员　　D. 自由职业
4. 在您的日常生活中是否有使用佩戴布艺及相关材料首饰的习惯?
A. 是　　　　　B. 否
5. 您使用布艺等材料首饰的原因主要是?
A. 色彩美观　　B. 彰显个性　　C. 质地美丽　　D. 时尚
E. 价格因素
6. 您购买布艺首饰的的数量?
A. 从未　　　　B. 一个　　　　C. 两个　　　　D. 三个及以上
E. 其他_____
7. 您常在什么场合下佩戴布艺首饰? （可多选）
A. 旅游　　　　B. 朋友聚会　　C. 日常出行　　D. 工作环境
8. 您选择首饰时，更加注重首饰的哪一方面?
A. 设计感　　　B. 材料　　　　C. 工艺方式　　D. 流行度

图4-33　调查问卷

题，寻求以创新为导向的解决方案。在资料整理分析时，应先核实资料的准确性和误差，再进行分类整理。分析时应与现实需求进行结合，分析问题点，如产品的精准定位、产品开发优势、如何实现精准开发、创新点、营销推广、品牌传播等，还应注意对其他产品的优、劣势进行分析总结（图4-34）。尝试给设计问题提供解决思路，并进行整体评估，评价创意选题、价值分析、需求分析等。

在分析的基础上，撰写调研报告。调研报告是后续设计活动的重要依据，需重点突出、结构缜密、问题指向明确，材料与观点一致。面对设计问题时，应以前瞻、宏观、发展的眼光看待整个行业问题，对于现实状况不回避、不避重就轻，认真总结、全面分析，尝试探寻解决方式和预测创意点。

3. 设计定位

设计定位指根据目标及设计问题，进一步深化设计方案，明确产品的主题、风格、元素、材质、技术、外观、功能等要素。

进行产品定位时，应对产品创意实现的可能性、现有条件进行一定的分析。如是否具有良好的前景、商业发展空间，是否适应发展趋势等。同时，也应明确产品开发所具有的充分条件，以及对开发类型、需求现状、技术方式等因素的综合分析下进行定位。

4. 设计阶段

在设计阶段应针对主题元素设计草图，并进行到设计方案草图的筛选阶段。

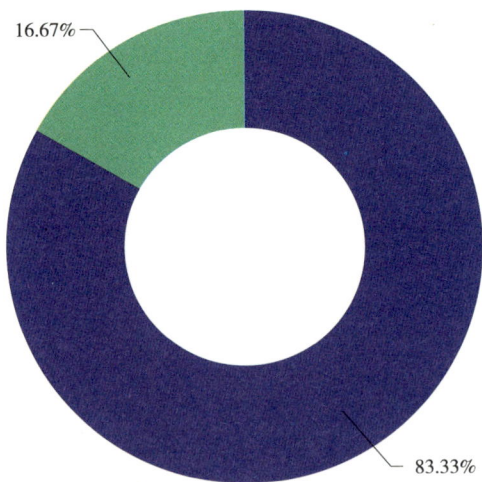

16.67%

83.33%

■ 会，比较有创新性　　■ 不会，风格太小众不利于大众接受

图4-34　人们对彩印花布元素首饰的接受程度

在设计研究的基础上，设计成员需根据主题展开创意草图的探寻，通过发散性思维创作设计方案草图，一般10～20幅（图4-35）。在草图探索中，一般包含选题方向、素材收集、灵感源、灵感延伸、稿件整理、深化设计等阶段。稿件呈现时，应明确设计主题、元素、风格、材质、工艺方式等要素，最为重要的是在草图中应体现设计的创意点及卖点。对创意点的探寻，可从寓意概念、功能、结构、形态、材质搭配、技术研发等方面研发，应具有新颖的、超前的、面向未来的特点。

图4-35 创意草稿

通过对设计要素的综合考虑以及团队成员的讨论，筛选草图，确定3～4款具有发展潜力的方案。

（1）确定方案

通过与客户交流或针对研发定位目标，进一步考虑创新立意、生产成本、功能审美、材料技术等因素后，确定两款方案。经过多方讨论、交流，在保持原有风格基础上，对结构、佩戴方式、体量等不合理的地方进行修改。

（2）设计深化

对首饰的每一部位进行细部深化，包括纹饰细节、连接方式、结构方式、接口配件等。在细化的基础上，进一步调整形态、主题、创意的关系，明确设计形态，并结合现代设计表现手段呈现3D效果图。

5. 制作阶段

制作阶段为生产阶段，主要在方案的确定下根据设计稿开始工艺制作，在制作前一般会手工或电脑打样，观看效果再进行批量生产。商品首饰一般采用快速的工艺方式进行制作，常见的3D计算机技术与铸造、镶嵌技艺的结合。

产品制作的一般流程如下。

（1）手绘稿

根据设计稿，明确稿件的三视图以及饰品的细节处理。

（2）起版

依据设计稿，进行手工蜡模、电脑蜡模起版，倒成银版，或直接手工起银版。

（3）执模

修正银版，将金属表面缺陷修正完好，并打磨整洁。

（4）压胶模

根据银版压制橡胶模，并开模。

（5）种蜡树

根据胶模进行注蜡，获取蜡模，并种蜡树。

（6）倒金

对蜡树采用失蜡浇铸工艺，形成金属件，并将金属件表面修正干净。

（7）镶石

对镶嵌的需求的款式进行宝石镶嵌。

（8）抛光

对镶嵌好的金属表面进行抛光，处理掉执模镶嵌过程中遗留的痕迹。

（9）电镀

针对有需要改变金属颜色的首饰进行电镀处理，一般分为本色电镀和异色电镀。电镀的物质较多，一般有镀金、镀银、镀铂、镀铑等。

（10）成品

待多有细节处理完成，首饰产品得以呈现。

6. 设计反馈

在设计反馈中，根据产品展示及小批量的生产销售，收集意见进行设计改进，有时会进行二次调整、生产。

设计反馈是设计问题解决情况的验证阶段，通过产品流通进行意见反馈，分析设计中的优势与存在的问题，进行调整。产品的反馈意见可通过用户、市场销售状况、展示调研等途径获得。其中，用户评价最为直接、真实，是主要的调查对象，一般从三个方面进行，一是外观，指产品外在形态是否满足消费者的审美、心理诉求；二是功能，对于首饰的佩戴多寄希望于装饰、精湛的技艺、文化寓意等方面，产品开发是否满足消费者对首饰功能性的综合体验等；三是心理量度，即消费者对首饰产品的心理感受，也通常指产品给佩戴者所带来的心理期望值。通过对产品信息的评价和反馈，可对产品进行升级改进，有助于产品提升，为后续设计积累经验。

综上所述，针对设计问题解决的合理方法需符合完整的逻辑推理方式，应具有明确的过程和清晰的步骤。设计程序由给出既定的目标起，经程序计划、资料收集分析，到概念构思、探索、发现，进而到稿件绘制和制作完成，这一系列过程必须在周密的执行与管理下进行。因而，设计程序从整体上看主要分为现状分析、目标界定、创新开发及方案实施四个阶段。

二、设计方法

　　创意是设计的灵魂，通过好的创意才能促进设计的创新，使设计不断地服务生活。创意与设计存在着天然的联系，设计活动将创意与构思给予物化呈现。首饰设计要素较多，每一要素都有可能成为设计创意的突破口，如技艺的融合、材料实验、主题深入等都能成为创意设计的开发方向。因而在设计实践中，首饰创意有多种途径，可以从不同的角度完成创新，提高创新能力。

（一）创意设计的一般方法

　　创意是一种设计思维运动的结果，一种将概念物化的程序和方法，其中包含着设计、开发、制造各个要素系统设计方案。首饰创意设计，就是将概念化的理论逻辑与设计实践相结合产生实际意义的过程。创意最主要的特征就是突破常规，创造出新事物、新意境、新功能。有学者曾指出："创意相对于设计而言，更属于精神的一类，它是指导设计初始的雏形，也是贯穿设计始终的推想或形式。"❶创意设计是思维概念的物化，在物化的过程中有一定的规律可循，因此也就具有了一般创意设计方法。在此过程中，手脑的结合运用非常重要，观察是认识事物的基础，在观察基础上通过大脑与手的后期协作产生创意。认识事物的方式有很多，可以通过听、读、看、写等方式获取相关信息，再进行相关的研究与分析，从而产生设计的雏形。

　　首饰的创意设计的基本方法使用范围比较广，具有一般设计的规律可循。在此方法中，应注意设计创意的探寻是过程性的结构，而不是从构想到结果的直接呈现。在此过程中，不要着急探寻一个结果，过程中的思维有可能引发更好的结果，每一步的引导和变化都有可能引发对最终效果的思考。在设计实践中，众多的设计作品中只有一部分能够成功，因而可以看出设计具有实验性，创意设计的发展过程中最初的想法未必能成为最终的结果。在对基本创意方法运用时，还应注意运用灵活的思维方式，如观看事物的角度时可以主观地做出选择性的改变，可从大与小、远与近、立体与平面、清晰与模糊等视角进行，给出发现问题的更多可能性。创意灵感一般来自生活中的所见所感，生活中的一切都可能为我们提供思想的种

---

❶　杨志麟.设计创意[M].南京：东南大学出版社，2002：20.

子，如动物、植物、云朵、大海以及城市印象、乡村风景等。有时其他艺术作品也是灵感来源的一个方面，对艺术作品的观看与鉴赏不是抄袭和模仿，而是学习艺术家的思路和看待问题的角度，给予设计启发，感受艺术作品的美。创意设计的开展离不开日常素材的积累，绘画是其中积累素材的重要手段，生活中的一些场景可以通过绘画的形式收集为素材。以绘画的方式收集到的素材是经大脑和手的合作处理过的图像，对物体形态经过简单的加工和抽象，在这一过程中不自觉地对个人兴趣点进行了提取。创意是一种自发性的，也是创作者内心深处最为真实的兴趣点，因而通过绘画的方式收集素材有利于灵感的探寻。同时，创意设计不是一蹴而就的，这是一个长时间的探寻、反复、实验、选择、淘汰、修改的过程，需要一定的思考、分析、研究。

创意设计训练具有一定的规律性，有一定的程序可循。在设计中，一般遵循提出问题、分析、研究、整合、实验、产品雏形、评估、分析等程序，在此过程中多给出参照与工具以帮助创意实现。另外，在进行设计时还应考虑到首饰自身的属性，要有别于其他门类。在此以作品《内化》为案例，基于兴趣点的开发，首饰创意设计的一般步骤如下。

1. 捕捉收集

设计师应结合生活和个人爱好，探索什么最吸引自己，寻找个人感兴趣的点，既可以是单个，也可以是多个。在寻找的过程中尽量开放、放松地探索，如盛开的鲜花、盘旋的枝条、奔跑的牛马等，并在探寻的过程中找到自己兴趣点的关键词，如植物、花卉等（图4-36）。作者经过观察将兴趣点定在蝉上，认为蝉有着生命的奇迹，在成长中可以幻化形体，完成金蝉脱壳形成另一个个体，从幼虫到成虫的过程中，虽然外貌形体发生着变化，但其生命仍在延续。

2. 图画记录

以绘画的方式绘出吸引自己的场景或物体。比起拍照，绘画的方式更能使我们清晰地感受事物最吸引我们的地方，如蝉的形体结构、翅膜的纹理等，这些感受都有可能成为下一步创作的开发的方向。另外，经过绘画，更直接感受事物美的规律，引发我们的思考（图4-37、图4-38）。拍照是素材收集的便捷方式，如果选择这种方式也要经过思考与构图处理。从素材中发现共同元素，感受其是否是自己的兴趣点。

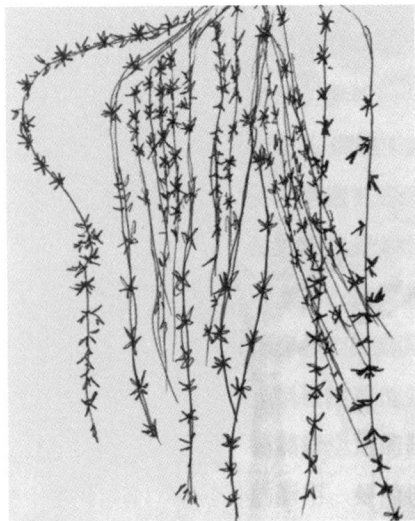

图4-36 素材捕捉 刘颖睿

图 4-37 图画记录 1

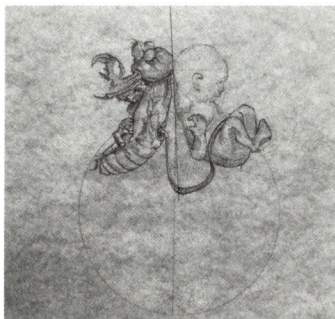

图 4-38 图画记录 2

3. 抽象与演变

根据收集素材及整理情况，发现有意思的点，并根据兴趣点按照美的韵律和喜欢的风格将其特征组织、扩大，以抽象、演变的方式进行提取事物的兴趣特征。在对特征的抽象与演变中，尽量用各种方式简练地表现图形，或者以相似的线条或图形来表达蝉给予自己最初感觉。特别是蝉背的硬朗感，以及其开口蜕变时所带来的生机（图 4-39～图 4-41）。总之，在此阶段无论用什么方式，都应多画、多变，给出更多选择空间。

4. 资料调研

根据抽象与衍变的结果，发现里面有意思的点，并根据此点查找相关元素的运用情况。也可根据自己喜欢的艺术风格，查找相关的艺术作品或资料，找出发展的潜力。调研的对象比较宽泛，既可以是其他艺术作品，也可以是自然事物，只要能够启发进一步创作就可以。由于作者喜欢棱角的建筑以及几何形态的作品，因此对此类风格艺术形式进行调研。

5. 整合和演变

在资料的启发下，跟随几何形体变化抽取蝉的特征，并以不同的形式进行发展与感受。根据几何形态运用规律和个人风格喜好与主题进行结合探寻，使蝉的内在精神与外在特征进行融合、归纳，并感受线条中所蕴含的主题。以婉转悠扬的曲线代表蝉体转化的瞬间，并以横平竖直的线条勾勒背部的生命之口，感受金蝉脱壳的蜕变，以及和面对使命时的冷静与执

图 4-39 抽象与演变 1

图 4-40 抽象与演变 2

图 4-41 抽象与演变 3

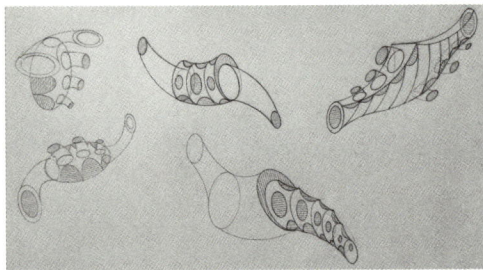

图4-42 整合和演变1

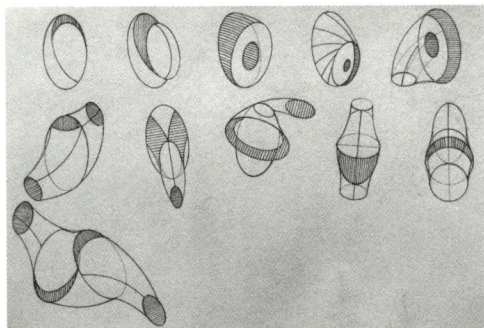

图4-43 整合和演变2

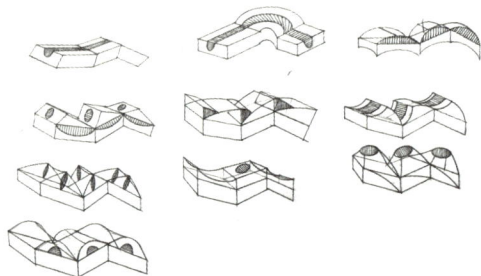

图4-44 整合和演变3

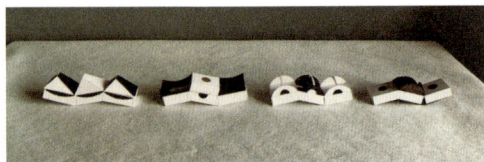

图4-45 纸模小样

着（图4-42～图4-44）。

6. 模型制作

在形态抽取满意后，可制作模型实验三维效果，模型的材料选择可根据作品的形态而定，可以为纸、泥、金属等。首饰是立体形态，平面视图具有一定的局限性，以模型的形式观看可正直观地检查作品形态、结构、体量等关系，能有效地评估计的优缺点以及工艺实现的可行性。作者可根据个人风格喜好，以多种角度制作系列模型，给首饰形态带来更多的实现空间。此件作品采用纸材料制作模型，纸既省钱又易于操作，并能较真实地呈现作品效果（图4-45）。根据纸模检查设计效果，综合各个要素进行调整、修改（图4-46）。

7. 金工制作

首饰的最终材料多由金属制作而成，根据最终材料选择以金属制作进行探索具体形态。金属相比于其他材料拥有较好的表现力和造型能力，为三维立体形态提供了更多的变化性。此处作品以几何形态为造型基础，金属材料更为合适，在此以金属制作部件观看效果（图4-47）。并根据金属件调整整体效果，探索未来制作的可能性，并探索作品佩戴的类型，如胸针、戒指、项链、头饰等，扩展首饰形式，开放同系列首饰作品（图4-48）。

8. 分享与总结

作品完成时，应对自己的作品给予一定的客观评价，其中评价应来自多方面，如教师、同学、个人、其他专家等，并记录评价内容进行改进。在此过程中应不断地总结个人学习心得，及时记录个人设计变化过程，总结学习方法。

从作品的呈现过程中可以看出，创意设计是过程性的活动，在此过程中不断地思考、总结、变化，也是一个复杂多变的探索过程。从问题的初始到解决，作品的主题和形式逐步统一协调，主题思想随着形式确定而逐步明晰。此件作品的探索过程并不是创意设计普遍程序，不同的设计师有着不同的经验与方法，也有着多种路径实现创新设计。

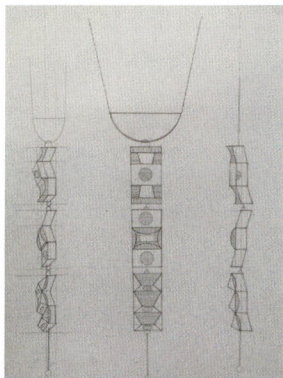

图4-46 完善设计稿

图4-47 金工制作

图4-48 《躯壳褪去，我们还剩下什么》 魏凌宇

（二）材料实验法

材料对于首饰而言非常重要，首饰语言往往是材料表达的语言，阐述着创作者的观点。在现代首饰艺术中，对材料的使用不再局限于贵金属和珠宝材料，生活中的一切都可成为首饰材料，这为首饰创作带来了无限的可能性，同时也意味着设计师面临着极大的挑战。在当下首饰设计中，非常规材料的使用成为当代首饰的一个重要特征。废弃的生活材料、廉价的塑料、多彩的纤维等都成为首饰设计中的常见材料，这些材料拥有丰富的色彩、纹理、质感，丰富了首饰语言。另外，首饰中非常规材料的使用突破了传统首饰材料所承载的功能意义，使首饰的社会价值不断扩大，象征着首饰使用的普遍化、情感化、大众化。以材料实验为基础的创作方法，就是要求我们在创作中以材料的基本属性为依据，与材料进行对话，透过材料的色彩、质感、纹理探寻材料的成型方式。材料实验是以材料为主题创作的主要研究方法，实验则是掌握材料的基本属性，以及对材料处理的基本规律，以达到人们所期许的状态。每一种材料都有其基本的特质，对这一特质的运用可以有多种途径，有司空见惯的方式，也有我们未涉及的方式。实验的目的就是掌握材料处理的基本规律，探索材料实现的多种可能性，探索未知的或所未涉及的材料方式，这一方式也许会为设计师提供新的研究方向，会带来更有趣的设计体验。挪威的首饰艺术家莉维·布拉娃芙（Liv Blavarp），以片状木材制作首饰，并认为以木材制作首饰可以实现大体积而不会太重的饰品。她的作品结构排列有序、优雅大气，像佩戴在身体上的小型雕塑，以天然材料诠释自然基调（图4-49）。

材料本身是客观物体，但可以引人遐想，常被赋予主观感受，材料实

图4-49　项链　莉维·布拉娃芙

图4-50　蛋壳粉形态实验

图4-51　材料形式快速发散

验还是主观意识与客观材料的对话。因而在材料实验中，我们一方面探索材料新颖的呈现方式，另一方面思考新方式下所具有的情感因子，不断地思考它能表达什么。基于此，在首饰材料实验中，设计师应尽可能地根据材料的属性积极探索材料呈现状态，既可从材料的颜色、质感、肌理、形状等角度出发积极探索，也可改变材料所呈现的一般状态及现有的功能进行探索。如蛋壳给我们的印象都是片状的、薄薄的，一碰即碎的感觉，据此可以将其碎裂研磨成粉来探讨其形态，并引发主题思考（图4-50）。材料实验中可根据材料固有的状态如颜色、质感、感受进行联系想象，再通过进一步的实验探索新的方式，并将材料所呈现的状态与主题对话，尝试主观情感的阐述。材料实验中应放松状态大胆想象，打破材料给人的固有状态，对材料自身美的规律给予准确、清晰、细腻的认识，以便实现好的实验效果。实验中还需要具备敏锐的观察力和感受力，用最喜欢的材料方式进行再尝试，以快速、多产的方法对材料成型方式进行挖掘，进一步探讨形式与概念的联系（图4-51）。在与材料进行对话时，应具有较强的操作能力、观察能力和敏锐感受力，能够明确清晰地在材料实验中探寻开发方向，并积极地推进。材料是客观的，但随着生活文化的渗透，对材料的认识也被赋予人文色彩，在材料组织与主题实现时还要关注日常文化因素。

　　用材料实验进行创作的首饰主要来自两种思路，一是从材料自身出发，探寻材料的有效呈现方式及主题表达；二是从观念主题出发，以概念为主导探寻适宜的材料。在实际的创作中，这两种方式的划分并不是那么明显，材料的组织方式和主题思想随着设计深入和探讨逐步明晰，最终达到形式与内容的统一。每一种材料都有各自的处理方法，每一个主题都有独特的表达方式，在此结合案例探讨两种创作方式的具体事项。

1. 以材料自身属性为基点探讨

从材料自身属性出发，探索材料的应用方式和表达方式，主要是对材料特性及美的特质的研究。每一种材料都有其基本的属性，如黄金具有较好的延展性、拥有金黄的色泽，宝石具有晶莹剔透的质感和美丽的色彩。每种材料都有一定的特性，有柔韧度、硬度、色彩、肌理等客观属性，当材料的这些属性被有效地开发和运用后，则转化为首饰时尚之美。在对材料属性进行开发运用时，应认真地观察、选择材料，探寻个人感兴趣的材料，并思考是什么吸引自己选择它。建立设计师与材料的链接点，其实也是客观材料与主观意识的对话点，将材料美的特征或吸引自己的点进行抽取放大。并以美的韵律将材料进行重塑形态，在此过程中尽可能多地去探索材料的构建方式和呈现手段，并可以运用各种手段进行尝试，如剪切、折叠、编织、缠绕、焚烧、煎炸、化学着色、技术处理等。在以材料自身出发的实验中有时也遵循一定的规律进行，在此结合作品《合》具体案例探讨如下。

（1）选择材料

此阶段可以自备材料库，选择自己喜欢的材料类型，用心去感受材料的特质，感知材料的兴趣点（图4-52）。材料的类型较多，清楚认知感知材料的特性，从内心深处探知兴趣点，选择喜欢的材料。案例中选择牛仔布为材料，牛仔布有着规律的纹理和蓝调的色泽，给人以淳朴、宁静之感（图4-53）。

（2）材料初试

根据对材料的观察和感受，尝试以多种方式组织材料的成型状态（可设定为20种、30种等），且每种方式不能重复使用，并给出一定的时间范围。多种成型方式有利于思维的开发和形态的探寻，当人的思维运动到一定程度，会突破平时思维的限制，可能会出现意想不到的效果。此处设计师对牛仔布选择了折叠、排列、编织、研磨等多种方式进行塑造（图4-54）。

（3）兴趣点深化

经过大量的材料初试，在几十种的处理方式中总能找到比较满意的一种或两种方式。对材料

图4-52　选择材料

图4-53　牛仔布

图4-54 材料成型方式实验

图4-55 材料片状排列实验

图4-56 形态的整体化尝试

图4-57 《合》田伟玲

初试成果的审视行为，实则是将客观材料和主观感受互译的开始，在兴趣点探讨的同时已经介入情感因素。在大量的材料初试中，选择一种或两种自己喜欢的方式继续延伸，选择的成为方式为基点进行更多形态的探寻。在此，设计师选择了对牛仔布的片状排列为基础进行延伸，牛仔布的片状排列能够更好地凸显木的材质和肌理，并能形成一定的体量（图4-55）。

（4）形体化尝试与主题连接

在材料运用深化基础上，找到恰当的呈现方式，并根据呈现方式和个人风格喜好细化材料处理细节。在细节化的过程中，根据材料的呈现状态思考首饰整体形体组织和首饰类型，在形体化的过程中逐步明晰设计概念。设计师根据牛仔布的排列变化深化细节，调整片与片的尺寸，形成整齐有序的变化（图4-56）。

（5）成型与表达

在细化的基础上，根据成型特点构建完整的首饰形态，并完善首饰部件。设计师根据条形的排列方式设计成一款项饰，并在每一单元布片的排列中出现了上、下、左、右的递减和递增变化，形成折线纹。作品以规则的布片按照一定的规律排列而成，其中包含着次序与和谐，从而也传达出世间万物合而有序的美（图4-57）。

2. 从概念出发探寻适宜的材料

材料虽然是客观事物，但材料具有一定的特征，如形状、色彩、触感等，这些主观感受同样具有设计的启发意义。不同的材料可给人带来不同的感官触感，让人产生主观联想和象征意义，这些都会引发创作。一件儿时的玩具、一枚普通的顶针，闲置多年再捡起时，也许会是一段记忆。材料的固有印象会让人产生普遍通识的情感，引发人与物的连接。有些材料给人带有本能的含义，在童年玩耍过的物件、亲人用过的物品，都可以承载着创作者的经历，可以起到纪念意义。作品《永恒的记忆》就用儿时玩具和亲人用过的顶针进行创作，作品无须过多的诠释，物件自身就是情感的载体，记录着往昔点滴（图4-58）。黑色给人以沉闷、凝重的感觉，英国维多利亚女王（Victoria）常佩戴黑色首饰以表对其丈夫的哀悼，也因此哀悼首饰在英国影响比较深远。当时哀悼首饰材料种类很多，煤玉、珐琅、缟玛瑙、黑玻璃，甚至是发丝，它们都有共同的特征是黑色，以此表达哀悼。可见材料具有主观性，从观念主题出发，以概念为主导的材料寻找应探寻主题概念与材料的连接点，并进行相应的实验。在对材料探索时，应以开放性的视角看待材料与主题的连接点，而不是一种概念就使用一种材料，应给与多种材料以实验与探寻。主题与材料的连接不是一种方式，通过对材料的处理和实验能够更准确地找到两者的对接点。

以苏艺珂的孔洞主题的系列作品为例，探讨以主题概念为主导材料实验。艺术家将女性形象的展现设为选题范围，认为在生活中女性常被"物化"，女性经常从事繁杂的家务劳动并远离政治和社会舞台。设计师以女性形象为研究对象，实则是人类对自身命运、对生存处境的一种人文关怀和哲理性思考。在对女性形象的主题创作中，作者创作了系列作品，主要有《归去来兮》《凝固的焦点》、*Embryonic*、*Deep*、*the Depth of Love* 展示首饰意象性的方式。作品《归去来兮》是作者在未明确选题之前进行的材料研究，通过对材料特性、表现形式、材料意味的研究，发现自己对丝瓜材料比较有兴趣。在探讨丝瓜与首饰的对话中，对材料进行了剪切、撕、压、漂白、上色、捶打、蓝晒、腐蚀等处理，来探讨材料的可能性（图4-59）。作者在创作中通过记录、分析丝瓜瓤实验的过程，观察到其外观是一个由纤维缠绕的柱状条带物，纤维乱中有序，质地略粗，周身布满孔洞（图4-60、图4-61）。切开的丝瓜瓤布满了大小不一的孔洞，这些孔洞上看可给人以隐藏的心理感受，每一部位都带有不同的特征，并引发了作者联想并创作出《归去来兮》这套作品（图4-62）。

受到前期实验的影响，由丝瓜瓤联想到孔洞、巢穴等关键词，从而引发了后期的实验和创作。

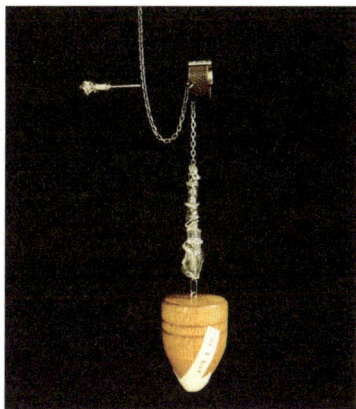

图4-58 《永恒的记忆》 贾丽

图4-59 染色处理

图4-60 材料实验1

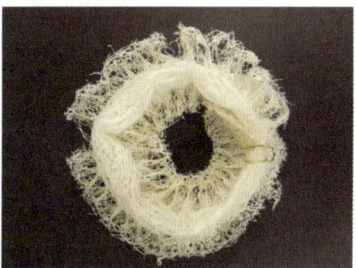

图4-61 材料实验2

图4-62 《归去来兮》 苏艺珂

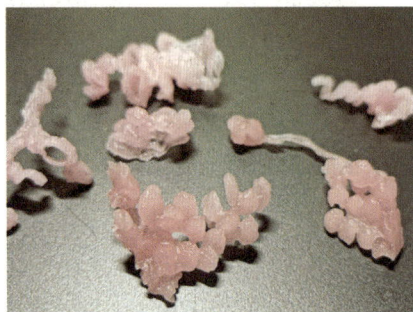

图4-63 冬瓜内部空间实验

图4-64 石榴空间实验1

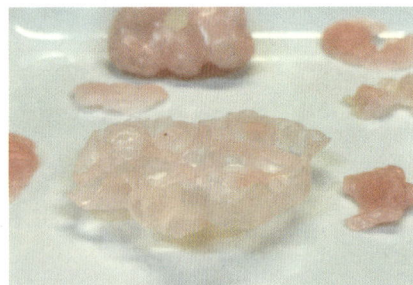

图4-65 石榴空间实验2

图4-66 猕猴桃空间实验1

在实践的基础上对植物空间的观察和运用，让作者联想到女性的子宫和生命的来源，植物空间的结构和女性身体特征相似，由此对女性形象的创作与植物内部的结构进行联系。作者在对植物孔洞结构实验的基础上，根据实验引发的设计概念进行了系列的尝试，从而创作出作品《凝固的焦点》。该作品是由"洞穴"内部出发，探索植物材料内部孔洞结构，用植物的内在美用于暗示对女性内在探索的重要性。在对这一观念探索时，作者做了大量的关于材料空间的实验，主要是对蔬菜内部空间的探索。在对青椒、冬瓜、南瓜等蔬菜进行观察时，发现它们的空腔内孕育着种子，这些植物的内部结构与女性身体特征相似，可以进行深入挖掘（图4-63）。作者对植物空间研究时，运用蜡、石膏、树脂等材料对石榴、青椒、南瓜等蔬菜瓜果空腔进行浇灌翻模，获取了形态各异的抽象形态（图4-64~图4-67）。实验中作者发现，蜡材料韧性差、硬度低，且具有黏性，与果肉剥离困难。树脂材质轻、透明，但会随时间的延长而变黄，并因树脂材料与植物中的水分反应凝固比较慢，不是理想材料。实验中，石膏材料具有硬度高、细腻、凝固快的特点，比较适合对虎皮椒、秋葵等小植物空腔的浇铸，是比较合适的浇灌材料（图4-68、图4-69）。在此基础上对石膏语言与植物空腔关系进行寻找，并结合"洞穴""女性"概念探索，完成了主题作品（图4-70、图4-71）。

（三）工艺探索法

对于首饰而言，工艺与材料一样重要，是首饰实现的基础。对于工艺，在首饰发展早期就给予较高的重视，古籍《考工记》强调："天有时，地有气，材有美，工有巧。"工艺是首饰创意设计的方法，不同的工艺方式呈现不同的表现效果。传统工艺方法呈现出技艺的精湛且丰富多样，对其的传承和探索为创意

图4-67 猕猴桃空间实2

图4-68 石膏实验过程1

图4-69 石膏实验过程2

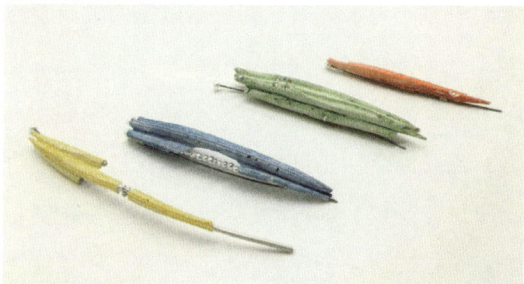

图4-70 《凝固的焦点》系列1 苏艺珂

图4-71 《凝固的焦点》系列2 苏艺珂

设计提供了更多的可能性。现代技术也是首饰中常用的工艺形式，为首饰工艺开发角度提供了更多的视角。工艺是在理解材料基本属性的基础上进行的，是实现作品材质美、造型美的必要条件。随着艺术首饰功能的突破与转变，首饰中的材料、工艺种类比较丰富，为设计表现和主题创作带来丰富的视角。如首饰艺术家刘骁运用常见的医用外科口罩为材料，结合折叠和缝线工艺创作了作品《福袋2020：神农本草经》（图4-72）。作品内部含有微缩版《神农本草经》，赋予了作品美好的寓意。首饰中非传统材料的应用越来越多，这也意味着需要有更多的工艺方式对这些材料进行处理。非传统材料往往给人廉价、粗糙的感觉，这需要精致的工艺将作品进行精工细作，提升作品的美感。对材料的应用也是对工艺的探索，是创意设计的重要途径。

图4-72 《福袋2020：
神农本草经》 刘骁

首饰设计中对工艺技法的探索方式是多样的，且每一种工艺都有着各自的运行规律和创新方法，都是值得研究的。生活中需要运用每一种工艺来实现首饰制作，无论是精美的细工制作还是现代高新技术，都是探索的对象。以工艺的角度进行创意设计，应以灵活的思维方式挑战工艺应用的多样性，可尝试用批判性的思维方式打破固有工艺印象进行新的探索。如法国首饰艺术家安布鲁瓦兹（Ambroise）的作品灵感来源于自然，他的创作不画草图直接用工艺材料进行实验，作品中展现其独特的审美观。在他的作品中，对宝石镶嵌时，他颠覆了既定的技术，以独特的方式将金属与

图4-73 耳饰 安布鲁瓦兹

图4-74 《跨境》 金·布克

图4-75 《"缱绻"项链B》1 张小川

图4-76 《"缱绻"项链B》2 张小川

宝石结合，创作出引人入胜的作品（图4-73）。对工艺的探索还可以进行向未知领域尝试，或者是已有工艺的新应用，在工艺体验中可能会获得新的知识和新的饰品构建方式。丹麦首饰艺术家金·布克（Kim Buck），常以技术与概念发展、时代风气等因素为灵感进行创作，通过作品进行对人类和文化做出可视化的表达。其作品《跨境》是对新技术的尝试，以回收的铝制啤酒罐为材料，利用土豆表面水分产生的蒸汽压力作为推进剂，将铝溶液压入模具制作而成（图4-74）。

现实创作中对首饰工艺的切入方式不同，会呈现出不同的视觉语言，并成为个性化符号。以工艺技法为主导进行创意探索，应具备开放、别致的视角，在遵守事物的客观规律基础上以新颖的理念去探索发现。在探索中，应遵守材料呈现的美的规律和材料的基本属性，根据事物的客观属性进行主观认识，形成主客观的对话。艺术家张小川作品《"缱绻"项链B》，采用丝线编织技艺与金属工艺结合塑造了简洁时尚的精工细作。作者根据线材质本身的属性，编织出有机型，纯手工编织制造令每一件作品都有细微的变化，成为独特的个体。作品并运用线的弹性和编结方式固定、包裹、连接其他材料，增添了首饰的趣味性（图4-75、图4-76）。

探索中的每一种工艺都有新的开发方式，传统工艺也不例外，在人们的印象中，花丝工艺就是将金属丝线排列成花纹进行塑造，铸造工艺则是将蜡雕刻成需要的纹饰而成型，在此以起版铸造工艺为例阐述传统工艺应用方式。起版铸造工艺是传统的工艺形式，也是现代首饰制造业主要的生产方式，常以执金属件、压胶模、开模、注蜡、种蜡树、浇铸等工艺程序展开工艺制作。在首饰制作中，对于起版铸造工艺的运用多是将其视为工艺呈现的手段，运用蜡材雕琢成理想的形态。在此以对艺扩展的路径和方法进行介绍，以便更好地了解工艺探索角度，主要有以下几个方面。

1. 工艺材料研究

起版铸造工艺常见的材料主要为熔模材料和浇铸材料，

通常情况下，这两类材料一般为蜡和金属材料。在对工艺扩展中，可以从材料的应用方法和新材料的介入两种思路甚至是更多的思路进行探讨。熔模中可以尝试用蜡材以外的材料进行工艺实施，以纤维、植物、木材等材料为熔模材料进行铸造，可形成独特的艺术语言（图4-77）。在此实验中一定遵循工艺的基本规律和操作原理，此处对熔模材料的探索应具备在高温情况下熔化并蒸发的条件。另外，在传统的铸造中常用金、银、铜材料进行，根据现代技术对材料的掌握，还可以对铸造材料进行扩展，如现代首饰铸造中运用较多的非传统材料多为钛金属，不仅轻便，还能通过电极着色呈现多种色彩。

2. 工艺方式扩展

起版铸造的工艺方法主要是失蜡铸造，工艺主要的针对对象为模型塑造和浇铸环节。在这两个工艺环节中，可以根据工艺的基本原理进行扩展工艺。在蜡模的塑造中可以打破度蜡模的雕琢处理方式，以其他方式改变工艺效果，寻求工艺开发点。如可以运用蜡的易熔性和降温凝固的特点，将蜡液倒入盛有水的容器内，蜡液遇水后会凝固，并根据水温的变化，形成不同的肌理效果（图4-78）。在铸造环节，也可以不采用浇铸，可利用种子、树枝、石头等物质形成的空间完成对负形的提取，如图4-79所示，其运用了大豆的种子形成空间，将黄铜浇铸里面的效果。

3. 突破工艺常规的局限

工艺常规是工艺继承的基础，常指工艺实施的一般步骤和规范。以工艺为主导的设计创新，一定要打破工艺的固有意思，否则将很创新。每一种工艺都有基本工艺程序和工艺规范，人们在对其学习时往往从基本的工艺方法学起，学习者也因此形成了一定的行为习惯，认为起版铸造就是需要蜡模雕刻再进行种蜡树铸造而成。这一思维定式往往给我们带来对工艺的基础认识，往往只将其视为首饰实现的手段，在思维的限制下很难对工艺有新的认识，也不会创作出丰富的艺术形式。

图4-77　熔模材料实验

图4-78　蜡的形态实验

图4-79　浇铸实验

4. 案例介绍

在此结合艺术家施琪的作品，介绍作者如何理解起版铸造工艺及应用思路。设计师在应用铸造工艺时，依然以蜡为模型材料，但突破了传统对蜡材的雕琢形式，利于蜡的易熔性对蜡材进行塑形（图4-80）。将蜡注入铺满黄豆的容器中，并利用黄豆之间的间隙，构成介于可控与不可控之间的"负型"，待蜡液凝固冷却后去除黄豆，形成了自然、随机且有一定形式规律的形体。根据对工艺的研究，结合设计主题进行了大量的设计探索，探索工艺、形体、思想之间的演化。经过繁复的材料实验和工艺推敲，应用失蜡法铸造青铜，最终完成了《无穷尽》系列胸针作品。作品以独特的工艺形式和简约低调的自然之风，给人以视觉上直观的感受，启发人们对事物本体认知的重要性。作品灵感来源于对2019年亚马逊雨林火灾的思考，描绘了"黄豆"对胸针的"腐蚀"，从中隐喻着人类欲望与自然资源之间的冲突，呼吁人们对人与自然共存关系的反思。其中，胸针中黄豆的负型使胸针表面布满孔洞，如腐蚀过的一般，意味着人们无法满足内心的欲望。铸造材料中运用青铜材质的"纪念碑性"强化了主题，并以首饰的佩戴性来突出个体在人类命运中的重要作用（图4-81、图4-82）。

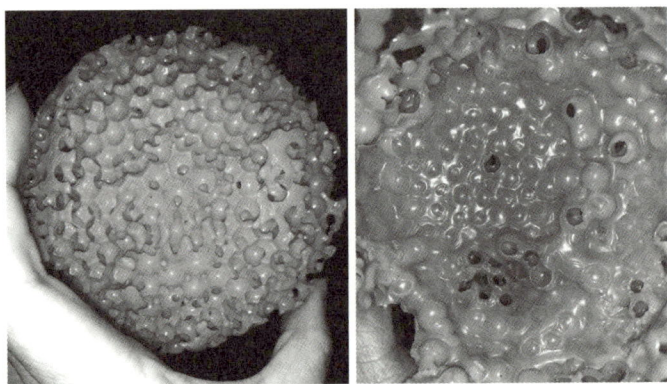

外部　　　　　　　　　　　　　　内部

图4-80　蜡材塑形

图4-81　《无穷尽》1　施琪　　　　图4-82　《无穷尽》2　施琪

思考与讨论

一、名词解释

设计　逻辑思维　形象思维　发散思维　灵感思维　思维导图　头脑风暴

二、思考题

1.简述创造性思维训练的一般原则。

2.简述产品设计的一般程序。

3.试述首饰设计的一般方法。

参考文献

[1]郭新. 珠宝首饰设计［M］. 上海：上海人民美术出版社，2021.

[2]伊丽莎白·奥尔弗. 首饰设计.［M］. 刘超，甘治欣，译. 北京：中国纺织出版社，2004.

[3]刘骁，李普曼. 当代首饰设计：灵感与表达的奇思妙想［M］. 北京：中国青年出版社，2014.

[4]李砚祖. 造物之美［M］. 北京：中国人民大学出版社，2003.

[5]鲁道夫·阿恩海姆. 艺术与视知觉［M］. 滕守尧，译. 成都：四川美术出版社，1998.

[6]郑建启，胡飞. 艺术设计方法学［M］. 北京：清华大学出版社，2009.

[7]代尔夫特理工大学工业设计工程学院. 设计方法与策略：代尔夫特设计指南.［M］. 倪裕伟，译. 武汉：华中科技大学出版社，2014.

[8]鲁百年. 创新设计思维［M］. 北京：清华大学出版社，2018.

[9]吴冕. 首饰设计与创意方法［M］. 北京：人民邮政出版社，2022.

[10]刘道荣，丛桂新，王玉民. 珠宝首饰镶嵌学［M］. 武汉：中国地质大学出版社，2011.

[11]滕菲. 材料新视觉［M］. 长沙：湖南美术出版社，2000.

［12］柳冠中. 设计方法论［M］. 北京：高等教育出版社，2011.

［13］周至禹. 过渡－从自然形态到抽象形态［M］. 长沙：湖南美术出版社，2000.

［14］张道一. 图案概说［J］. 南京艺术学院学报（美术与设计版），1981（5）.

［15］田伟玲. 金银细工首饰当代设计［M］. 北京：化学工业出版社，2024.

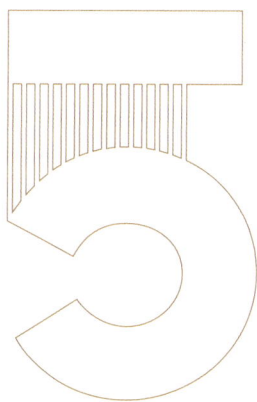

首饰与生活

第五章

首饰与人的生活紧密联系，起着修饰容貌、彰显地位的作用，是人类物质生活和精神生活的重要物品。自古首饰就具有修饰人体、美化妆容的作用，在《洛神赋》中就有关于洛神装饰之美的叙述，如"披罗衣之璀粲兮，珥瑶碧之华琚""戴金翠之首饰，缀明珠以耀躯"，可见首饰具有美化作用。爱美之心，人皆有之，首饰以美的属性与生活的各个方面发生各种联系。随着首饰的发展和完善，首饰不仅起到装饰作用，还可以辨别身份、承载文化、传递情感，首饰无时无刻不与人类的物质和精神生活发挥着作用。首饰以最朴实的形象活跃于日常生活中，承担着人们对于美的普遍性需求，充实生活文化。首饰也是情感传输的工具，是思想与观点的载体，是以艺术美的视觉承担丰富的情感形式。从某种角度来讲，首饰为生活服务，为生活提供新点缀、寄托，创造新的生活体验和艺术化的生活。因此，生活是首饰创作的出发点和归属。首饰为生活服务的本质，也使首饰设计本身具有"生活化"，成为人类活动的一部分。首饰类型丰富，以不同的形式作用于人们的生活当中，为生活增添光彩。同时，生活是首饰发展的依据，对生活方式的研究更利于提高首饰设计产品的针对性以及增强人性化的思考，从而使设计更针对于人、首饰、环境、社会的思考。

第一节
首饰的日常美

现实生活千姿百态，日常活动丰富多彩。在生活与劳动、社会交往与习俗、文化继承与展示中，首饰都以不同的角色活跃于其中，为生活增光添彩。人们通过对生活本质的思考以及对美好未来的憧憬，首饰常被赋予美好的内涵，并以独特的方式服务生活的各个方面。首饰为日常生活增添了不可取代的美，是生活中不可取代的角色。虽然首饰不是生活所需的必备物质，但随着当代生活中对于精神释放的重要性越来越突出，首饰在日常活动中扮演着重要的角色，成为人类精神活动的重要载体。

一、民俗寓意

人类在生产生活中积累并传承了一种生活方式，体现在生活中衣、食、住、行等各个方面，也衍生出各种民俗活动。所谓民俗，又称民间文化，是指一个民族或一个社会群体在长期的生产实践和社会生活中逐渐形成并世代相传、较为稳定的文化事项，也可以概括为民间流行的风尚与习俗。对于民俗的理解，西方常认为有"愚民旧俗""民众旧传"之说。对此，柯克士（Cox）在《民俗学浅说》中曾解释为："即包括一切关于古代信仰与风俗，关于一般人们的见解、信仰、传说和迷信。"近代学者多用"民众旧传"的说法概括，并在此基础上赋予新的内涵，如"民间智慧""民间文学"等。我国学者在此基础上发展出"土民意识"。经过长期的研究讨论，在20世纪20年代末才正式称为"民俗"，多用来指民间创造以及民间所通行和传承的习俗。由此可见，民俗是源于人类社会群体生活的需要，是包括所有人在内的生活习俗。民俗的呈现主要来源于开展的民俗事项，这些活动需要一定的物质基础来实现，如服装、修饰、道具等，因而首饰也成为民俗活动的重要元素。首饰与民俗具有不可分割的共生性，民俗首饰是民俗生活的产物，首饰又促进了民俗活动的深入。一个民族有什么样的民俗，就有什么样的首饰出现，如原始社会崇拜图腾，从而出现了纹身、穿鼻等人体装饰；唐朝开元、天宝年间，追求奢华富丽的生活风尚，男女皆佩戴珠光宝气的饰品来装饰身体。就此而论，民俗是内容，首饰是形式载体，也是民俗文化的外化形式。

民俗文化是民族生活的体现，也是民族精神的体现，生活中各项的传统习俗依然具有鲜活的生命，为生活增添了生机。民间往来的礼物相赠、孩童成长记事、节日庆典、爱情婚姻等，都需要首饰的参与来彰显活动的意义。首饰与生活的关系密不可分，民俗文化又来源于生活，首饰与民俗活动有着千丝万缕的联系。

（一）婚姻的信物

自古以来首饰就具有定情信物的属性，是相约的见证。作为信物的首饰也许不一定贵重，也不一定有多美丽，但它含有两心相知的含义，或是男女双方的承诺。在现代生活中，这类首饰比比皆是，常以对戒的形式呈现，两个为一对，承担着彼此的信任。在造型上两枚戒指互联，以相同又关联的形式合二为一，隐喻着爱情的真诚。象征爱情的首饰所使用的造型、纹饰元素多数与美好的寓意相关，如市面上推出的"相依"等系列，都是针对爱情所推出的产品，其产品外形都有关于美好爱情的印记符号。这类饰品的类型较多，常见的有戒指、项链、吊坠等，日常纪念品在材料上比较灵活，多为金、银、合金以及其他材料。

婚姻嫁娶是人生大事，也是生活中的重大礼仪活动。对于婚姻，人们比较重视，它是人生另一历程的开始，标志着新家庭的建立，也是青年一代走向独立的标志之一。婚姻建立在相互关爱、信任的基础上，因此更需要一样物品来承载对彼此的承诺以及对外界的宣示，首饰则成为婚姻标志物的重要物件。古人对于婚礼比较重视，认为这是关系着两个家族的大事，早在周代时就制定了一套完备的婚姻仪礼。《礼·昏义》中介绍："昏礼者，将合二姓之好。上以事宗庙，而下以继后世也，故君子重之。是以昏礼纳采、问名、纳吉、纳征、请期、皆主人筵几于庙……"与这一过程关系比较密切是聘礼，俗称"下彩礼"，即男方在婚礼前给女方送去的正式礼物，以表重视。其中，首饰就是这类材料的主要内容，与现在的订婚有相似性。在现代生活中这类首饰产品也异常丰富，各大品牌都有关于婚姻主题的产品，其中以婚戒最为常见，也有相关主题的项链、手镯、吊坠产品。出于为婚姻仪式所用，这类产品在做工、材料、造型上都比较讲究，一般都与对婚姻的祝福和爱情的见证相关。此类首饰在材料上常使用贵金属材料和钻石材料，钻石的无瑕、纯洁，有爱情永恒、纯真的象征。另外，贵金属材料的使用也寓意着对婚姻的祝福与重视。对此，市面上有层出不穷的求婚钻戒，像"一世同心""玫瑰"系列产品，既能凸显造型中对婚姻的祝福，也能从命名中体会美好寓意。在现代生活中，婚嫁首饰含有各种各样的含义，主要用于表示夫妻双方和睦相爱，并将寓意与首饰的材料款式关联，用于表示不同的情意。日常中，金戒常有爱情的高贵、纯洁的象征；银戒象征温柔、婉约的情感；钻戒由于其晶莹剔透和坚硬的特征，常被赋予忠贞不渝、永远幸福美满的含义。

（二）成长的见证

人是社会的主要成员，是生活的主要服务对象，因而关于人的礼仪活动比较丰富。对于多数人而言，从降生的时刻起就被服饰所包围，服饰成为人生重要的物质生活。因此，在人生的几个既有里程碑的时刻，如出生、幼儿、成人，都有相应的活动或仪式，用于烘托气氛和祝福。当新生儿降世时，其父母、亲人会准备相应的服饰以表祝福，似乎这类物品关系着孩

子的吉福大事。因而，有了"百家衣""虎头帽""虎头鞋""百家锁"等
物品，此类物件都成为孩童成长的必需品。依据习俗，在孩子"满月"或
"百日"时，常给孩子佩戴项圈、银链或金锁等配件，以佑孩子健康成长，
为了更为明显地凸显饰品的用途，常在饰品中刻有"长命百岁""吉祥富
贵""长命富贵"等字样。这一习俗至今一直沿用，常以黄金为材料制作而
成，主要因为孩子肌肤敏感，贵金属其不易过敏，也因为黄金材料本身就
是美好寓意的象征。除出生、满月等重要的仪式活动外，孩童的成人礼也
是人生中的重要活动，借此仪式表明人生所承担的责任。古人将儿童成长
成大人的年龄界限看得比较重要，尤其是原始部族时期，这意味着为群体
部族增添了新的劳动力。因而在古时的礼仪中，常见有"成年礼"或"成
丁礼"，主要用于男性；也有"加笄礼"，主要用于女性。在礼仪活动中，
都有针对礼仪活所制造的首饰以完成仪式。在现代，虽然这类活动的仪式
感逐渐降低，但也有些家庭常以小型活动的形式赠送礼物给儿女，以庆祝
孩子的成长。对于这类活动的饰品，没有太严格的形式戒律，一般为代表
美好寓意且符合孩童审美的形式，具有一定收藏和媒介价值，因而常为贵
重首饰。

（三）节日庆典的媒介

生活中还有许多节日都是值得庆祝的，为现实平淡的生活增添了喜悦，
丰富了人的精神活动，体现生活的意义。在当代生活中，工作繁忙、压力
增大成为日常的状态。生活需要放松，需要节日，更需要节日中的仪式活
动来体会人的意义，释放压力获取生命价值。在此类活动中，首饰则是比
较常见的互赠礼物形式，常被人用来取悦自己及
亲人。我国常见的庆典节日有春节、生日、端午
节、七夕等，随着文化的交融以及外来习俗的影
响，情人节、圣诞节、感恩节等节日也开始流行。
在此类活动中，各类企业品牌都有针对性的产品
推出，如针对信念礼的生肖首饰，生日所用的生
辰石相关的首饰，以及端午佳节所专属的"五色
缕"等（图5-1）。虽然这类产品类型是传统习
俗流传下来的形式，它们在造型及寓意上都与当
代的审美相结合，以新的精神和形态服务于现代
生活。

图5-1　五色缕

（四）精神寄托

首饰在早期的发展过程中，由于图腾的崇拜以及对自然力量的欣赏，被视为精神的载体。人们根据所要获取的精神力量，将所代表的符号运用于首饰之中，以此获取精神诉求。正如格罗塞（Ernst Grosse）在《艺术的起源》一书中所提到的，原始民族的大部分艺术品都不是从纯粹的审美动机出发的，常常带有实际的目的。远古时期，先民所佩戴的兽骨、兽牙，多是出于对动物力量的崇拜。古人却为了躲避灾难，求得生活的顺遂，佩戴一定意义的首饰以求庇护。如在特定的节日活动中，在脚上、手上佩戴一些发声的饰品，随着舞蹈跳跃发出动听的声音，同时也达到了人们所希望的祈求平安的作用。首饰传承到今日，常以日常佩戴的形式实现对内心向往生活状态的追求，如葫芦、瓜果造型的首饰，有着多子多福的寓意，它们以独特的意义满足着佩戴者的心理需求。

二、身份认同

在现代社会中，首饰的用处有很多，尤其是文化交融的时代，首饰多样性和多功能成为这一时代的特点。其中，首饰具有一定的身份认同功能，主要为两个方面，一是财富地位的表征，其作用主要源于对传统功能的延续；二是用对身份素养的认同。

（一）财富实力

现代首饰发展的类型越来越多，以不同的形式活跃于人们的视线当中，但毋庸置疑的是，贵重首饰一直是时尚界的主流。虽然艺术首饰各类展览盛行，对观念首饰的推广层出不穷，但古典、精美的珠宝首饰依然占据市场的主流。这类首饰多由贵重金属材料和高档珠宝材料制作而成，具有美丽、罕见、珍贵的特点，因此这类首饰所代表的价值不言而喻。现在黄金、白银已被世界各国视为硬通货储备，而钻石、翡翠、红蓝宝石以及祖母绿等高档宝石已被很多国家用作硬通货储备，这正是因为这类首饰本身的价值昂贵，人们常将首饰视为珍宝来收藏。也正因如此，佩戴名贵珠宝首饰可以显示一个人的社会地位。虽然身份地位没有古代首饰佩戴制度那么严格，但也能从侧面反映出佩戴者所具有的财力和创造财力的智慧。另外，高档珠宝首饰也有风格归类，如典雅、贵气、时尚等，从这类首饰中可以看出佩戴者的趣味，反映出财力、智慧、涵养的关系。由此，饰品修饰自身，既为佩戴者增添了自信，也增进了社交能力。

（二）修养品位

首饰对身份的认同不只体现在传统的明身份、辨地位方面，还体现在佩戴者的文化素养及价值观念等方面。古代就有关于礼仪装束的相关论断，以装束判断个人修养。如在《礼记·表记》中孔子曰："是故君子服其服。则文以君子之容，有其容；则文以君子之辞，遂其辞；则实以君子之德，是故君子耻服其服而无其容……"主要是说君子穿上他们的衣服，还需用君子的仪容进行修饰；有了君子的妆容，还要用君子的言辞来修饰；言辞高雅了，还要以君子之德来充实内心，总之装束、仪容、品德要统一，从仪容装束中来展现君子风范。以修饰反映内在修养，也是现代配饰的一项作用。当代首饰不断扩展首饰的边界和内涵，以多样化的特点满足佩戴者的多元化需求，从而衍生出不少新的功能。由于首饰类型多种多样，现代人饰戴首饰的目的也不只是财富、地位的凸显，可出于服装修饰、气质衬托、个性凸显等目的。首饰内涵的精神的释放，也呈现出人性的多样化，可以反映人格特点。日常佩戴者在选择首饰时，常根据自身修养、审美理念及风格喜好等选择首饰类型，不同类型的首饰凸显佩戴者不同的修养和品格。如谦和有礼、修养极好的人群常选择清雅、素淡的首饰类型，常以贵重材料制作而成；青春活力的少年常选择个性突出、形态张扬的首饰类型，凸显年轻一代的个性（图5-2）；财力富足且不拘小节的人，常选择价值高、体量大的首饰；年轻的职场女性在选择饰品时，常选择轻奢品牌的流行饰件，既能烘托职业状态，又能被标榜为时尚女性。由于人的经历、素养、成长方式以及价值倾向的不同，也形成了不同的审美方式。对首饰的选择，可以看出佩戴者自身的文化素养和价值品格，也能反映出另一层意义的价值认同和身份认同。

图5-2　个性化首饰

（三）个体修饰

对个体的修饰是首饰佩戴的重要目的。众所周知，首饰一般是美的，多用美丽、珍贵的材料制作而成，也常被视为珍宝，用于点缀自己、取悦自己。由于首饰的这一特性，首饰也成为亲人相赠的重要礼品。日常中首饰多为女性佩戴，随着女性事业的发展及社交范围的扩大，比较重视对个体的修饰，因此佩戴饰品逐渐成为日常，成为社交礼仪所不可或缺的一部分。中国自古就重视礼仪，生活中也有不少关于着装的礼节，以此规范日常行为活动，成为社交遵守的规则。如《礼记·少仪》中写道："排阖说屦于户内者，一人而已矣，有尊长在则否。"说的是开门进屋时，只有年龄大的一位才能把鞋放在席子的侧面，其他人都要将鞋子脱在屋外。在现代生活中，得体的着装打扮也成为一种礼仪，其中饰品就是服饰搭配的重要饰件。在现实生活中，首饰对个体修饰可以从多个方面进行理解，可以为单纯的装扮与点缀，也有可能是出于对身体的修饰与掩盖等。

1. 装饰与点缀

装饰与点缀是对首饰佩戴的原动力。俗话说，"爱美之心，人皆有之"，"佛要金装，人要衣装"，由此可以看出，人类正是因为爱美的心理才驱使自己去制作首饰和佩戴首饰。当下，首饰的形式丰富多彩，佩戴首饰成为时尚女性的重要标志。基于此，人们常将佩戴首饰视为迎合时代潮流、美化生活以及陶冶情操的一种方式。就女性而言，佩戴一件做工精美、设计别致的首饰，可使其更加漂亮、自信，展现独特的风韵，并能带来精神慰藉。首饰对于男性而言，主要用于突出男性所具有的阳刚之气。首饰在表面上反映出锦上添花的理念，实则是时尚的主体，以它为载体打造佩戴者的风格和气质。因而，首饰对人体的作用不仅是装饰和点缀，它还以自身的风格特征调整、平衡、强调和烘托佩戴者艺术气质，起着对整体装束的和谐、调和、对比互补的美化作用。

2. 弥补缺陷

首饰在对身体进行修饰的同时，也起到对人体的塑造和缺陷的弥补的作用。一般而言，人的美来自两个方面，一是先天发生，二是后天装饰。先天的美是基础，后天的美是通过装饰、化妆、美容等手段来弥补先天的不足和缺陷。精美绝伦的首饰如果佩戴得当，不仅可以使佩戴者更加美丽、妩媚，还能转移或减弱对不诱人部位的视线，从而美化整体形态。李渔在《闲情偶寄图说》中谈道："所谓增娇益媚者，或是面容欠白，或是发色带黄，有此等奇珍异宝覆于其上，则光芒四射，能令肌发改观，与玉蕴于山而山灵，珠藏于泽而泽媚同一理也。"❶从中可见，首饰对人体的作用不仅仅

是装饰和点缀，它还可以对佩戴者的整体气质起到调整、平衡、强调以及烘托作用，并为佩戴者带来和谐、均衡、对比互补的美化效果。

装饰的目的就是美化身体，从原始时期起，女性常以各种佩戴方式让自己看起来娇艳动人。天生完美之人实属罕见，首饰在日常中也有掩饰的作用，其目的就是让人看上去更完美。人在相貌、身材上各有差异，就体态而言，脸型有方圆、瘦长之别，脖颈有粗细、长短之分，都需要适宜的首饰进行点缀，增添美感，弥补不足。如体态丰盈的人常佩戴长的耳坠或项链，来增加体态的纤细；瘦高的人则应佩戴短款项链或多层组合项链，瘦小的人佩戴小巧精致的耳环、项链、手镯，可以给人以伶俐、秀气的感觉。脸型的方圆、胖瘦，需要选择与之相适应的首饰进行装饰，使体态处于最佳状态。从另一个角度来看，首饰的佩戴不仅对身体的需求，同时也是心理的需求，是首饰掩饰的一种表现。据心理学家分析，首饰佩戴类型与人的性格心理有着直接的联系。据分析，喜欢佩戴大型耳环的女性，多用于转移人们的注意力，希望人们少关注她们的身体，多关注其脸部，这类女性对于自己的美貌抱有很强的自信。喜欢简洁首饰的人，性格多开朗大气，希望别人明白其立场。

3. 佩戴原则

首饰的佩戴是为了抑丑扬美，而不是为了炫耀财富，一味地将价值最高的饰品佩戴于身上，离开佩戴的"主体"纯粹地追求华贵与时髦是不可取的。首饰的佩戴有着自身的规律，对其的运用就像一件衣服一样，也许别人佩戴较为楚楚动人，而自己佩戴可能就达不到理想的效果。其主要原因主要在于，人与人之间各有差异，如在相貌、体态、性格、气质等方面各有不同。除去身体因素，首饰的佩戴还与佩戴者所使用的环境、职业、年龄及个人修养有着莫大的关系。因而，在佩戴时应综合考虑佩戴者的各种因素，以求呈现佩戴者的更佳状态。古时对首饰的佩戴也讲究饰品的搭配原则，如《闲情偶寄图说》中说道："簪之为色，宜浅不宜深，欲形其发之黑也。玉为上，犀之近黄者、蜜蜡之近白者次之，金银又次之，玛瑙琥珀皆所不取。"❶货真价实的珠宝首饰是公认的奢侈品，人们身上所戴的珠宝首饰往往说明其拥有的经济能力，与修养、优雅没有必然联系，因而宝石的品质、设计和工艺往往比宝石的尺寸更重要，更能凸显佩戴者的个人审美取向。在现实生活中首饰显得非常有必要，但首饰不与佩戴者的各个方面融为一体，佩戴再多都是徒劳。现代首饰的种类和款式越来越丰富，首

❶ 李渔.闲情偶寄图说[M].王连海，注释.济南：山东画报出版社，2023：161.

饰的质地、颜色也千差万别，又因佩戴者各不相同，因而对首饰的搭配不能一概而论。在选择首饰时，应兼顾佩戴者的身材、肤色、年龄、性格、职业等因素，遵循普遍的审美原则。

首饰应与服装的款式和面料相配。生活中，首饰常与服装搭配，起到装饰与点缀的作用，首饰与服装二者切不可平分秋色，喧宾夺主。首饰的风格应与服装的基调一致，使装束融为一体，起到点缀作用。如一身蓝色基调的服装，如果配上暖色的首饰，可能起到"万绿丛中一点红"的点缀效果。另外，首饰的价值、款式还应与服装质量、价值相配。如果高档、华丽的珠宝首饰，与布、麻、化纤等低档织物相配，则会显得格格不入。相反，一身华贵、精致的礼服，与低廉、做工粗糙的普通首饰相配，则很难显示佩戴者高贵的气质。服装与首饰搭配时还应注意服装的款式，对于宽松、粗犷、松软的流行时装，可以选择热情奔放、色彩亮丽的大件首饰与之相配，相得益彰；对于简洁、高贵面料的直线型时装，配上抽象、线条简洁的首饰则有一种稳重、理性之感。首饰在与服装搭配时，应注意与民族服装习俗相配。如欧美多见几何线条，题材活泼奔放，与其简单时尚的服装风格相符；我国首饰多见具有的图案形态，以体现我国民族特色。

首饰与年龄、职业的协调。不同款式的首饰，适合于不同年龄结构人群的佩戴。年轻人常选择热情奔放、显示青春活力的首饰类型，喜欢款式新颖、色彩明亮、别出心裁的首饰。他们喜欢摆脱旧有款式，如个性、潮流款式等富有时代气息的首饰，以突出年轻人的风貌。首饰材料的追求也不尽相同，新材料、塑料、镀金、包金以及人工合成材料均可，不求贵贱。他们更多关注首饰的款式、色彩，是否能够凸显个性，是否将青年人的风采表现得淋漓尽致。与青年人相比，中老年人更注意细节修饰，注意服饰的美，因而常选择端庄大方、款式稳重、色彩淡雅的首饰。在首饰的佩戴中，常选择"俏"而不娇艳、持重且不古板的类型，以天然材料的色彩点缀体态，从而洋溢起生命热情，让人感到勃勃的生气。因而中老年人佩戴首饰时，在材料上常以贵重材料为主，如纯金、白金、银以及贵重的珠宝玉石，以显示出首饰的华丽而高贵；在造型上常以精致、典雅的工艺为主，常为做工精细、朴实耐用的首饰；色彩多为朴素柔和，常以黄、白、蓝、紫为主的首饰。虽然首饰的修饰与职业没有直接的联系，但在不同的场合、不同的职业，人们常以不同服饰来装扮自己，凸显自己的个性，给人以自然、和谐及顺应环境的美。

首饰与仪态、个性的协调。首饰修饰的主体为人，因而人这一因素是首饰搭配的主要因素。首饰穿戴多是为美，身体基础条件是首饰搭配的最基本依据。首饰搭配时应注意对形体的修饰，而不是一味地装饰，在此也反映出个体审美的重要性。美感好、修养高的人容易掌握首饰与服装、相貌、身材、气质的内在关联，常将自己修饰得得体而和谐。在首饰中，耳部处于人体的高位，正确选择与佩戴耳饰非常重要。佩戴耳饰时，应注意耳饰与脸型、肤色、体型、服装和用途相协调，达到整体美的效果。人的脸型有方有圆、有长有短，在修饰时要做到各因素的协调，才能起到好的装扮效果。如方脸型最好佩戴圆形、长圆形或者卷曲线条挂坠饰耳饰，可以有效缓解脸型的棱角，起到修饰作用。首饰的配搭有着自身的规律，利用好规律才能起到和谐的修饰作用，佩戴时应注意与佩戴者自身的各项因素统一。

第二节
首饰的艺术美

在现代生活中艺术与生活越来越密切，艺术不再是高高在上、静而观之的艺术场馆中的陈列品，艺术已经走进生活。随着工业革命的机械化生产对生活领域的影响的加深，威廉·莫里斯（William Morris）在艺术与手工艺运动中的主张成为设计的主体觉醒的先声，再次强调将艺术之美融入日常生活。西方现代主义文学先驱波德莱尔（Charles Pierre Baudelaire）曾说过："包括艺术，也应该殚精竭虑捕捉日常生活场景。"❶因而艺术并不是脱离生活的纯粹艺术，而是源于生活，又服务于生活，艺术与日常生活紧密相连。在后现代思潮中，在对"日常生活"研究中产生的"日常生活审美化"思想❷，实际上已经指向更为包容性的思考，日常生活正在与周边的一切发生关系，包括艺术与审美。"日常生活审美化"是"Aestheticization of everyday life"的翻译，是由迈克·费瑟斯通（Mike Featherstone）在1988年在题为"日常生活审美化"的演讲中提出。可以从三种意义上理解其核心内容，其一为艺术的亚文化，主要指第一次世界大战和20世纪20年

---

❶ 杭间.寄予希望的设计：超越日常性[J].装饰，2023（1）：13.

❷ 杭间."设计史"的本质——从工具理性到"日常生活的审美化"[J].文艺研究，2010（11）：116–122.

代出现的达达主义、历史先锋派及超现实主义运动❶。他们追求的是消解艺术与日常生活之间的界限，渴望消解艺术的灵气、击碎艺术的神圣光环，并认为艺术可以出现在任何地方和任何物品上，包括消费的商品；其二是将生活转化为艺术作品的谋划，其实是对新品位、新感觉的追求以及对标新立异的生活方式的建构；其三是充斥于当代社会日常生活的迅捷的符号与影像，主要为消解物品原有的使用价值，并代之以抽象的交换价值。"日常生活审美化"概念提出后，受到广泛的关注，相关研究系统地将建筑、服饰、美食等生活物品纳入美学范畴之内。在设计的发展进程中，艺术家不断地弥合生活和艺术之间的界限，加强艺术与生活的联系。

在艺术与生活密切的关系中，设计作为日常生活的实践艺术，显得非常重要。它可以通过构思呈现造物之美，即日常生活中的设计产品以自身审美性而存在；设计之美还表现在日常生活之美中，能够无间地融入人的日常生活之中，成为人们日常生活艺术的一部分。在设计的发展过程中，首饰设计也是不可或缺的一部分，以自身特点承载着多元的艺术形式，并结合时代所赋予的思想观念、技术材料展现独特的艺术语言、演绎生活之美。尤其是在当下，首饰不仅成为日常生活需要的物品，也成为艺术传达的媒介，以及技术呈现的载体，以佩戴物的形式演绎着时代所赋予的审美形式和民众的需求。

一、艺术手段

随着艺术与生活的关系日渐密切，艺术也不只是用于陈列、观赏、聆听的静止物，开始走入生活，走向实用艺术。在设计历史的进行中，人与物的关系不断丰富，物不再是人仅仅为了生存和生活需要的人造物，或者对物的简单运用。正如梅内纳·威内斯（Menena Wenes）所谈到的："任何社会变革都会通过人与物关系的变化而彰显出来。"❷人与物的关系实则是设计内涵和内在的本质性的关系，设计和造物是人质力量的对象化，证明了人的艺术智慧和力量。❸在人与物的关系中，物逐渐成为一种符号，成为主体人的主观概念的表达媒介。首饰也是如此，在此发展过程中其与人的关

❶ 迈克·费瑟斯通.消费文化与后现代主义[M].刘精明,译.南京:译林出版社,2000:95-98.
❷ 梅内纳·威内斯.令人着迷的物[G].孟悦,罗钢,译.北京:北京大学出版社,2008:486.
❸ 李砚祖.设计的诗性尺度:从生活到"日常生活世界"[J].美术与设计,2022(4):87.

系越来越密切，不再只是人类对其地位象征的需要、寓意的寄托，还逐渐成为艺术表达的手段、个人情绪宣泄的载体，首饰变换着不同的角色来赋予人的生活。首饰成为一种装置，走向了非物质性，身体则成为首饰表演的舞台，成为艺术概念施展的手段。随着设计的发展，现代首饰的类型越来越多，其功能越来越丰富，几何的、具象的、贵金属的、非金属的、物质的以及非物质的等首饰，以各种面貌阐述着艺术的形式。

在现代首饰艺术中，首饰被设计看作移动的绘画、微型的雕塑以及可佩戴的建筑，以此阐述着人对生活的认识和感受。很多设计师也发挥了首饰的佩戴习惯，将肌体看为艺术表达的过程，将对外界的观念借助于饰品的佩戴加以表达，展示艺术的思想。在艺术宣泄中，首饰成为个人情愫释放的载体，成为艺术表达的手段。在现代的首饰创作中，不少艺术家以主题开展创作，以鲜明的个性阐述着对首饰的理解，释放内心的情绪。匈牙利首饰艺术家韦罗妮卡·费边（Veronika Fabian），她的很多作品探讨了资本主义对日常生活和个人身份的影响。她的作品常受到自己艺术之旅的启发，探索女性与自我认同的关系，挑战了当今社会对女性的刻板印象和期望，她常用传统装饰男性的图案展开设计，以从新审视女性角色和原型，研究女性的处境（图5-3）。韦罗妮卡·费边以首饰的形式阐述着个人的故事，含有一定的讽刺和戏剧性。艺术家戴翔常用木质材料与金属等材料相结合，以独特的艺术语言展现作者对生活的感悟（图5-4）。

首饰的艺术之美不仅是对个人情感认知的表达，也是对社会性情感的认同，以不同的角度关注生活中的各个角度，体现着社会的变化。近年来，首饰作为媒介讨论生态议题已成为首饰表达的一种方向。早在20世纪60—70年代，因环保主义者提倡对濒危动物的保护，动物的形象广泛应用于首饰设计领域，作为对环保题材的回应，如高档珠宝品牌梵克雅宝的《狮子胸针》。在对类似话题的争议中，艺术家常抽取与话题相关的形态或材料进行内涵与外延的扩散，达到观念与形式的对话。在当代首饰中，材料也是艺术美学的一种特征，通过材料以及对形态的审视，使得材料

图5-3 项链 韦罗妮卡·费边

图5-4 《秋叶》 戴翔

图5-5 《蝶变》 郭新

在创作中发挥符号的意义。首饰艺术家郭新作品《蝶变》，就是以材料为媒介，探索材料、形式、主题之间的对话（图5-5）。作品以废弃的钢铁为材料，以美的规律组织首饰形态，焕发出废旧材料的新生机。艺术家曹毕飞在进行"木棉花系列"的创作时，其作品材料发现于垃圾桶，以及学生们创作时丢掉或者不需要的碎铜片、边角料。艺术家将这些丢弃的材料收集起来进行再加工，顺着边角锻打、成型、焊接，创造出自然花卉的形态（图5-6、图5-7）。作者热衷于对材料进行改性，不管是表面模仿还是内在材料改变，试图通过硬的金属诠释轻盈的软性花卉。关注生态环境是现代首饰表达中较为炙热的话题，其命题方向较多，主要有森林破坏、海洋污染、垃圾堆积、全球变暖等。艺术家常通过对题材的表达，阐述个人对社会的关注。生态议题只是设计师对生活反映的一个角度，在首饰艺术中还有其他方面，如社会动向、技术手段、消费方式等，对此，不同的设计师有着不同的敏感区域。

首饰的艺术之美还在于对美的形态的探寻。以美的方式融合创作理念，展现现代首饰的独特魅力。美是首饰的最基本属性，形态是首饰美的基础，也是传达信息的重要媒介。对于形态的处理无疑是任何首饰都要面临的问题，对其的处理有着普遍的规律，如对称、平衡、渐变等。在现代首饰艺术语境中，视觉美感常不被看作创作的重点，但不可否认的是，创作优美的形态绝非易事，需要设计师掌握设计形式规律和较好的空间造型能力，可体现出设计师的艺术运用水平。首饰形态美的处理并不是想象中的那么简单，也不是首饰呈现的唯一目的，更重要的是通过有意味的形态，使首

图5-6 《木棉花一》 曹毕飞

图5-7 《木棉花二》 曹毕飞

饰所传达的观念合理化。如艺术家倪献鸥常以自然形态为元素，将有机自然按照美的规律重组再构，并注入艺术家的观念与意图，使得作品呈现出灵动、生命的意象，并形成独具风格的造物意趣与审美经验（图5-8）。

二、文化观念

在现代首饰艺术中，首饰不仅成为主题情感表达的媒介，还是文化观念重要的载体。首饰是出自传统的物品类型，其发展历史比较长久，在其形成初期就承载着人类的文化思想，并以合理的方式表达出来。其中，首饰也是传统的工艺类型，虽然首饰工艺技术不断发展，但其工艺性不可改变，在工艺传承中以及自身的发展中，成为优秀文化的重要载体，不仅承载着优秀传统文化，也与新时代精神融合诠释着当代首饰精神。传统工艺蕴含着民族的文化价值观念和实践经验，是非物质文化的重要部分，尤其在中国含有丰富的工艺思想和文化观念，如"技以载道""重己役物"等，都是民族价值观念的体现。在现代首饰创作中，文化观念不仅是首饰展现的一个方面，还是首饰创作的基石，是民族精神的展现以及首饰内涵的根基。当代首饰设计对文化观念美的展示不是对文化的直接照搬、呈现，而是在传统文化汲取人文价值的基础上，融合时代精神用于当代设计实践，展现新时代之美和民族美。21世纪，玉佩文化观念类型比较丰富，艺术家在对传统文化的当代转译设计中深入的角度也不尽相同，无论出于何种角度，都是对中国精神当代表达。艺术家李安琪常以玉石为材料进行首饰创作，给予玉石文化新解释。作品《玉相——56》，结合中国的数字文化创作，引发了系列的思考（图5-9）。"56"，对于中国人来说是一组有意义的数字，这个数字不仅代表一个大的群体，也代表每个个体，从中引发了是什么把我们联系在一起、是什么使我们欢笑等系列问题。

图5-8 《一花一木》 倪献鸥

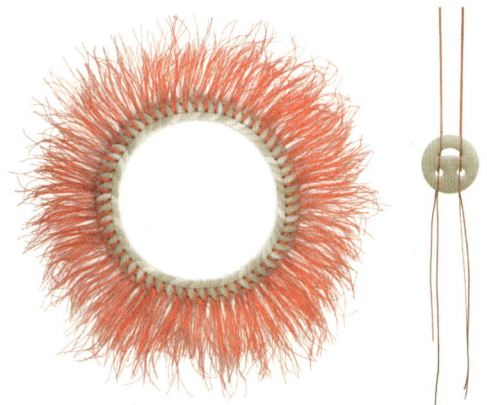

图5-9 《玉相——56》 李安琪

第五章 首饰与生活

247

《玉相——21世纪玉组佩》系列作品，阐述着玉雕是以退为进的艺术。在整个雕刻过程中，只能通过削减材料去建立含义。正是这种单纯的材料和单一的工作方式成就了中国数千年的玉文化。该作品从不同层面反映当代中国人的精神和品质，换言之，作品以玉喻人，玉之相，亦为人之相。该系列作品以常见的玉器形制，如玉环、玉璜、玉玦，玉璋、玉圭、玉斧和玉璇玑等，组成属于21世纪的中国玉组佩（图5-10）。

中国文化形式比较丰富，在传统造物中，色彩、纹饰、材料等因素都包含着深厚的文化观念。在社会发展早期，古人以智慧的手段运用榫卯结构将传统的建筑、家具组合起来，并形成坚固、美观的造型方式，这也是我国优秀文化的重要组成部分。艺术家张小川对中国传统经典的榫卯结构比较感兴趣，很小就开始玩"鲁班锁"这类玩具。她在自述中提道："着迷于这种利用每个个体自身的造型结构造成的在穿插的过程中相互扣合的制约，不需要任何附加的黏合剂或者扣钉。将这种传统上一直用于建筑和家具的结合方式用于首饰，将首饰的装饰意义转化成游戏和构造，甚至可以由此延伸更多更复杂的结构。"艺术家张小川运用传统的木结构的构造方式进行现代设计演绎，将首饰变得趣味化、游戏化，增添了传统文化的新活力（图5-11～图5-13）。

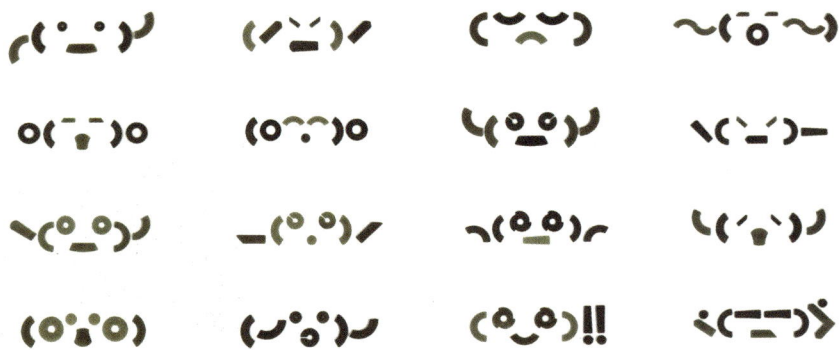

图5-10 《玉相21世纪玉组佩》 李安琪

图5-11 "榫卯"项链装配过程图1

图5-12 "榫卯"项链装配过程图2

图5-13 "榫卯"项链成品 张小川

三、智能技术

首饰是人类在掌握技术的基础上进行的造物活动。随着社会结构和生产力的发展，工艺技术的运用不但要满足人们的生存需求，还要满足人们的审美艺术，因而也出现了不少制作上巧夺天工、创意上匠心独运、内涵上精美绝伦、材料上美美与共的首饰作品。随着社会的发展，科学技术在社会生活中发挥的作用越来越重要，也促进了首饰艺术手段的多样化，使首饰与生活的融合更为密切。尤其是现代技术对艺术的渗透从根本上改变了传统艺术的各项特征，并成为艺术创新和发展的动力。首饰艺术的发展与现代技术进一步相连，现代技术给首饰带来极大的发展空间。现代技术不仅使首饰实现更多的可能性，也使首饰艺术走向大众，为首饰带来更广泛的消费文化。

智能技术的发展带动了更多的产品类型，为生活提供更多样化的选择。首饰艺术是在技术与艺术统一下实现的，兼具技术性和艺术性，因而技术方式在一定程度上决定了首饰实现方式。传统首饰工艺常是对金属材料本质属性的运用，常用的技术为焊、錾、铸等，因而首饰类型多以此类工艺为依托的种类。由于技术的进步，开发了更多的技术手段方式以及对材料的处理方式，为首饰创作开辟了更多可能性。例如，黄金是一种比较软的贵金属材料，在首饰造型上比较受限，一般多为平面、厚实的形态。对于此种情况，可以运用现代技术3D硬金的形式塑造形体，改善首饰类型。3D硬足金首饰，是突破传统工艺技术的一种新产品，是由含量99.93~99.96的黄金电铸而成，通过对电铸液中的黄金含量、pH值、工作温度、有机光剂含量和搅动速度等进行改良，能够提高黄金的硬度和耐磨性，改良黄金饰品的不足。以此技术制作的黄金首饰多为形状复杂、细致、抗磨性强的中空足金制品，并具有空心、身薄、立体感、不易变形的特点，可以创作出立体饱满、惟妙惟肖的形态。由于黄金硬度的提高，所以设计受到极大的解放，造型更为立体细致，并能实现宝石镶嵌、镂空、雕刻等工艺方式，提高艺术表现力，能够更好地服务生活。如缘与美首饰品牌的"瑰丽镶嵌"是将传统的榫卯工艺与现代的钻石镶嵌技术进行结合，采用二次镶嵌法完成。通过高科技数控技术制作称为"瑰丽精工"的有贵金属内衬的金属构件，然后采用榫卯工艺将金属构件置于爪镶戒托卡槽中，使构件与卡槽位吻合嵌紧，完成第一次镶嵌（图5-14）；再根据钻石大小，量定高度后车出石位，将钻石放入"瑰丽精工"片，然后将戒托上的金属爪扣紧钻石，完成第二次主石镶嵌（图5-15）。"瑰丽镶嵌"的"瑰丽精工"片上有数十个带贵金属内衬的抛光金属构件，构件精确模拟完美钻石切割的刻面外衬和多个立体反射镜面，与其中镶嵌的天然钻石刻面交相辉映，使钻石看起来亮度更强、火彩更炫（图5-16）。

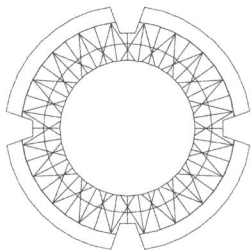

图5-14 "瑰丽精工"片　　图5-15 榫卯结构"瑰丽精工"片　　图5-16 瑰丽镶嵌产品

新技术的运用增强了艺术表现效果。科学技术的迅速发展，为艺术创作带来了新机遇，特别是数字技术的发展给首饰带来更为强劲的表达手段。对于首饰设计来说，手作是非常重要的可使作品精致的技术方式，但是现代新的技术能够带来有别于往常的艺术形式。首饰中数字技术的运用逐步发展，对新计划的运用不仅带来更多类型的艺术产品，还带来其他工艺难以实现的艺术形式。运用3D技术可以实现复杂空间及错综结构形态的构建形成技术之美。以数字技术为媒介，首饰艺术拥有更多的交互性、即时性和可变性等特质，能为佩戴者带来不同的艺术感和审美体验。另外，信息技术以及其他高新技术的发展，使艺术生产和传播市场发生重要的变化。设计是为人服务的，科学技术的运用不仅创造出更为适宜的物品，也改变了人与物的环境，丰富了大众消费体验。运用大数据、人工智能、增强现实技术创造丰富的感官体验，能够更好地感知民众的审美需求及对首饰未来产品研发的方向。同时，信息技术的进步以及流通方式的多样化，使艺术理念实现快速传播，为民众艺术审美提供了更多的通道，也促进了消费文化的多样化。

第三节
首饰的未来畅想

首饰是设计的一个分支，是生活需求的一部分，如想更好地为生活提供服务，应用超前的意识思考首饰当前的境遇，提供有价值的信息解决当前及预期问题。设计作为智能、经济以及思想文化活动，已走进了社会活动的核心，对未来设计问题进行思考，可以有助于研究者站在未来的角度看待当代设计所面临的问题与机遇，给设计更好的定位与引导。设计是人类精神的高级思维活动，具有一定的自觉性和主动性。赫伯特·亚力山大·西蒙（Herbert Alexander Simon）从工业的角度，认为设计师改善现有状态的途径，是适应外部自然环境的活动。设计是在遵循事物客观规律的前提下，用于解决人与物之间复杂关系、构建和谐环境的创造性活动。设计的最终目的是服务于人，而人的创造物的活动是为了适应人的多层面的需求。当前设计正面临着复杂的设计环境，需要发挥设计的主动性和自觉性，以超前的意识发现设计问题。同时，也面临着众多负面问题，如环境污染、生态平衡等，都是当前社会面临的难以解决的问题。设计作为推动经济发展的重要因素，应积极承担起社会向可持续未来发展的责任。

未来设计是以未来为导向的设计思维，是一个综合概念。未来作为时间观念，是与现在进行对照，指从现在起之后的时间。对于未来，有专门的研究学科为未来学，是一门研究人类社会未来的综合性学科，在20世纪60—70年代备受关注。❶其研究目的是发现、检查、评估，并提出可能的、合适的和有未来发展前景的方案，以推动国家、个人甚至是全球的长期发展战略。同时，"设计"一词含有多重属性，当其指向学科属性时，设计未来则是设计学与未来学交叉的新兴领域。首饰设计是设计中的一部分，与整个设计共进退，同样面临着可持续发展、环境、平等等社会问题，以未来为导向的设计思维越发受到关注。首饰设计中对未来设计进行畅想时，应以一种积极主动的态度去干预未来以使朝着希望的方向发展，而不是被动地追随与接受。在首饰设计的未来畅想中，还应以历史与现实为参照，根据历史与现实中的问题才能准确地判断未来应该发展的方向。因而，在首饰的未来设计思考时，应不断地回顾、洞察、构建和反思。

一、可持续设计

当前首饰面临着环境、能源、健康、可持续发展等诸多社会问题，可

---

❶ 张凌浩，胡伟专.设计未来：作为可持续转型的设计思维、方法及教学[J].美术与设计，2022（6）：43.

持续设计仍是未来首饰所要谈论的话题。从战略的角度来讲，首饰设计应该服务于可持续发展，其中包括环境、经济、社会等方面。可持续发展、环境、经济、教育等都不是单一的学科问题，面对这类相对复杂、系统及不确定问题的时候，我们需要不同学科知识协同解决，而设计正在成为协同这些学科知识的有效工具。在首饰设计中，可持续设计无疑是面向未来的重要方向。"可持续设计"（Design for Sustainability）源于可持续发展理念。1992年6月，联合国环境与发展会议将"可持续发展"明确为人类社会新的发展愿景，并确定了环境保护的相关责任，以应对全球社会挑战。在此基础上，一些国家和地区将可持续发展策略为依据，然而持续性是一种系统属性，对其的实现适合基于过程的、多尺度的和系统的方法来制定目标。因此，对首饰的可持续设计的研究，应从服务系统、社会创新、社会技术等多个领域深入。经过时间的推移，可持续设计不断扩大其理论和实践领域，从早期的绿色设计和生态设计发展和整合，到提高质量服务行为的产品系统设计，以及到社会意识形态、经济、文化、制度等各形态的社会创新，经历了较为复杂的演变过程。纵观过往几十年的实践史和设计文化，设计正经历着由物质的设计向非物质的设计的转变，多是关于服务系统与消费体验设计；从单纯的以环境为主转向以环境、经济、社会伦理等领域。绿色设计和生态设计已经不能完全体现设计在可持续性变革中所发挥的作用，可持续设计作为大规模的系统创新设计策略已应运而生。

基于以上论述，面对当前设计中的众多问题，首饰可持续设计需要构建系统的设计构架以便厘清各要素的关系。这一系统的框架一般指向可持续发展的生态、经济、社会和文化四个维度，它们之间既具有独立性，又相互联系。第一是生态问题，主要围绕减负设计，以解决资源、能源减少和环境污染等问题施展设计。在此方面，首饰设计主要探讨材料应用、工艺方式以及设计理念引领，以减轻对环境造成的影响，以及对资源的过度开采。如艺术家运用废旧材料或生活中的现成材料制作首饰，节约资源。第二，在经济方面，主要体现在首饰设计适合当前的消费结构，避免不合理的消费观和过度的浪费，倡导得体、适宜的修饰。第三，在社会维度上，首饰设计可持续性主要体现在对人的关注，平等地对待消费者，使大众平等享受审美权利，关注弱势群体。在此角度中，应考虑首饰成本、首饰工艺、材料的使用范围，并且对于设计质量应给予高度关注，呈现现代审美水平。第四，就文化维度而言，主要指首饰设计面对着文化多样性的减少及文化自信的不足，设计产品应以多样的、民族文化为基点进行设计，展现我国特色的手艺、精神和情感的风采。

首饰的可持续性设计还体现在创新设计的运用上，主要指能够描述未来能够出现的设计状态。面向知识网络时代，融合技术、艺术、商业、文化等多领域知识，以开放、智能、绿色等为特征的系统设计，是新时代下新型设计发展模式。创新设计以网络时代为依托，使资源进一步优化配置，协同多个领域的创新活动。在设计模式上由封闭单一式走向开放多元式，联合企业与高校、研究院所、供应商家等外部资源，协调发展。并以客户为中心，将设计、制作、销售深度融合。面对未来设计创新，融合数字技术、大数据、人工智能、通信等先进技术，提升产品质量和服务技术。另外，创新设计还要秉承和谐、共生、公平、绿色、健康、可持续发展为宗旨的设计伦理与道德，实现设计改善和创造未来的生活方式，促进人与自然的和谐发展。

二、功能与技术

随着社会的发展以及人们生活方式不断地向健康、智能、艺术的方向发展，人们对美的追求更加迫切，需要更高品质、富有内涵和个性化的首饰装点生活。现在的设计与生活已经密不可分，未来的设计更是人们需求的体现，纵观工业设计、视觉设计、建筑设计、工艺美术设计等发展方向，都是满足人们的各种需求。在未来的设计中，单纯的美与使用已不能满足人们对设计的期许，未来的设计势必是跨越多门类、多学科的艺术与技术的综合体。因而，未来首饰设计的发展内涵和外延不断地延伸，边界不断地模糊，逐步形成集各种要素于一体的功能综合体。首饰不再单纯地具有装饰、保值等原始功能，而被赋予未来生活需要的多样性，赋予对人体更多的考虑，如健康、信息、便捷等。

设计具有科技性，首饰需要用技术加以呈现，未来的首饰设计活动更是建立在科学技术水平的发展上的。同时，科学技术手段也影响着首饰的发展。首饰发展早期，首饰依赖于手工的形式进行表达，后来出现了半机械化制作的状态，从而促进了首饰的多样性。如今，随着计算机辅助设计的应用，3D Max、Jewel CAD、犀牛（Rhino）、ZBrush多款软件丰富了首饰表现手段，数控技术、3D打印技术等高新技术更是解放了设计师的双手，实现了首饰创作的多种可能性。未来，随着社会的发展、科学技术不断突破革新，计算机辅助设计、新媒体技术、人工智能（AI）技术、信息技术等科学技术不断推陈出新，必定会对未来首饰设计造成更多的影响，为未来生活提供更多的可能性。

三、消费与商品

当前比较重视环保型经济模式，越来越多的人意识到经济发展与环境和谐的重要性，并开始探讨在尊重环境的基础上解决人类需求的发展路径。可持续设计越来越受到关注，并以创新驱动可持续发展，探讨面向未来设计的一些事宜。设计师在可持续设计中发挥着多种作用，在担任产品研发的同时，还要考虑循环经济模式，因而设计师需要考虑社会、经济、环境、技术，构建商品、使用、服务和商业模式之间的联系。首饰设计如何兼顾社会、经济、环境的协同发展，文化也许是可持续设计不断发展的重要途径。近年来有不少学者认为，文化是可持续发展的观念，有的学者认为景观生态应以文化为支撑，与社会、经济、环境并列成为可持续发展的基本要素。尤其在首饰设计产品的可持续价值中，文化所占的比重更大，文化的可持续设计加强了人、物、环境的协调力量。在中国，首饰承载着中华优秀金属工艺的传承与发展，也蕴含着优秀的工艺文化思想，是中华民族思想观念、人文精神和道德标准的集中体现。优秀的传统文化是民族价值观念的展现，是民族智慧的象征，它蕴含在日常生活之中，能够与自然融合，转化出因地制宜的可持续设计方案，是未来设计理念的源泉。设计与文化融为一体，包容兼收是设计的特性。21世纪以来，国家重视文化的传承与发展，文化产业迎来发展高峰。中华优秀文化历经千年，含有丰富的传统美学元素，对我国的设计影响广泛而深远，是未来设计取之不尽、用之不竭的资源。对传统文化元素的应用与创新为未来首饰设计带来更多的可能性，未来设计也将从传统文化中汲取更多的灵感。在首饰设计中，应通过对传统技艺的传承，结合现代技术转化，使传统文化精神作用于当代价值。未来设计需要文化、需要传统工匠精神，因而文化性是未来首饰商品的重要属性。

设计服务于消费，服务于人们的生活，掌握好设计是生活的需要。对未来设计的掌握是对设计趋势的把握，也是对持续设计路径的掌握。在现代生活中，设计与生活紧密相关，设计以跨越多门类、多学科的艺术与技术的综合体的形式满足着人们对未来的期许。未来设计需要创新，创新设计是以消费主体为主的设计基本模式。用户不只参与消费，其需求、理念出现在设计流程的前期，成为设计创新应主要解决的问题。在消费主体需求的激发下，形成了适应个体需求、成本低、风险小、具有创新性的产品形式，进一步提升人们的生活质量。创新设计依托技术、艺术、文化与商业模式的深度合作来提升创新能力，适用于多样化的生活。用户体验、用户购买是主动消费的体现，在未来的消费模式中，主动消费将逐渐取代被动消费。消费主体的主观意识呈现代表着个性化需求时代的到来，因而未来设计会更加注重差异性和开放性。消费者意识参与设计，使设计师概念得以扩展，人人参与开放创新将成为未来设计的特征，设计目标开始从制造、服务走向选择设计。

思考与讨论

一、名词解释

民俗　可持续设计

二、思考题

1.简述日常首饰佩戴的意义。

2.简述对日常生活审美化的理解。

3.试述未来首饰设计方向。

参考文献

[1]迈克·费瑟斯通. 消费文化与后现代主义［M］. 刘精明，译. 南京：译林出版社，2000.

[2]田川流. 艺术美学［M］. 南京：东南大学出版社，2022.

[3]李砚祖. 造物之美［M］. 北京：中国人民大学出版社，2003.

[4]克里斯汀·迪奥. 迪奥的时尚笔记［M］. 潘娥，译. 重庆：重庆大学出版社，2016.

[5]中国艺术研究院外国文艺研究所，《世界艺术与美学》编辑委员会. 世界艺术与美学［M］. 北京：文化艺术出版社，1985.

[6]多米尼克·古维烈. 时尚简史［M］. 治棋，译. 广西：漓江出版社，2018.

［7］柯玲. 中国民俗文化［M］. 北京：北京大学出版社，2017.

［8］沈从文. 中国古代服饰研究［M］. 上海：上海书店出版社，2005.

［9］华梅，董克诚. 服饰社会学［M］. 北京：中国纺织出版社，2004.

［10］刘骁，李普曼. 当代首饰设计：灵感与表达的奇思妙想［M］. 北京：中国青年出版社，2014.

［11］滕菲. 材料新视觉［M］. 长沙：湖南美术出版社，2000.

［12］格罗塞. 艺术的起源［M］. 蔡慕晖，译. 北京：商务印书馆，2005.